# 與Ubuntu共舞

　　手中隨手翻閱著《快樂輕鬆學 Ubuntu11.04：只用滑鼠就學會 Linux》一書，心中泛起些許淡淡酸甜。這是筆者首次撰寫的 Ubuntu 教學書籍，時光飛逝匆匆五年過去，在這說長不長，說短不短的日子，數位科技的發展卻以倍數增長，各式令人目不暇給的新技術、新產品不斷推陳出新，隨手都可以舉出許多實例，諸如智慧裝置、穿載裝置、無人攝影機、微型電腦（樹莓派、香蕉派）、Arduino 自造應用、虛擬實境與擴增實境、自駕車⋯，真是舉不完的例子。

　　但是筆者覺得，在這些新科技新應用的背後，是需求創造了產品亦或是產品創造了需求，在這些商業科技的背後，原點是什麼？共創共享的自由軟體又扮演著什麼樣的角色？經過五年之後的 Ubuntu，是不是更貼近生活上的應用！是不是操作更人性化！現今單機作業系統逐漸向雲端服務靠攏，這亦使得作業系統的重要性變得模糊，當下，是不是更值得推廣開放自由的作業系統取代替換商業系統！

　　年初在碁峰資訊的編輯鼓勵下，重新改版推出本書，說是改版其實可以說是全部打掉重練，重新撰寫！本書以初學者日常生活應用的角度撰寫，舉凡單機應用、雲端服務、運算思維程式設計及基礎 WordPress 與 Nextcloud 伺服器建置等，無非是希望讀者能在輕鬆的操作上，體驗並學會自由軟體的多樣化應用與服務，打開封閉的視窗看看更多的自由，更期許讀者在閱讀完本書之後可以讓 Ubuntu 成為日常生活的一部份，亦期待讀者能共同打造共創共享的數位自由世界！

吳紹裳

# 目錄
## CONTENTS

CHAPTER

**6**

# 軟體中心與 PPA 安裝

CHAPTER

**15** 文書處理 Writer

CHAPTER

**16** 簡報軟體 Impress

CHAPTER

**20** 手機程式設計 AI2

CHAPTER

**21** Linux 上玩遊戲

CHAPTER

**22** 用 Ubuntu 玩 Android 手機遊戲

CHAPTER

**23** **WordPress 與 Nextcloud**

CHAPTER

**24** **Docker 初體驗**

APPENDIX

**A** **製作開機隨身碟**

# 說在前頭：談作業系統

## 學習目標

要讓電腦硬體工作，必須要有相對應的作業系統協同工作，透過本章節了解資訊世界裡，有許多不同的作業系統可以選擇及使用！

- 多元的作業系統
- Ubuntu 的誕生
- 數位路平的理念
- 結語

## 1-1 多元的作業系統

　　當我們走進一般電腦大賣場挑選電腦時，往往在意的是硬體的規格，如 CPU 品牌是 Intel 或是 AMD 系列；硬碟的規格與容量大小；電腦內建的記憶體是有多少 G 等等諸如此類的電腦規格，但是我們似乎並沒有選擇作業系統的選項與習慣，因為電腦硬體廠商已經預先幫大家『購買』了微軟視窗作業系統，不管你要或是不要，電腦硬體廠商都幫你安裝好了微軟視窗作業系統！因此，絕大部份的使用者，在有意無意中皆認為全世界唯一的電腦作業系統就是微軟視窗作業系統！

⊙ 圖 1-1-1：華碩販售電腦預裝 win10（取自華碩官網）

　　但是，在資訊的世界裡，也有另一批忠實的蘋果迷，他們選購電腦時，不是到一般的電腦大賣場，而是所謂的蘋果專賣店（Apple Studio A）！走進他們的門市裡，可以看到雖然有著相似外形的電腦主機與筆記形電腦，但是如果動手操作一下展示機，會發現他們使用的不是一般電腦賣場的微軟視窗作業系統，而是蘋果本身自行開發的蘋果視窗作業系統！

▲ 圖 1-1-2：蘋果專屬的 MacOS 畫面（取自蘋果官網）

　　除此之外，Google 也不甘示弱的開發了 Google Chrome OS，它是屬於輕量級的作業系統，專注於網際網路的雲端應用，配合 Google 本身的各式雲端服務，搭配各式各樣的 Chrome 第三方應用軟體，讓輕量型低價位的電腦，也可以有如同一般電腦和桌機一樣的功能，開機非常快速，非常適合在不要求高效能運算的商務通訊與教育市場上發展。目前國內的華碩和宏碁也都有販賣預裝好 Chrome OS 的 Chromebook 小筆電。

**觸控一點即通**

Acer Chromebook 具有流暢靈敏的觸控[1]功能，輕鬆撥動手指就能進行瀏覽、整理和編輯。

▲ 圖 1-1-3：宏碁販賣具觸控功能的 Chromebook 筆電

　　除了電腦之外，近年來火熱到不行的各式行動裝置，不管是各種大大小小尺寸的手機或是平板電腦，走進通訊行，就好比是走進服裝店一樣，有不同的廠牌、不同的作業系統（常見的有 Google 開發的 Android 系統以及

蘋果開發的 iOS 系統）可以挑選！如果你還未曾擁有手機或平板，還是你
想要購買或是舊換新，不管是什麼原因，當你站在這些行動裝置的前面，
你考慮的除了廠商品牌、規格、價格之外，作業系統的操作也是考慮的選
項之一！

🔼 圖 1-1-4：使用 Android 系統的 htc（取自官網）

🔼 圖 1-1-5：蘋果專用 iOS 手機（取自官網）

除此之外，資訊的世界裡就沒有其它的作業系統了嗎！對於經常接觸電
腦的人來說，或多或少都聽過 Linux 作業系統，如果你沒有聽過也不必覺得
失望，因為國內的資訊教育，長久以來都以微軟作業系統為唯一；事實上

Linux 的發展最早出現在 1991 年由 Linus Torvalds 所釋出，算算至今已經過了廿多個年頭了！它的發行方式與微軟和蘋果有個最大的不同點，那就是它是以自由軟體的方式釋出，所謂自由軟體是指：每個人都可以在網路上無償的取得這套作業系統以及這套作業系統的開發原始碼，所有人都可以去研究它、改良它，然後再把改良過的系統讓更多人無償取得及研究，如果說這套系統是所有人共有的系統也並不為過！本書並不深入討論 Linux 的發展史與各式各樣的授權方式（Linux 的延伸作品在不同的授權模式下，也是可以用在商業模式下販售的），有興趣的讀者可以透過 Google 大神去查詢一下就可以找到許多完整的中文說明文件，這部份就留給讀者自行去探究了！

但是由於這套系統不管是開發者、維護者、研究者等等，都算是電腦工程師等級的資訊高手，因此它的學習曲線比較高，在應用層面上往往是使用在網路伺服器上，也就是在電腦機房裡那些冷冰冰的機器。再加上早期沒有良善的視窗界面，而是純文字的使用界面，這些都大大的影響一般家用使用者進入的門檻；再加上廠商無法像一般商業軟體進行買賣獲利，殺頭生意有人做，賠錢生意沒人做！所以 Linux 的應用通常都侷限在各大學、學院的資訊研究課題上！

## 1-2 Ubuntu 的誕生

讓 Linux 可以擁有視窗作業系統一直是許多人努力的目標，Mark Richard Shuttleworth 是其中之一！他是南非的企業家，在結束它的企業生涯之後，成立了 Shuttleworth 基金會，這是一個致力社會創意發展的基金會，同時資助南非教育類開源軟體專案。在這個基礎之下，通過他的 Canonical 有限公司開始資助 Ubuntu Linux 的開發，於 2004.10.20 發行第一個版本 4.10 Warty Warthog，Ubuntu 正式誕生。之後每半年為基準發行一個新版本，它以發表的年月做為版本號碼，同時每次發行新版都配合一種動物做代表。

| 版本代號 | 開發代號 | 中文名稱 | 釋出日期 |
|---|---|---|---|
| Ubuntu 4.10 | Warty Warthog | 多疣的疣豬 | 2004.10.20 |
| Ubuntu 5.04 | Hoary Hedgehog | 白髮的刺蝟 | 2005.04.08 |
| Ubuntu 5.10 | Breezy Badger | 活潑的獾 | 2005.10.13 |
| Ubuntu 6.06 | Dapper Drake | 整潔的公鴨 | 2006.06.01 |
| Ubuntu 6.10 | Edgy Eft | 尖利的小蜥蜴 | 2006.10.26 |
| Ubuntu 7.04 | Feisty Fawn | 煩躁不安的鹿 | 2007.04.19 |
| Ubuntu 7.10 | Gutsy Gibbon | 膽大的長臂猿 | 2007.10.18 |
| Ubuntu 8.04 | Hardy Heron | 堅強的鷺 | 2008.04.24 |
| Ubuntu 8.10 | Intrepid Ibex | 無畏的羱羊 | 2008.10.30 |
| Ubuntu 9.04 | Jaunty Jackalope | 活潑的鹿角兔 | 2009.04.23 |
| Ubuntu 9.10 | Karmic Koala | 幸運的無尾熊 | 2009.10.29 |
| Ubuntu 10.04 | Lucid Lynx | 清醒的山貓 | 2010.04.29 |
| Ubuntu 10.10 | Maverick Meerkat | 標新立異的狐 | 2010.10.10 |
| Ubuntu 11.04 | Natty Narwhal | 敏捷的獨角鯨 | 2011.04.28 |
| Ubuntu 11.10 | Oneiric Ocelot | 有夢的虎貓 | 2011.10.13 |
| Ubuntu 12.04 | Precise Pangolin | 精準的穿山甲 | 2012.04.26 |
| Ubuntu 12.10 | Quantal Quetzal | 量子的格查爾鳥 | 2012.10.18 |
| Ubuntu 13.04 | Raring Ringtail | 卯足了勁的環尾貓熊 | 2013.04.25 |
| Ubuntu 13.10 | Saucy Salamander | 活潑的蠑螈 | 2013.10.17 |
| Ubuntu 14.04 | Trusty Tahr | 可靠的塔爾羊 | 2014.04.17 |
| Ubuntu 14.10 | Utopic Unicorn | 烏托邦的獨角獸 | 2014.10.23 |
| Ubuntu 15.04 | Vivid Vervet | 活潑的長尾黑顎猴 | 2015.04.23 |
| Ubuntu 15.10 | Wily Werewolf | 老謀深算的狼人 | 2015.10.22 |
| Ubuntu 16.04 | Xenial Xerus | 好客的非洲地松鼠 | 2016.04.21 |
| Ubuntu 16.10 | Yakkety Yak | 犛牛 | 2016.10.13 |
| Ubuntu 17.04 | Zesty Zapus | 熱情的北美草原跳鼠 | 2017.04 |

　　Ubuntu 這個單字是來自南非土語，它的意思是『群在我在，人道待人』，也就意指這個群體的合作讓我得以成長茁壯，因此我要用同理心來友善對待其它人。這句話正符合自由軟體的精神！因此這套視窗作業系統任何人都可以免費取得、免費安裝及免費使用，不用付任何的授權費用。

*Thin & lightweight.*

Perfect for those on the go, Lemur is easy to carry
from meeting to meeting or across campus.

🔼 圖 1-2-1：System76 販售預裝 Ubuntu 系統的筆電（取自官網）

Ubuntu 的開發著重在視窗人機界面的應用上，強調易學易用，它以 Debain（Linux 為核心的發行版之一）為基底，配合 Gnome 視窗界面操作，不斷的精進改良，因此這套 Linux 視窗作業系統是現今最多人使用的 Linux 視窗作業系統！同時近年來它的開發腳步並延伸到行動裝置上，Ubuntu 的手機也在市面上流通。目前也有廠商直接販賣預裝好 Ubuntu 視窗作業系統的電腦或筆電，如 Dell 與 System76 ！

## 1-3 數位路平的理念

如今多樣化系統的選擇下，選擇 Ubuntu 視窗作業系統絕不是因為它免費！事實上許許多多的一般使用者都把自由軟體和免費軟體畫上等號，並且認為因為它免費所以沒有人維護，所以問題很多，不好用…！其實這些都是長期以來的誤解！

扣除一些大型的自由軟體開發專案，某些開發者在使用電腦上發現軟體不足的部份，亦或是出於研究的心態，在軟體完成後將原始碼無償提供給

更多人研究與使用，這些釋出的軟體專案，有時會有其它有興趣的開發者共同加入開發；也有些軟體除了開發者默默的研發之外，並沒有其它資源與人力的介入，導致開發緩慢甚至是終止。但無論如何這些小型的開發專案，往往都是針對某部份應用而產生，它並不是為了賺錢而開發，所以在使用者的親和性上會略為失色，也造成許多人就此認為自由軟體難用的原因之一，但是缺點也是優點，小而美的特性，讓應用軟體變得更有彈性，它就像各式各樣的小積木，你可以自由的將各式積木組合成自己的特色積木，讓你的軟體知能與操作能力能不受限在商業軟體之下。

因為無私的分享才讓自由軟體免費，它不僅讓軟體的流通和知識的分享更快速！更重要的是，它讓數位世界不會掌控在任何一個私有的財團之下，這也是數位路平的理念。尤其是公眾服務系統如果是限制在某個作業系統之下，讓所有國民被迫必須購買某個作業系統，這才是國家數位的不幸。

更進一步說，採用自由作業系統是可以讓你成長的作業系統，因為當你能力逐漸增強之後，無需任何理由，你可以免費且自由的取得原始碼進行研究與改良，這個特性得以讓人類的數位社會具有更大的擴充與延展性，說得誇張一些，只要你願意，不管是自行開發或是呼朋引伴，運用 Linux 系統去開發『鋼鐵人作業系統』也不是不可能的事情！數位教育不就是應該如此，透過自由軟體教學讓學生能夠擁有無限想像的數位未來！因此在可以選擇的情形下為什麼不選擇可以免除數位剝奪，享有充份數位自由的作業系統呢！

## 結　語

在接下來的章節裡，讓我們一起逐步探索在自由軟體的世界裡，有哪些好玩好用、各式各樣足以應付日常生活中的數位應用吧！

# 環境打造：
# Windows 10 +
# VirtualBox

## 學習目標

本章的學習內容針對首次使用 Ubuntu 的使用者而設。利用微軟作業系統安裝虛擬機器建置器 VirtualBox，接續將 Ubuntu 安裝在虛擬機器上，讓使用者得以在輕鬆的情境下，學會 Ubuntu 作業系統的安裝。如果您是初學者且從沒安裝過任何作業系統的經驗，也可以很輕易的學會，日後將有能力自行安裝完整的作業系統。

- 資料下載準備
- 安裝 VirtualBox
- 安裝 Ubuntu 作業系統
- 結語

## 2-1 資料下載準備

　　首先到 VirtualBox 以及 Ubuntu 官方網站，分別下載所需要的執行程式和作業系統。

　　啟動微軟 win10 內建的瀏覽器前往 https://www.virtualbox.org/ 點選中間藍色下載按鈕，下載 VirtualBox 5.1 版應用程式。

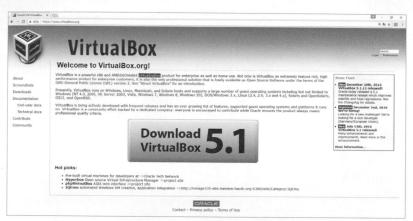

❤ 圖 2-1-1：VirtualBox 官網

　　VirtualBox 提供許多不同平台的版本，點選 Windows hosts，選擇下載 Windows 版。

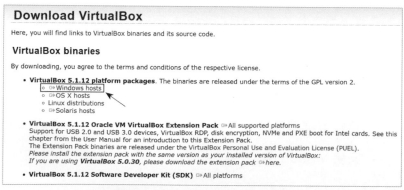

❤ 圖 2-1-2：下載 Windows 版本

檔案放置在預設的下載目錄裡，也可以依自己的喜好放置在其它目錄。

▲ 圖 2-1-3：下載完成的檔案

利用瀏覽器前往 https://www.ubuntu.com/，

❶ 點選右上方 Download 按鈕。

❷ 點選 Ubuntu Desktop，準備下載視窗桌面版的 Ubuntu 作業系統。

▲ 圖 2-1-4：前往 Ubuntu 官網下載作業系統

點選 Download 下載目前的最新版 16.10。

【提示】由於 Ubuntu 每半年就會發行一個新的版本，請依據當時情境
下載最新版，例如 17.04、17.10、18.04... 等，以此類推！

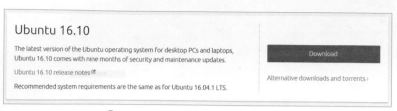

◆ 圖 2-1-5：下載最新桌面版 16.10

　　進入下載頁面後，會出現建議要求捐獻的畫面，如果你願意捐錢給
Ubuntu，讓它們可以開發的更好更快，就可以點選 Pay with PayPal 進行捐
款；如果不想捐，就直接點選 Not now, take me to the download 正式進行
檔案下載。

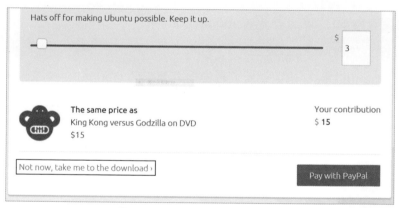

◆ 圖 2-1-6：不捐獻，下載檔案

　　下載時請特別注意，下載的檔案附加檔名稱為 XXXX.iso 檔，iso 檔表示
是光碟的壓縮保存檔，這也意味著可以把這個 iso 檔還原成一片光碟，或是
把它做成可開機的隨身碟。

▲ 圖 2-1-3：下載完成的檔案

## 2-2 安裝 VirtualBox

　　由於電腦的硬體執行速度越來越快，大部份時間電腦是處於閒置休息狀態，如果可以在一台電腦同時執行二台以上的作業系統，這不但大大的節省了購置電腦的經費，也讓電腦的效能得以充份發揮，因此近年來，虛擬機的應用越來越廣，而 VirtualBox 這套軟體就是負責在一台電腦上，建置另一台虛擬的電腦，並且在那台虛擬電腦上安裝另一套作業系統，在一般的應用上，例如要在全新的作業系統上測試某些應用軟體，但卻又不想影響到原有的作業系統時，此時就非常適用於這種虛擬機器！當然如果電腦的等級及效能非常的好，要在一台實體電腦上建置數台虛擬機器並且同時執行，也是可以的！

　　另外要注意的是，顧名思義，虛擬機就是一台模擬出來不存在的電腦，也就是說，這台虛擬機實際使用的硬體就是原來的硬體，只是經由軟體方式，把原有的硬體切出來給另一個作業系統使用，因此假設原來的電腦硬體的記憶體只有 2G，那產生出來的虛擬機能使用的記憶體，必定少於 2G（因為原有的作業系統仍然需要記憶體來運作），換句話說，模擬產生出來的虛擬機的硬體規格，必定小於實體的電腦，同時執行效能也不可能和一

台完整的實體電腦一模一樣，也就是效能會有低落現象！所以電腦如果太老舊，執行的效果就會差強人意，這點必須要了解！

找到先前已下載完成的 VirtualBox 安裝程式，滑鼠雙擊執行它。

🔺 圖 2-2-1：雙擊執行 VirtualBox

雙擊執行程式之後，啟動 VirtualBox 安裝精靈，透過精靈的操作簡化安裝手續。請按 Next 執行下一步！

🔺 圖 2-2-2：啟動安裝精靈

接下來出現可安裝的元件與安裝的硬碟位址選擇畫面，這裡不做任何修改，直接按下 Next 進行下一步驟。

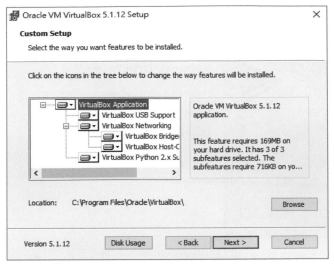

🔺 圖 2-2-3：安裝的元件與安裝位置

接下來精靈會要求是否要建立桌面啟動圖示、是否要建立快速啟動圖示等等。預設所有的選項都是打勾，這裡也不去更動它，依照預設值，直接按 Next 進行下一步！

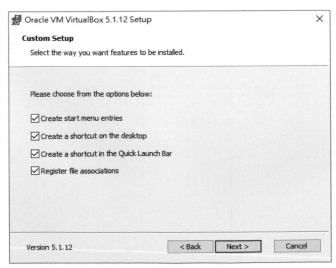

🔺 圖 2-2-4：其它選項畫面

由於 VirtualBox 會使用原有電腦的網路卡做為虛擬機器的虛擬網路卡，在安裝時會重啟網路連結，所以提示使用者！不用擔心，大膽的按下 Yes。

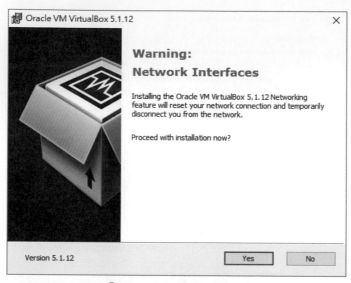

⬆ 圖 2-2-5：網路重置提示

到這裡，按下 Install 就會開始進行安裝；如果此時不想安裝，請按下 Cancel 結束程式安裝精靈。

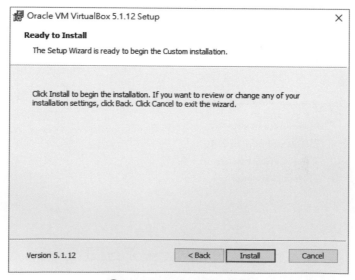

⬆ 圖 2-2-6：正式開始安裝

執行到一半系統會詢問是否要安裝通用序列匯流排控制器,請選擇『安裝』讓虛擬機器可以支援 USB 等裝置!

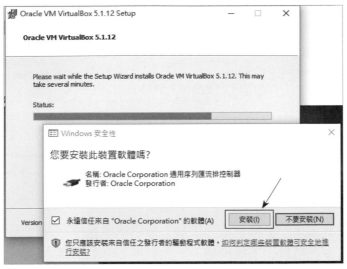

🔺 圖 2-2-7:安裝序列匯流排控制器

完裝完畢,預設直接執行 VirtualBox。點選「Finish」結束程式安裝精靈並執行 VirtualBox。

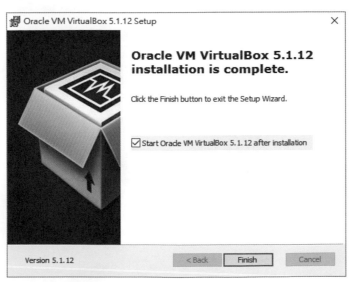

🔺 圖 2-2-8:安裝完畢,執行 VirtualBox

首次執行 VirtualBox 會發現完全是空的畫面！接下來要來設定『新增一台虛擬機』，請點選『新增』按鈕。

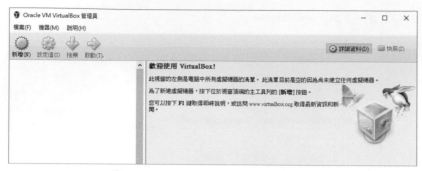

▲ 圖 2-2-9：VirtualBox 首次執行畫面

當按下新增之後，系統會詢問這台新增的機器預備安裝什麼樣的作業系統，這時請從『類型』下拉按鈕，下拉選擇 Linux，『版本』下拉按鈕，下拉選擇 Ubuntu（64-bit）。

至於這台機器的名稱可以自訂，不一定要取名 ubuntu，方便識別即可！選擇好之後，按下『下一步』按鈕。

記憶體可以設定多少，受限於你自身電腦硬體的記憶體。如下圖，電腦裝有 8G 的記憶體，所以分配給 Ubuntu 記憶體 4G。

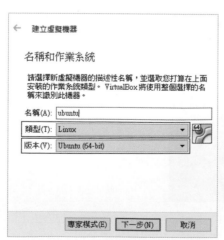

▲ 圖 2-2-10：設定虛擬機的作業系統

如果本身電腦記憶體太少，例如只有 2G 的記憶體，光是 win10 本身就不太夠用了，建議電腦加裝記憶體到 8G 較佳。

▲ 圖 2-2-11：設定虛擬機記憶體

　　選擇『立即建立虛擬硬碟』。按下『建立』按鈕。

　　未來如果你有之前建立好的虛擬機器硬碟，這時可以在這裡選擇『使用現有虛擬硬碟檔案』，也就是說，如果你有一台安裝好的虛擬機器，這時只要選擇使用它即可，不用重新安裝作業系統！是不是很方便呢！

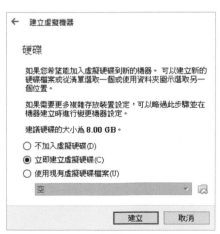

▲ 圖 2-2-12：設定虛擬機硬碟容量

這裡的檔案類型並不是實體硬碟格式化用的檔案類型（如 NTFS 等），而是虛擬軟體使用的特有格式。

我們直接採用 VirtualBox 預設的磁碟映象 VDI 類型。按『下一步』準備建立虛擬硬碟。

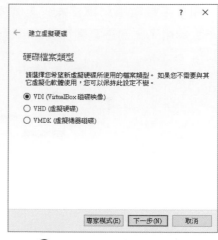

▲ 圖 2-2-13：選擇檔案類型

硬碟有二種配置方式，一種是動態配置，例如給 16G 的硬碟空間，但系統不是一開始就切那麼大，假設系統預設給 1G，等到容量不夠用時，再從實體硬碟切空間出來用。

而固定大小如上例，就是直接切 16G 的空間出來。

動態配置當用則用較省空間，但速度略慢！固定大小較快，但用不到的空間會閒置。二種配置請自行依需要處理。在這裡我們依據系統預設的『動態配置』來進行下一步。

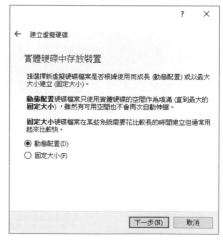

▲ 圖 2-2-14：選擇配置方式

一般來說，如果沒有大量的影音多媒體需求情形下，Ubuntu 只要 16G 就可以用得很好，在這裡我們給它 16G 的硬碟容量。

【備註】系統預設的 8G 容量不足，無法安裝。

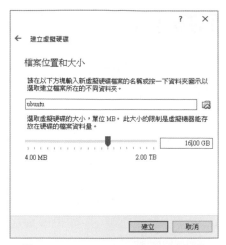

◬ 圖 2-2-15：設定虛擬機硬碟容量

建立好硬碟容量之後，畫面回到最起初點。這時可以發現利用新增精靈，已經建立好了一台完整的『虛擬電腦』。

別急著啟動（打開電源）這台虛擬電腦，因為這是一台沒有作業系統的電腦，是沒有辦法運作的，接下來的工作就是開始在這台虛擬電腦上安裝 Ubuntu 作業系統。

◬ 圖 2-2-16：完成虛擬機建置

## 2-3 安裝 Ubuntu 作業系統

在前二個小節中,我們很辛苦的下載安裝及設定,終於打造出一台可以用的虛擬機器了,但是這台機器不像是大賣場買回來,廠商已經裝好了作業系統,只要開機就可以使用。這是一台空空的、沒有作業系統的機器,接下來就是在這台機器上正式安裝作業系統的時候了。

在這裡也提醒一下,你可以想像它就是一台可以觸摸到的電腦,接下來要做的工作亦如同從賣場買回來,無作業系統的電腦(通常無作業系統的電腦價格較便宜喔)。如果學會在虛擬機器上安裝作業系統,相信你也可以在實體的電腦上,用同樣的方法來安裝一套全新的 Ubuntu 作業系統。

在存放裝置區,光碟機是空的,所以接下來是要把第一節下載的 Ubuntu iso 光碟檔,當做是光碟片一樣放入光碟機中。

❶點選『光碟機』。

❷在跳出來的選項畫面上,按下『選擇磁碟映像』。

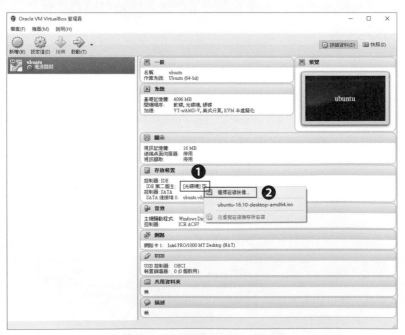

▲ 圖 2-3-1:虛擬光碟機放入光碟片

從檔案總管中找到之前下載的 Ubuntu 光碟映像 iso 檔，點選後按下『開啟』按鈕。

圖 2-3-2：將下載的 iso 光碟映像加入

選擇好光碟映像檔之後返回主畫面，這時可以發現光碟機不再是空的，檢查上方的系統區開機順序是『軟碟、光碟、硬碟』。

到此為止，完成了所有作業系統安裝的前置作業，電腦和開機光碟都準備就緒，是時候開始安裝 Ubuntu 作業系統了。

請按下『啟動』按鈕，此按鈕的功用就如同實體電腦的電源開關一樣。

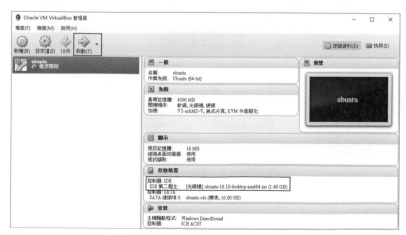

圖 2-3-3：啟動（打開電源）電腦

啟動電腦之後，開始載入作業系統，同時自動啟用擷取鍵盤與滑鼠指標整合功能，這樣虛擬機器的系統就可以自動取得實體鍵盤和滑鼠。

【備註】主端：指的是實體的電腦／客端：指的是虛擬的電腦

△ 圖 2-3-4：開機載入系統中

經過一段開機載入作業系統的時間之後，進入多語系選擇與安裝畫面。Ubuntu 是全球性的自由作業系統，因此它支援各國的語系。

△ 圖 2-3-5：進入多語系選擇與安裝畫面

請將滑鼠移到語系框邊，滑鼠下拉選擇中文繁體。

如果你不想安裝只想試用一下，這時可以點選『試用 Ubuntu』，此時系統會完整載入的電腦中，這時你就可以擁有基本的應用軟體可以免費使用（如 Firefox 瀏覽器及辦公室應用軟體等）。

請點選『安裝 Ubuntu』按鈕，直接進行安裝作業。

▲ 圖 2-3-6：選擇中文繁體

系統詢問在安裝過程中是否同時下載更新,並且同時下載多媒體需要的第三方軟體。預設是沒有勾選的。

不用緊張,我們採用預設值,不勾選,直接按『繼續』按鈕進行安裝。因為等系統全部安裝完畢之後,我們依然會進行第一次更新及調整。這部份在第三章會介紹。

◭ 圖 2-3-7:安裝時是否同時更新

由於這是一台全新的電腦,所以沒有其它已經存在的作業系統,我們直接使用預設值:清除磁碟並安裝 Ubuntu,讓系統自動幫我們處理硬碟的格式化與分割問題。

請直接點選『立刻安裝』按鈕進行系統安裝。

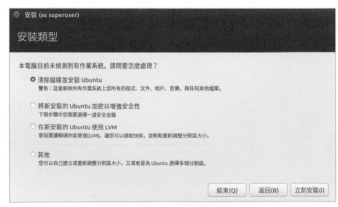

◭ 圖 2-3-8:硬碟分割

在上一步驟我們選擇清除磁碟，所以系統自動幫我們將硬碟進行分割及格式化作業。請按下『繼續』按鈕，繼續我們的安裝作業。

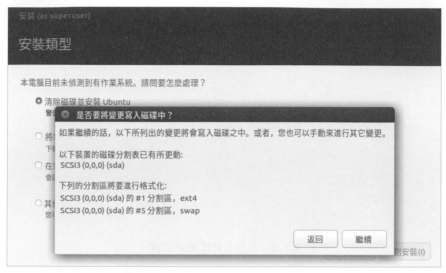

圖 2-3-9：系統自動分割的結果畫面

進行時區的選擇，預設是 Taipei，所以直接按下『繼續』按鈕。

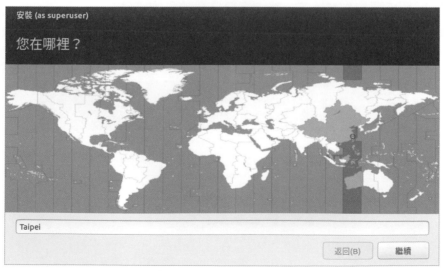

圖 2-3-10：時區的選擇

一樣的採用預設值 Chinese。

請按下『繼續』按鈕。

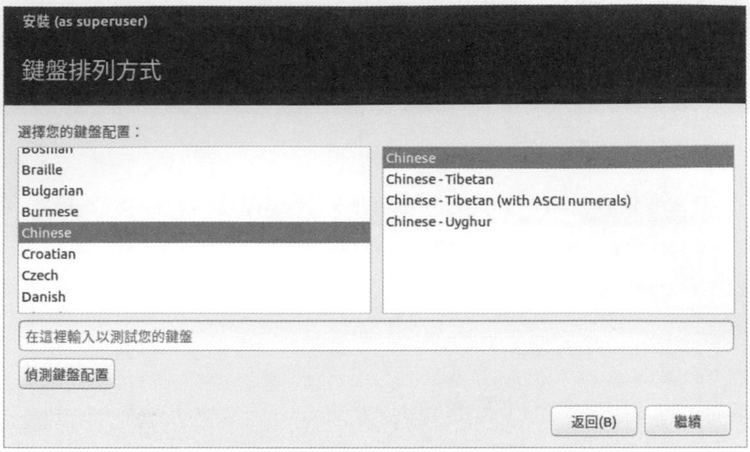

▲ 圖 2-3-11：選擇鍵盤配置

在安裝的過程中，這是很重要的一步：輸入使用者名稱（帳號）和密碼。

這裡的帳號和密碼，是管理這一台電腦重要資料，未來要安裝任何軟體及進行系統調校作業等等，都會需要這裡輸入的密碼，所以不要亂打，要選擇一個自己可以記住的密碼，否則安裝完畢之後，忘了密碼就無法做系統更新及其它軟體的安裝。

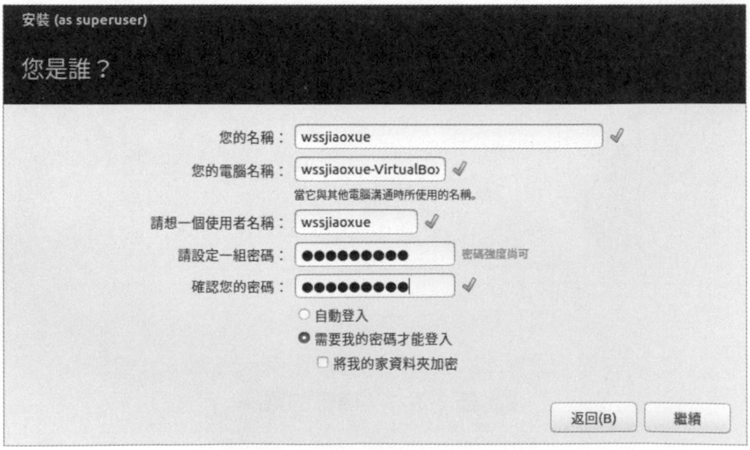

▲ 圖 2-3-12：輸入帳號和密碼

系統已收集需要的資料，開始進行系統及軟體安裝作業。請耐心等候。

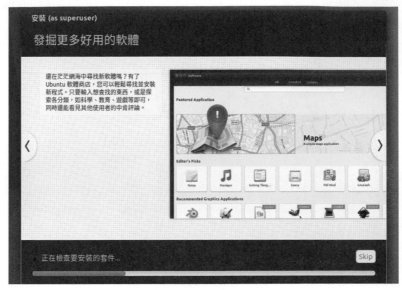

▲ 圖 2-3-13：開始安裝

經過了一段時間，系統安裝完成。請點選『立刻重新啟動』按鈕，完成整個系統的安裝作業。

▲ 圖 2-3-14：安裝完畢

安裝光碟片已經不再需要，系統提示要求移除安裝光碟片。由於我們是虛擬的電腦，並沒有實體的光碟機和光碟片，所以直接按下『ENTER』鍵完成重新啟動作業。

▲ 圖 2-3-15：系統要求退出光碟片

如果安裝都沒有問題，這時會出現如下圖的開機畫面，此時你必須要輸入使用者密碼。還記得先前安裝時輸入的密碼嗎？

▲ 圖 2-3-16：重新啟動完成畫面

成功登入之後，由於視窗畫面很小，預設是 800×600 的解析度，造成操作上相當不便利！在變更解析度之前，為了提供更好的主客端滑鼠整合、主客端分享剪貼簿及資料夾、較佳的顯卡支援效能等等，我們使用 VirtualBox 附加的程式來更新相關核心和驅動程式。

請點選功能表『裝置』→『插入 Guest Additions CD 映像』。

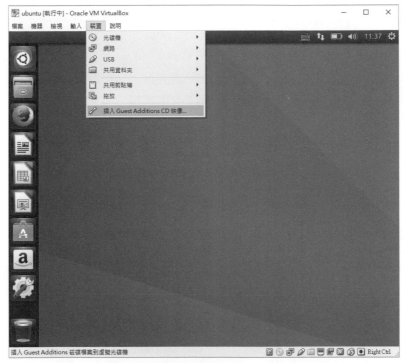

▲ 圖 2-3-17：使用客端附加 CD 映像

系統詢問是否要執行光碟映像裡的程式，請按下『執行』按鈕。

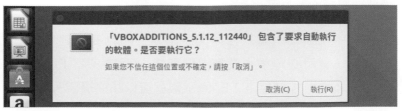

▲ 圖 2-3-18：詢問是否執行畫面

　　對於更動系統或是安裝軟體等重大作業，系統都會自動出現這個核對身分的視窗，要求使用者輸入管理者密碼！還記得之前安裝系統時所輸入的密碼嗎？這個就是很重要的管理者密碼！

　　日後會發現，這個核對身份的視窗會經常出現在操作的過程中。

▲ 圖 2-3-19：密碼檢核畫面

　　當附加程式執行時，它出現的視窗和一般的圖形視窗不一樣，這種文字視窗稱之為『終端機視窗』，終端機是和 Linux 進行交流很重要文字視窗工具，在這裡都會輸入一堆文字指令。

　　不過不用緊張，你不用輸入任何文字指令，因為要重建客端核心模組需要一點時間，請耐心等候，直到出現最後一行文字：「Press Return to close this window」，這時按下『Enter』鍵就可以關掉視窗。

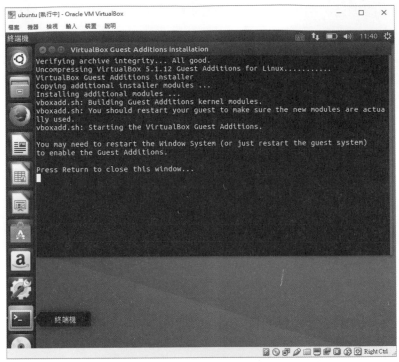

▲ 圖 2-3-20：附加程式執行畫面

❶滑鼠點選右上方的齒輪圖示，打開關機選單。

❷點選關機。

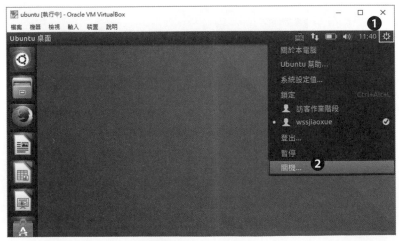

▲ 圖 2-3-21：重開機

當點選關機時，系統會詢問是要重新啟動還是關機，這時請點選『重新啟動』。

▲ 圖 2-3-22：關機還是重開機呢

虛擬機器畢竟不是視窗程式，雖然它好像存在 VirtualBox 的執行視窗裡，因此 VirtualBox 提供了許多檢視模式。

- 全螢幕模式：指客端作業系統（Ubuntu）佔滿整個螢幕，在這個模式下，主端（win10）是看不見的。

- 縮放模式：指客端系統會隨著 VirtualBox 的視窗大小改變作業系統的螢幕大小。

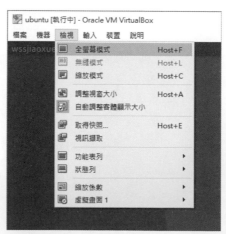

▲ 圖 2-3-23：VirtualBox 的檢視模式

為了讓使用者很方便的切換檢視模式，它提供了切換熱鍵，提供使用者依情況改變檢視模式。

提醒一下，系統預設定義 Host 鍵為右邊的 Ctrl 鍵，所以 Host＋F（全螢幕模式）是指同時按下右邊的 Ctrl 和 F 鍵。

【備註】Host+C：視窗縮放模式／Host+L：無縫模式

看起來有點抽象，建議使用者每一個都試一下，了解它不同的檢視模式。

▲ 圖 2-3-24：VirtualBox 檢視模式切換熱鍵

進入 Ubuntu 作業系統之後：

❶ 按下左邊齒輪圖示。啟動系統設定視窗。

❷ 點選顯示器，準備更改螢幕解析度。

系統設定值視窗裡，有許許多多和 Ubuntu 操作及桌面設定有關的選項，值得抽空研究看看。

▲ 圖 2-3-25：改變 Ubuntu 螢幕顯示解析度

請依據實體螢幕的可用解析度來改變作業系統的螢幕解析度。

一般 19 吋以上的液晶，在全螢幕模式下通常可達 1920×1080，當然一切都要依據你的螢幕與電腦顯卡來調整。

▲ 圖 2-3-26：修改螢幕解析度

經過一番努力，終於將系統安裝完畢。這時可以點選左邊 Firefox 圖示，啟動 Firefox 瀏覽器，上上網檢查一下。

提示一下，客端 Ubuntu 系統的網路還是依靠主端 win10 的網路來進行溝通，因此要讓 Ubuntu 可以上網，win10 的網路必須要能暢通才行。

▲ 圖 2-3-27：系統安裝大功告成

## 結 語

　　本章節透過 Windows 作業系統安裝 VirtualBox，運用虛擬機的方式讓使用者得以在最簡單的情形下，學會安裝 Ubuntu 作業系統，日後利用此虛擬機進行 Ubuntu 作業系統的各項學習作業。但還是要提醒一下，虛擬機器畢竟不是實體機器，因此在日後的課程中，對於多媒體影音剪接的課程、大型 2D 及 3D 的遊戲等，會出現吃力甚至跑不動的情形，建議在學習 Ubuntu 一段時間、有了各項操作的基本基礎後，可以將整台電腦格式化，運用本章節學會的系統安裝，將電腦打造成專屬的 Ubuntu 作業系統。今日固態硬碟的價格直直落，128G 的固態硬碟價格約一千出頭，因此在附錄裡也提供在不更動原有的 Windows 作業系統之下，利用外接式固態隨身碟來安裝全新的 Ubuntu 作業系統，達到雙系統的目的。

*Note*

# 桌面環境調校
# 與 Unity Tweak Tool

## 學習目標

本章的學習內容針對首次使用 Ubuntu 的使用者而設，如果先前曾學習過微軟作業系統，可以經由本章的學習，很快的學會在新的視窗作業系統下，如何去執行一個應用程式、移動視窗及結束應用程式等基本視窗操作。另外本章也介紹一般桌面環境，如何利用 Unity Tweak Tool 進行各項基本調校，讓 Ubuntu 更方便易用。

- 第一次接觸
- 桌面簡易調校與安裝 Unity Tweak Tools
- Unity Tweak Tool
- 額外專屬驅動程式
- 結語

## 3-1 第一次接觸

　　當我們把電腦的電源打開，會發現開機畫面已經不再出現 Windows 字樣，取而代之的是另一個閃閃發亮的開機畫面。

　　下圖就是 Ubuntu 的開機畫面，開機時可以看到有光點在畫面上由左而右的閃動著，其實這時電腦在做著許許多多開機的前置作業，諸如檢查您的電腦設備、把系統讀入到電腦的記憶體中等等。

　　依據官方的說法，可以在 15 秒之內完成整個開機的動作，但是這和您的電腦配備與等級有關。不過如果您以前就曾用過不同的版本的話，確實可以感覺開機的速度有變快，而且是直接使用 X 視窗管理來啟動開機畫面，所以您會發現開機的畫面變得非常的美麗。

　　開完機就進入到 Unity 的視窗管理界面，它是以 Gnome 為視窗核心。看到這裡您的第一個問題油然而生，視窗管理界面居然還有名字，那什麼是 Gnome？這個問題說來話長，對於初學者而言，尤其是從微軟視窗中轉移過來的使用者，一定會越看越迷糊。在這裡用很簡單的比喻來說明，現今的手機品牌機型眾多，每個人所持有的手機品牌、機型也不盡相同，甚至通信服務的廠商也可能不同，不管您用的是哪個牌子、哪個通信服務商都沒關係，只要知道對方的電話號碼就可以互相通話。以此概念來解釋視窗管理界面也是一樣，我們利用滑鼠在視窗上點選，控制各種應用程式的使用，只要能夠提供這種功能的系統其實就是視窗管理界面，所以視窗管理界面全世界並不是只有微軟，相信許多人也聽過蘋果電腦，他們也提供視

窗管理界面來管理他們的系統與應用程式；最近紅透半邊天的 IPAD 以及 Android 二款平板電腦系統，也是另類的視窗管理界面，所以在自由軟體的世界裡，也有這種視窗管理界面就不足為奇了。

△ 圖 3-1-2：Unity 桌面

　　從畫面上可以清楚的看到 Unity 的長像，是不是和大家熟見的微軟畫面相當不同？本版本會有那麼大的改變，最主要的原因是 Ubuntu 希望提供一個一致性的整合界面，各式行動裝置手機、小筆電、平板電腦以及桌上型電腦，都可以使用這個界面。目前 Ubuntu 手機也已經在市場上販售了！

△ 圖 3-1-3：Ubuntu 平板

△ 圖 3-1-4：Ubuntu 手機

這種巨大的改變，對於之前曾使用過其他 Ubuntu 版本的使用者而言，會有些不能適應，這個改版在網路上也曾被大量的討論過，有贊成有反對，不論您是否曾使用過其他的 Ubuntu 版本，本次的版本將會給您一個全新的感受，慢慢的了解與體會之後，會發現其實它比以前更容易使用與上手。

現在我們把焦點放在開始功能表，與其說是開始功能表，還是說成開始按鈕會更貼切，因為它只是一個按鈕而已。這個按鈕是執行各式各樣的應用程式的起始點。至於其他各區，您也不需要死記硬背，因為用了一小段時間之後，您自然而然就會知道各區的作用。現在我們把焦點放在應用程式啟動面板裡。

下圖是應用程式啟動面板。在這個面板上，有許多預先建好的啟動程式按鈕。例如用滑鼠點選 LibreOffice 文書處理，就會啟動預設安裝的 LibreOffice Writer 文書處理軟體，讓您可以利用它來編輯文書。

另外還有一些特殊的按鈕，諸如軟體中心、系統設定等，在其他各章節中會有介紹，不必心急。

▲ 圖 3-1-5：應用程式啟動區

【注意事項】

LibreOffice 的前身就是大家耳熟能詳的 OpenOffice 辦公室套裝軟體，但是自從昇陽公司（Sun）被甲骨文（Oracle）公司併購之後，為避免這套優質的自由辦公套裝軟體不會停止發展或淪為商業軟體，原開發團隊重新出發，並且將名稱改為 LibreOffice，ubuntu 也配合將 OpenOffice 改為使用 LibreOffice。

想看更多說明，可拜訪官方網站：
http://www.libreoffice.org/

中文的官方網站如下：
https://zh-tw.libreoffice.org/

啟動圖示可以直接拖曳改變位置。如果要把某一個啟動圖示移除，在圖示上按右鍵，選擇『不再鎖定啟動欄中』，就可以把圖示從啟動圖示列中移除。

▲ 圖 3-1-6：右鍵移除啟動圖示

## 3-2 桌面簡易調校與安裝 Unity Tweak Tools

當首次安裝完畢，看起來基本的運作都沒有什麼大問題，但是為了讓系統更穩定及更方便使用，接下來通常都會進行底下基本的調校步驟，讓系統能更加強大。

**第一步：將系統首次完整更新乙次！**通常來說，任何系統發佈之後，都會不定期再次發佈各項更新，這些更新有些是系統安全的更新、有些是應用軟體的更新，Ubuntu 自然也不例外，而且由於自由軟體的特性，每個人都可以向開發者回報發現的問題或是修正意見，因此它的更新速度非常快。

當然這種更新基本上系統會自動依據設定值定期發出更新通知，但是因為我們是首次安裝，在安裝的當下距離版本的發佈通常都會有些時日，所以安裝完畢的首要動作就是手動要求系統全面自動更新一次。

首先點選左上角的開始按鈕，準備尋找內建的軟體更新應用程式

▲ 圖 3-2-1：點選開始按鈕

在查詢方框裡輸入『update』，這時在下方會出現軟體更新應用程式。滑鼠點選『軟體更新』，執行應用程式。

▲ 圖 3-2-2：找尋軟體更新應用程式

當執行軟體更新之後，系統首先進行檢查作業，網路的速度會影響作業時間，請耐心等候檢查作業。

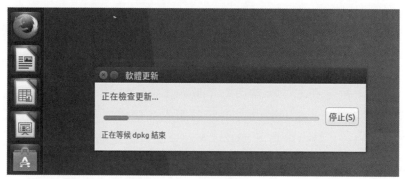

▲ 圖 3-2-3：系統檢查更新中

當檢查更新完畢之後,系統發現有許多更新的軟體發佈,這時請點選『馬上安裝』,程式將從網路上下載需要更新的檔案進行更新作業。

▲ 圖 3-2-4:檢查更新完畢

如前述,任何系統更新及安裝作業,都少不了核對身份的動作,這時請輸入首次安裝時設定的密碼,完成後按『核對身份』按鈕。

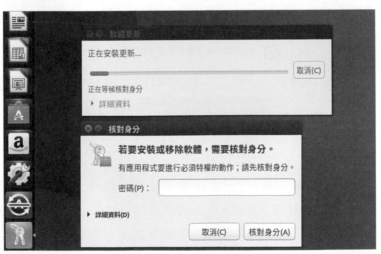

▲ 圖 3-2-5:核對管理者身份

核對身份無誤後，開始進行網路檔案下載並且進行更新作業，更新時間依據網路速度及更新的資料量多少來決定，通常首次更新都需要不少時間，請耐心等候更新完成。

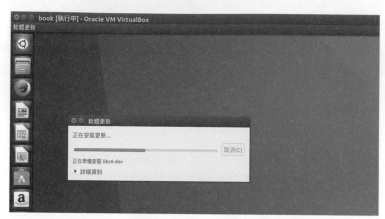

▲ 3-2-6：安裝更新中

更新完畢之後，系統詢問是否要稍候重新啟動或是馬上重新啟動。建議馬上重新啟動，讓系統達到最新的狀態。

▲ 圖 3-2-7：更新完畢

第二步：更新語言支援。雖然在安裝時使用的是中文繁體語系，但是仍然有部份繁體支援沒有完全載入，如應用軟體的中文翻譯、輸入法等，所以進行一次語言支援檢查。並且在更新安裝之後，電腦登出再登入，讓更新生效。

❶點選左邊應用程式啟動列的齒輪圖示，啟動系統設定值設定視窗。

❷點選視窗裡的『語言支援』。

▲ 圖 3-2-8：系統設定值視窗畫面

　　系統自動檢查目前的語言支援現況，發現一些可用的工具尚未安裝，這時可以點選『安裝』讓系統自動安裝這些不足的部份。如果想要知道缺了哪些軟體工具，可以點選『詳細資料』來檢視。

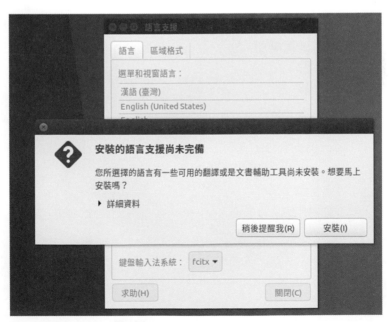

▲ 圖 3-2-9：語言支援尚未完備

再次看到身份核對視窗，輸入管理者的密碼後，按下『核對身份』按鈕。

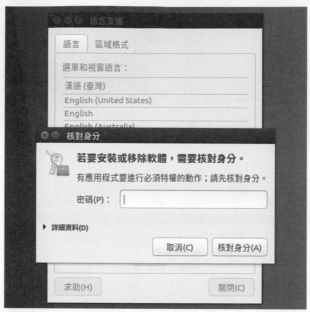

▲ 圖 3-2-10：身份核對

　　身份核對完畢後，系統自動上網下載需要的軟體套件並自動更新。下圖是更新完畢之後的視窗畫面。確定無誤之後請按下『關閉』按鈕，結束語言支援的更新動作。

▲ 圖 3-2-11：語言支援更新完畢

為了讓剛才的語言支援更新產生作用：

❶ 點選右上角齒輪圖示。

❷ 點選『登出』後再重新登入即完成作業。

▲ 圖 3-2-12：電腦登出

**第三步：安裝多媒體限制性編碼套件。**現今有各式各樣的多媒體格式，例如常見的 mp3、mp4、mpg 以及 Flash Player 等等，而這些並非都是以自由軟體的授權模式發行，也有許多是受限各國法律的發行限制。為了讓以後在使用上能夠支援各式各樣的多媒體編解碼的需求，現在一次完整安裝各項需求。

接下來的安裝介紹，第一次採用終端機（純文字指令的界面）來安裝這個限制性的多媒體套件，雖然使用的是文字指令，感覺有點困難，別擔心，讓我們跟著畫面一步步的前進！

❶同時按下 Ctrl ＋ Alt ＋ T 組合鍵，啟動 Linux 終端機文字界面視窗，在這個視窗只能使用文字指令，滑鼠是無用武之地的。

❷在白色游標之後，輸入底下的指令：

```
sudo apt-get install -y ubuntu-restricted-extras
```

輸入時多注意，不要打錯字。

❸輸入完畢檢查一下，確定沒有打錯字，按下 Enter 鍵。

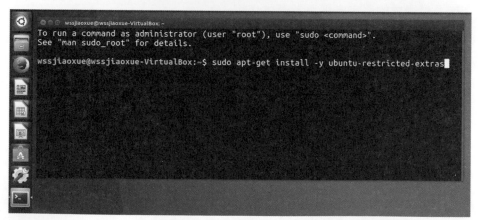

🔺 圖 3-2-13：啟動終端機

這時系統要求輸入管理者（sudo）的密碼，請輸入安裝時設定的密碼。
輸入完畢按 Enter 鍵。

【重要提示】當輸入密碼時，螢幕畫面上不會出現你輸入的任何文字，
　　　　　　請特別注意。

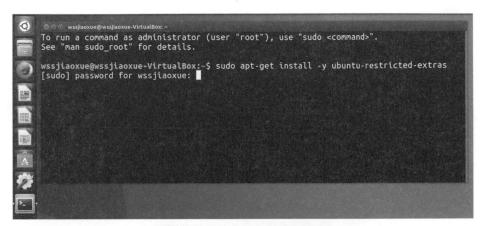

▲ 圖 3-2-14：文字型身份核對

執行安裝過程中出現授權說明畫面。

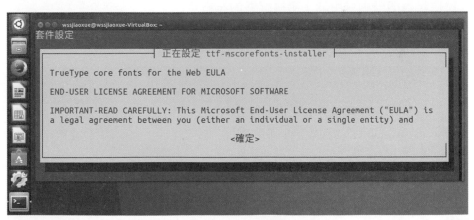

▲ 圖 3-2-15：ttf-mscorefonts 授權說明

承上圖！很多初學者會嘗試使用滑鼠去點選〈確定〉，結果沒有任何反應。這裡要特別注意，這種是文字界面視窗，滑鼠是無用武之地的。

這時請按下鍵盤左邊的 Tab 特殊按鍵，這時就會發現〈確定〉變成了紅底白字，表示被選擇了，此時就可以按下 Enter 確定。

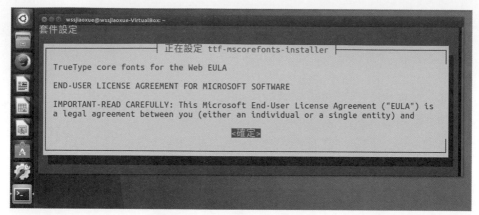

▲ 圖 3-2-16：用 Tab 鍵選擇確定

同樣的接下來出現是否接受授權的文字視窗界面，再次提醒一下，滑鼠去點選是沒有任何作用的！請用鍵盤的左右鍵來選擇〈是〉〈否〉。

當看到〈是〉紅底白字時就可以按下 Enter 鍵。

▲ 圖 3-2-17：用左右鍵選擇是或否

一切無誤之後，系統很忙碌的從網路上下載相關的軟體套件並且進行安裝設定，由於全部是文字顯示，所以閃示的很快。

下圖是正在下載 adobe flash player 的畫面。

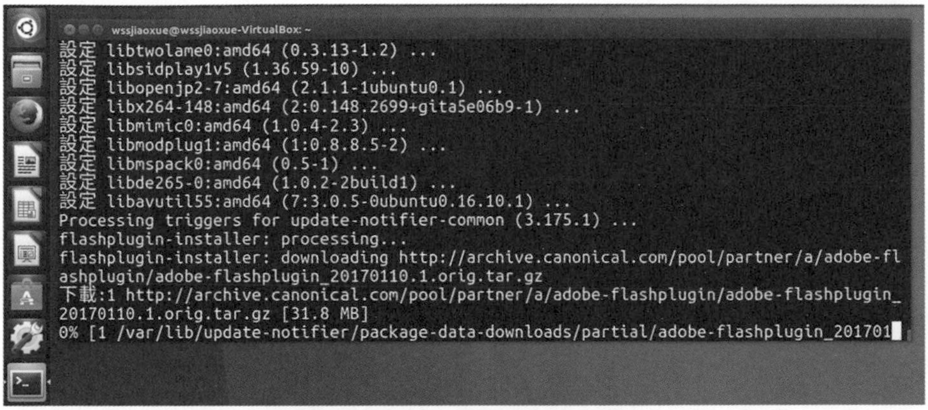

▲ 圖 3-2-18：套件安裝中畫面

當畫面顯示停止，同時再次出現游標，就表示全部執行完畢，系統等待下一個指令。

走到這裡，會不會覺得文字指令其實也沒有想像中的可怕，未來只要多學習各種文字指令，你也可以變成 Linux 高手！

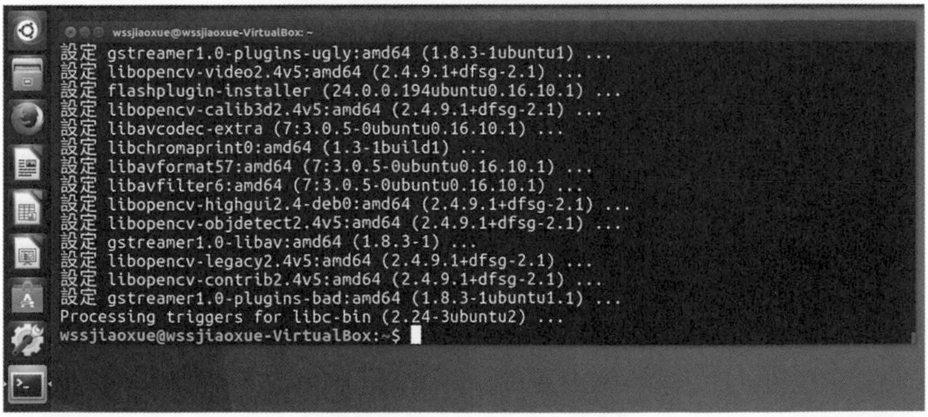

▲ 圖 3-2-19：安裝完畢

如果出現下圖下載失敗的畫面，不用擔心，這只是微軟字型，電腦就算沒有 ms corefont 也沒什麼大不了！大膽的按下『關閉』按鈕吧。

【提示】如果過段時間一再出現這個錯誤視窗，可以打開終端機輸入底下的指令移除安裝程式。

```
sudo apt-get remove ttf-mscorefonts-installer
```

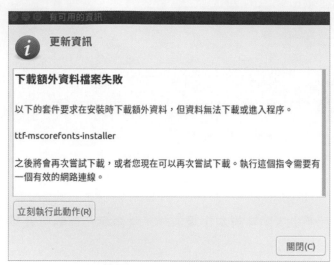

▲ 圖 3-2-20：下載失敗了

安裝完畢要關閉終端機視窗，Unity 的視窗關閉、縮小及放大還原按鈕已經移到視窗的左上角了，多使用幾次就會習慣左上角。

▲ 圖 3-2-21：關閉終端機視窗

**第四步：將功能表與視窗列整合。**Ubuntu 預設將應用軟體的功能表移到螢幕最上方的系統提示列中，許多人不習慣這種用法（包含筆者），因此將功能表移回到應用軟體的視窗標題列上。

注意下圖。Ubuntu 預設的功能表位置移到整個螢幕上方的系統提示列上，如果應用軟體是全螢幕狀態，上方剛好就是功能表，所以比較沒有問題，但是如下圖，軟體視窗不是全螢幕時，功能表不在軟體視窗上，使用上很不方便。

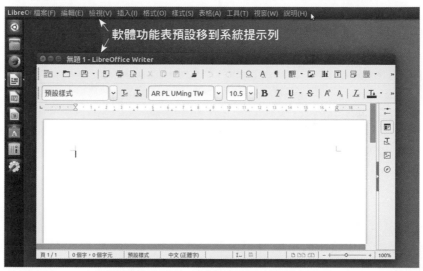

▲ 圖 3-2-22：功能表預設在系統提示列

利用系統設定值的外觀設定來改變預設值。還記得如何執行系統設定值嗎？

【提示】左邊程式啟動列的齒輪圖示。

▲ 圖 3-2-23：啟動系統設定值的外觀設定

❶點選『運作方式』分頁。

❷點選『在視窗標題列』。

　設定好之後就可以關閉視窗。

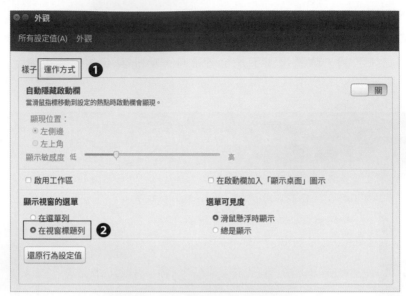

◬ 圖 3-2-24：修改選單至視窗標題列

　　修改好後，開啟任何一個應用軟體檢查看看，它的功能表是不是移回視窗標題列了。

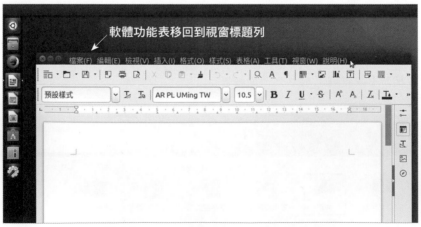

◬ 圖 3-2-25：功能表移回到視窗標題列

## 3-3 Unity Tweak Tool

Unity Tweak Tool 是個非常強大的桌面環境設定工具，裡面與桌面環境有關的設定選項應有盡有，如果未來想要更動使用環境，執行它並找找看有沒有相對應的設定就對了！

由於設定的選項多如牛毛，當然無法一一介紹，本節從安裝開始，並簡單介紹基本的環境設定，其它更深入的調整就留給讀者日後再去探究。

Ubuntu 的軟體中心是安裝各式各樣軟體的視覺化安裝工具，裡面的軟體成千上萬，應有盡有，直接點選安裝，免破解檔、免序號，真正的自由。

首先移動滑鼠至左邊的應用程式啟動列，找到 Ubuntu 軟體的圖示，點選執行它！

下圖是執行軟體中心的畫面。

◆ 圖 3-3-1：利用軟體中心安裝

❶在上方的查詢框輸入 unity 關鍵字。

❷系統將查找到 Unity Tweak Tool 這套應用軟體，找到之後請點選『安裝』按鈕。

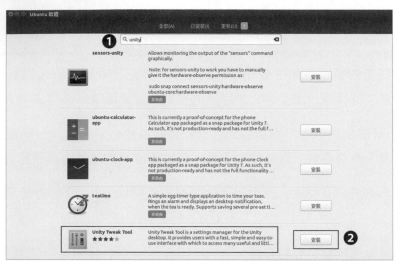

▲ 圖 3-3-2：查找 Unity Tweak Tool 並安裝

同樣地，安裝軟體需要進行身份的核對認證，請輸入安裝時設定的密碼。因篇幅有限，未來這些輸入核對身份的畫面本書將不再呈現，如果在使用過程中出現，請自行輸入。

▲ 圖 3-3-3：又要核對身份了

當軟體安裝完畢，預設啟動圖示會自動出現在左邊的啟動圖示列中，讓使用者方便使用。

未來如果圖示移除掉，也可以利用左上角的開始按鈕，查找到任何需要且已安裝在電腦的應用軟體，用滑鼠拖曳到左邊的啟動圖示列上！

▲ 圖 3-3-4：拖曳圖示到左邊的啟動列

點選左邊啟動圖示列的 Unity Tweak Tool 圖示，執行這個工具程式，執行畫面如下圖。

這個設定工具可以設定的選項非常的多，不妨每個設定都點選下去檢視一下，就算不小心亂設定把預設值搞亂了，也不用太緊張，在每一個設定頁面的下方都有一個『還原預設值』的按鈕，可以很方便的還原到初始值，再也不用擔心亂改把電腦系統改亂了！

請點選左上角『啟動欄』圖示。

▲ 圖 3-3-5：豐富的各項桌面環境設定工具

通常來說，筆著常用的調整如下：

❶ 把應用程式最小化打勾：當第一次按下左列的某個啟動圖示時，會啟動
  應用程式；當應用程式執行時，再按同一個圖示，執行中的應用程式會
  縮小隱藏。

❷ 把左邊列的圖示縮小一些，原預設值是 48，看起來有點大，縮小一些讓
  同一列可以放更多的應用程式啟動圖示。

❸ 設定完畢可以按上方的 Overview 按鈕返回到設定主頁面。

▲ 圖 3-3-6：啟動欄的調整

在『外觀』『字型』的設定上，如果螢幕是 22 吋以上，安裝完畢的預設字型大小是 11，看起來有點小，這時可以修改字型大小為 13，這樣看起來眼睛比較不會吃力。

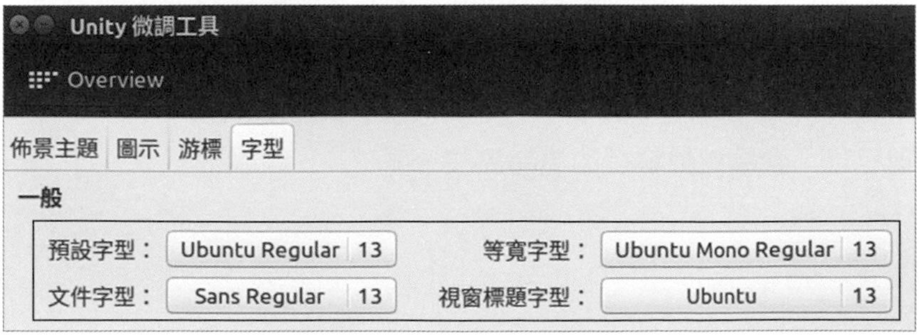

▲ 圖 3-3-7：調整系統字型大小

上方是字型列表，可以點選想要的字型，但通常會建議只要修改字型大小即可，如下圖下方按下『＋』或『-』按鈕修正字型大小。

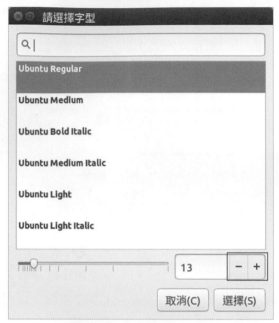

◆ 圖 3-3-8：字型大小設定

## 3-4 額外專屬驅動程式

對於顯示卡來說，官方都會提供專屬的驅動程式，使用專屬的驅動程式會讓顯卡執行的效能更好，對於 Ubuntu 來說，安裝完畢使用的是一般顯卡驅動程式，對於一般的基本使用上，並沒有什麼特別的差異性，但是如果要在 Ubuntu 電腦上玩大型的 2D 或是 3D 的遊戲時，如果改使用此類專屬的驅動程式，會讓遊戲執行的更為流暢。

這一次不使用左邊應用程式啟動列來執行系統設定值，請點選使用右上角的齒輪圖示，然後再點選下拉功能表的『系統設定值...』選項，一樣會啟動執行系統設定值主畫面。

▲ 圖 3-4-1：另類啟動系統設定值畫面

在系統設定值主畫面，點選『軟體和更新』按鈕。

▲ 圖 3-4-2：軟體和更新

點選上方『額外驅動程式』分頁選項，系統會先檢查是否有專屬的驅動程式，如果有的話，就會出現在畫面上，這時只要點選它然後再點選下方『套用變更』就可以自動下載並安裝專屬的驅動程式。

當然並不是每一家硬體廠商都對 Linux 系統友善，也就是並不提供專屬的硬體驅動程式，這一點先特別注意。

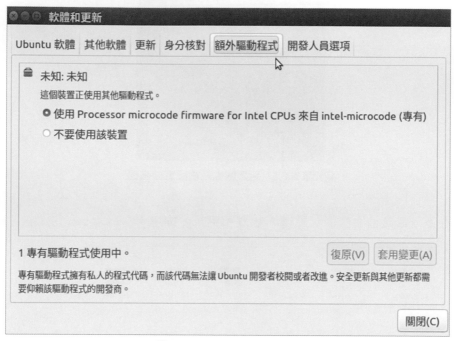

▲ 圖 3-4-3：額外驅動程式

## 結　語

透過本章節的操作，相信應該學會了如何啟動應用程式、如何進行桌面選項的調校、如何透過終端機使用文字型的指令來安裝限制性的編碼套裝軟體，有了這些基本的操作能力之後，接下來的章節會走得越來越順利，學習會越來越有趣。

# 中文輸入與中文字型

## 學習目標

本章介紹預設的 fcitx 小企鵝輸入引擎及大家常用的酷音輸入法。接著學習安裝免費優質之自由字型，讓中文文件有更多的字型可以選擇。

- 輸入引擎二三事
- 新增酷音輸入法
- 中文字型二三事
- 共通的字型問題
- 結語

## 4-1 輸入引擎二三事

對於微軟的使用者來說，系統內建一個輸入引擎，然後透過它新增各項輸入法。但是移到自由的作業系統之後，每個有興趣的開發者，都可以幫系統開發一個輸入引擎，然後安裝在系統上。正因如此，許多 Ubuntu 初學者有時在網路上會看到很多奇奇怪怪的輸入法，例如 scim、ibus、gcin、hime、fcitx 等等。其實這些嚴格來說，不是輸入法，而是輸入引擎！就像是一輛車子有一個引擎，車上有不同的音響系統可以使用。所以一個輸入引擎可以新增掛入不同的輸入法，這些輸入法就是大家常聽到的倉頡輸入法、注音輸入法、酷音輸入法、拚音輸入法、嘸蝦米輸入法等等。

Ubuntu 系統是英語系國家所開發，所以對於輸入法並沒有多所著墨。它的輸入引擎早期預設是 scim 後來是 ibus，最近又改以 fcitx 為預設中文輸入引擎。這個輸入引擎常被稱為小企鵝輸入法（引擎）。當然這個輸入引擎可以新增掛入許多輸入法，系統預設使用的是酷音輸入法，這種輸入法非常類似新注音輸入法，可以智慧選字，加快輸入速度。

## 4-2 新增酷音輸入法

在進行底下的課程之前，請確定已經依照第三章第二節第二步更新語言的作法，更新系統預設的中文語系支援，否則是沒有酷音輸入法的。

❶ 點選右上方鍵盤圖示。

❷ 在下拉功能表點選『文字輸入設定』。

> 【提示】也可以在系統設定值→文字輸入，進入相同的設定畫面

🔺 圖 4-2-1：啟動文字輸入設定

點選下方『＋』按鈕，新增中文輸入法。

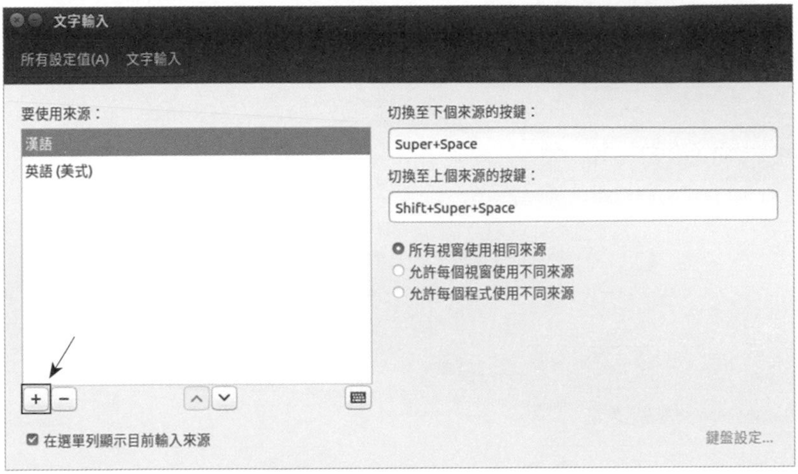

▲ 圖 4-2-2：新增中文輸入法

在下方的查詢輸入框輸入 fcitx，方便找到需要的輸入法。

查到相關的輸入法，點選新酷音之後，按『加入』按鈕。

▲ 圖 4-2-3：新增新酷音輸入法

返回文字輸入畫面，發現已新增了新酷音輸入法，這時可以點選它，並且利用底下的上、下箭頭，改變它的順序。

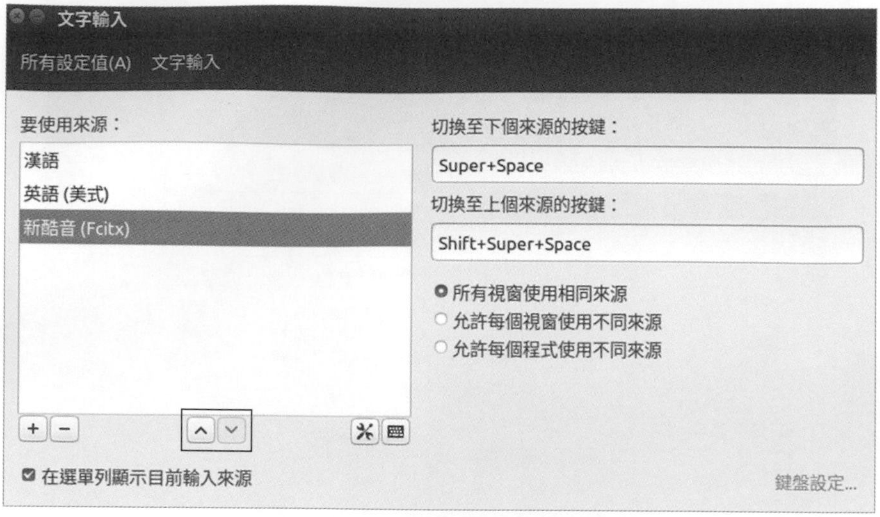

圖 4-2-4：已新增新酷音輸入法

　　當要使用時，可以利用右上方鍵盤圖示選擇新酷音，使用新酷音來輸入中文字。

　　【備註】中英文切換：Ctrl+space；全形半形標點符號切換：Ctrl+.

常用的標點符號輸入方式如下：

| | |
|---|---|
| ， | shift ＋ ， |
| 。 | shift ＋ ． |
| ？ | shift ＋ / |
| ！ | shift ＋ 1 |
| ： | shift ＋ ; |
| ； | shift ＋ ' |
| 、 | ' |
| 「 | [ |
| 」 | ] |
| 『 | shift ＋ [ |
| 』 | shift ＋ ] |

圖 4-2-5：利用右上方鍵盤圖示選擇新酷音

按下鍵盤左上角 ` 按鍵可呼叫出
特殊符號表

Ubuntu 安裝完畢並且更新中文化之後，系統預設裝好了底下幾種字型：AR PL Uming TW（明體）、AR PL Ukai TW（楷體）及思源黑體（Google 與 Adobe 合作推出的免費、開放原始碼字型 Noto Sans CJK）等字體，在基本上的應用就足夠了。但是人都是不滿足的，如何安裝更多的字體，讓文件更多姿多彩是進一步學習的動力。

首先介紹安裝 cwTeX 這套自由免費的字型。由於安裝字型的方法都是一樣，所以只介紹一種字型的安裝，如果手上有其他字型，甚至是付費購買的華康字型等，都可以使用同樣的方法把它安裝進來使用。

點選左邊程式啟動列的 Firefox 圖示，執行 Firefox 瀏覽器應用程式。

▲ 圖 4-3-1：啟動 Firefox

在瀏覽器的網址列輸入：https://github.com/l10n-tw/cwtex-q-fonts

在這裡也建議閱讀一下 cwtex 的發展字型歷史與著作權說明。

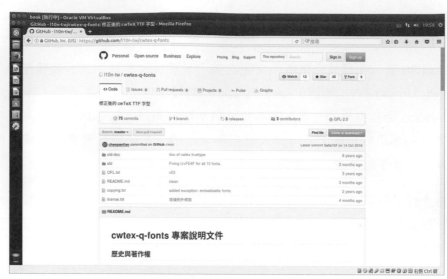

❖ 圖 4-3-2：前往 cwtex 官網

cwtex 有五種字型，不過它有二種不同的授權方式，所以一共有十個字型檔案。

舉一反三，希望讀者也能進一步研究 GPLV2+ 的授權方式與 OFL 的授權方式。

❖ 圖 4-3-3：取自官網的字型與檔案名稱

網頁下拉，找到『下載 TTF 字體』的區塊，點選連結點下載字體檔案。

圖 4-3-4：點選連結下載字體

它提供二種不同的壓縮檔案格式，一個是一般常見的 .zip 壓縮檔，另一個是 Linux 常用的 .tar.gz 壓縮檔。

這二種都可以使用，我們點選 .tar.gz 這種格式壓縮檔進行下載！

圖 4-3-5：提供二種不同格式的壓縮檔

當點選連結之後會出現開啟對話視窗，由於系統認識 .tar.gz 這種格式檔，當下載完畢，會預設以壓縮檔管理員這個應用程式來自動開啟，點選

『儲存檔案』，讓 Firefox 只要幫我們下載檔案並儲存起來就可以，不要開啟這個檔案。

▲ 圖 4-3-6：儲存下載檔案

因為檔案不大，如果網路速度夠快，點選儲存檔案之後，感覺畫面好像閃了一下就沒反應了。

注意一下右上角的向下箭頭圖示，可以點選它來檢查下載進度或是下載的結果，在下載一個非常大型的檔案時很有用！

▲ 圖 4-3-7：檢視下載進度及結果

請點選左邊檔案管理員圖示，執行檔案管理員，點選『下載』就可以看到剛才下載回來的字型檔案。

▲ 圖 4-3-8：檢視下載檔案

　　它是一個壓縮檔，使用前必須解壓縮。點選字型檔案，然後按滑鼠右鍵，啟動右鍵功能表，點選『在此解壓縮』，電腦就會自動將檔案解開來，是非常方便實用的右鍵功能之一。

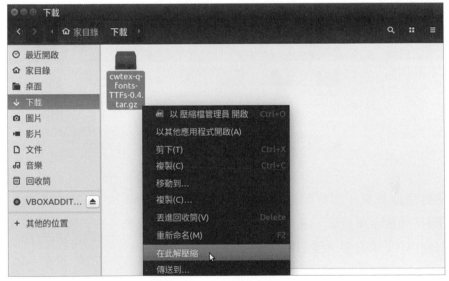

▲ 圖 4-3-9：滑鼠右鍵功能表

　　執行解壓縮動作之後，會發現在檔案管理員視窗，多了一個 cwtex 目錄，注意一下，它不是壓縮檔的格式了！

　　滑鼠雙按 cwtex 目錄，打開目錄。

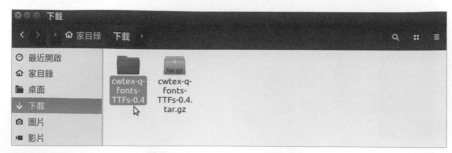

● 圖 4-3-10：順利解開壓縮檔

　　打開字型目錄之後會發現有許多檔案，其中有一個 ttf 的目錄，這裡面才是放置所有字型的目錄。

　　滑鼠雙按 ttf 字型目錄，檢視下載的字型檔。

● 圖 4-3-11：ttf 字型目錄

　　字型目錄裡有十個字型檔案（因為有不同的授權模式），檔案名稱中有 ZH 的是開放字型授權，名稱中沒有 ZH 的是 GPL 授權。這二種授權都可以自由使用。（用其中一種即可）

　　檢視一下檔案名稱：

Fangsong：中仿宋體／ Ming：中明體／ Kai：中楷體

Yuan：中圓體／ Hei：粗黑體

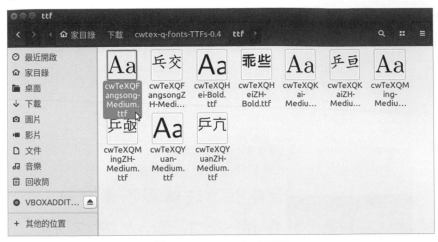

　滑鼠雙按字型檔（下圖是以仿宋體 Fangsong 為例），系統自動打開字型檢視安裝程式，要安裝字型很簡單，點選右上方『安裝』按鈕，字型就安裝好了。

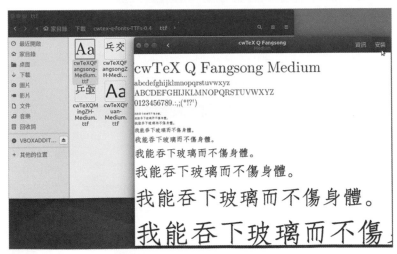

　再次檢視右上方按鈕，會發現變成『已安裝』，表示這個字型安裝完畢，可以使用了。

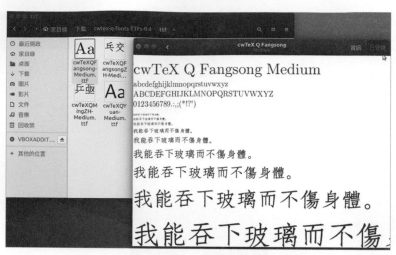

● 圖 4-3-14：已安裝字型

點選左邊啟動列的 Writer，執行文書處理程式，然後下拉字型選項，可以發現到 Fangsong 字型，點選使用這個字型。

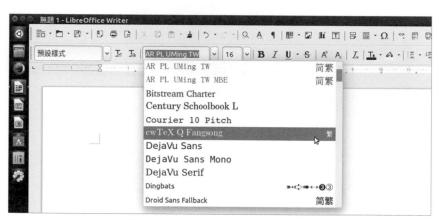

● 圖 4-3-15：利用 Writer 使用字型

利用前節安裝好的酷音輸入法，按 Ctrl + space（或是直接用滑鼠點選右上方鍵盤圖示選擇酷音輸入法）切換成酷音輸入法。

利用仿宋體的字型練習打幾個字吧！

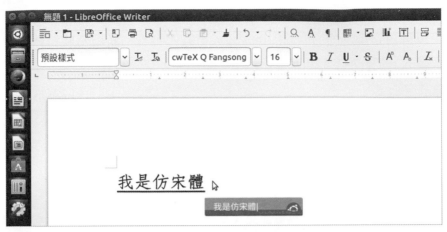

△ 圖 4-3-16：試打幾個字

## 4-4 共通的字型問題

經常有使用者抱怨，當他收到別人使用 Word 做出來的 .doc 文件檔，使用 LibreOffice 的 Writer 開啟時，字型、位置、格式都會異常；反之他使用 Writer 寫出來的文件交給別人時，別人一樣會覺得字型怪怪的。這個原因就是因為二種作業系統字型不同的原故。

微軟作業系統裡預設的二種字型是新細明體和標楷體，但是在 Ubuntu 裡預設的這二種字型確是 AR PL Uming 以及 AR PL Ukia 二種字型，由於字型的不同所以造成當雙方的文件進行交換時，會有這種格式落差的現象。要解決這個問題，最快的方法就是把文件使用 Writer 文書處理器開啟之後，使用「編輯」→「全部選取」（或是直接按快速鍵 Ctrl＋a），然後再下拉字型選擇，把字型全部改成 Ubuntu 裡有的字型，反之也請對方拿到我們的文件之後，在 Word 底下也把文件全部選取之後一次更改字型。

【備註】在 Writer 章節中會介紹如何自動更換字型。

這時一定有人會想到，那何不把微軟的字型拷貝到 Ubuntu 的字型目錄裡呢，例如個人家目錄的 .fonts 這個目錄資料夾裡。這樣做的話，當拿到別人

使用微軟平台做出來的文件時，就不用轉換字型這麼麻煩了。理論上這樣做可以解決字型不同的問題，但是由於微軟平台裡的新細明體和標楷體是有版權的，把它的字體直接拿來用是不合法的，在這裡並不建議這樣做。

因此，這裡推薦大家使用這種開放的 cwtex 自由字型，可以減少字型轉換的問題。

另外，教育部終身教育司（http://depart.moe.edu.tw/ed2400/）也有提供數種創用 CC 的字型，可以直接到官方網站下載使用。

進入網站之後，點選『教育部語文成果 > 依語言別 > 國語 > 國字標準字體及字表』就可以找到需要的字型下載連結，下載之後要安裝字型，一樣的動作，解壓縮、雙按字型檔打開字型檢視安裝程式、安裝。

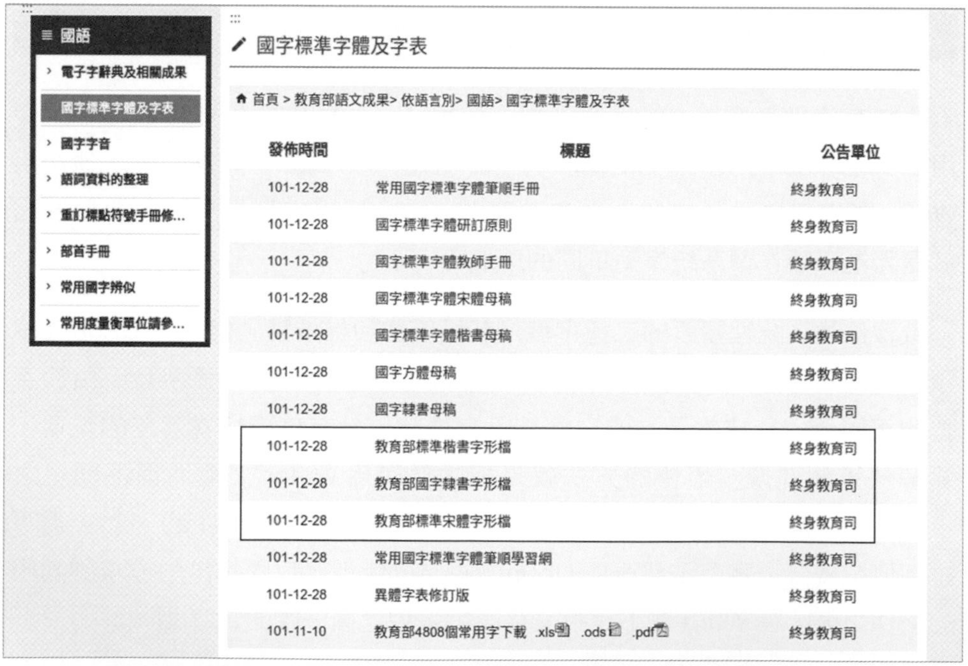

≡ 國語
電子字辭典及相關成果
國字標準字體及字表
國字字音
語詞資料的整理
重訂標點符號手冊修...
部首手冊
常用國字辨似
常用度量衡單位讀參...
國字標準字體及字表
首頁 > 教育部語文成果> 依語言別> 國語> 國字標準字體及字表
發佈時間
標題
公告單位
101-12-28 常用國字標準字體筆順手冊 終身教育司
101-12-28 國字標準字體研訂原則 終身教育司
101-12-28 國字標準字體教師手冊 終身教育司
101-12-28 國字標準字體宋體母稿 終身教育司
101-12-28 國字標準字體楷書母稿 終身教育司
101-12-28 國字方體母稿 終身教育司
101-12-28 國字隸書母稿 終身教育司
101-12-28 教育部標準楷書字形檔 終身教育司
101-12-28 教育部國字隸書字形檔 終身教育司
101-12-28 教育部標準宋體字形檔 終身教育司
101-12-28 常用國字標準字體筆順學習網 終身教育司
101-12-28 異體字表修訂版 終身教育司
101-11-10 教育部4808個常用字下載 .xls .ods .pdf 終身教育司


圖 4-4-1：教育部提供的楷書、隸書及宋體字型檔

　　中文輸入通常是使用者在進行系統轉換的過程中遇到的最大困難，原因無它，習慣上的改變不是一日、二日可以完成的。使用微軟系統的時間越久，這部份要改變越困難；但只要有心，其實 Ubuntu 上提供的輸入法已經十分接近原有的使用習慣。一個小小的改變，只要花個幾天就可以得心應手，讓您可以更順利且更願意將封閉的作業系統改換為自由的作業系統。

*Note*

# 檔案管理員與權限

## 學習目標

本章將學習 Ubuntu 的目錄結構以及檔案管理員的基本操作，利用檔案管理員認識個人家目錄以及書籤的功能，並進而利用實例，學習目錄、檔案的安全權限觀念及設定，為未來更深一層的學習做好準備。

本章會介紹安裝檔案管理員的附加功能套件 Nautilus Elementary，讓檔案管理員可以具有更多更優質的功能。

- 先備知識
- Ubuntu 的目錄結構
- 檔案管理員的基本使用
- 書籤和分頁
- 資料夾的處理

- 都是權限惹的
- 使用者、群組與訪客功能
- 管理者最大
- 結語

## 先備知識

先撇開作業系統不談，經常發現許多使用者，下傳檔案時自己不知道傳到哪裡？插入照像機之後，拚命按下一步、確定，最後發現照片不知存到哪裡？所有的資料全部都塞到我的文件夾裡，滿滿的成百上千個，結果根本不知道硬碟有分割成 D 磁碟？資料不會分門別類，找檔案找到想哭……

或許有人會認為以上的情節都是假的，其實不然，這活生生的每天在不同的個人身上上演著，其實這是檔案觀念的基本功不夠，接下來在進入主題之前，讓我們來好好再次檢視檔案、目錄與安全權限的基本觀念吧。

什麼是檔案？我們每天都在用著各式各樣不同的檔案，有文字檔、影音檔、音樂檔等等，請自問自己一下，什麼是檔案？其實從廣義的角度來看，所謂檔案就是一堆二進位資料的集合體。二進位資料就是電腦最原始的數位訊號 0 與 1。如果有興趣，可自行查閱計算機概論，去進一步了解所謂位元（bit）、字元（byte）的觀念。

這些二進位的集合體，也就是檔案，必定會給它一個名字做為讀取、儲存到儲存媒體的依據（如硬碟、光碟、磁帶等），這個名字就是檔名，同時為了讓人可以輕易從名稱上了解檔案的內容，所以通常也會給檔案一個副檔名。例如 data.odt 就表示它是 LibreOffice 的文書檔；data.jpg 就表示它是一個圖檔（相片檔也是圖檔）。副檔名也做為系統關連到某一個應用程式的依據。以 Ubuntu 作業系統為例，當您對著 data.odt 檔案雙按滑鼠，這時會自動打開 Writer 文書處理並且把檔案讀入備妥，讓您可以進行編修。不信也可以做個小實驗，把一個圖檔，例如 data.jpg，把它的副檔名修改成 odt 變成 data.odt，這時再對著那個檔案雙按滑鼠，看看會發生什麼事？什麼程式被呼叫了？內容是什麼？

一堆二進位資料的集合體是檔案，那一堆檔案的集合體就是目錄了。您也可以說是一個目錄裡可以放置一堆不同的檔案。現在問題出現了，檔案有副檔名，目錄有沒有副目錄？目前還沒有副目錄的系統出現，目錄是一堆檔案的集合體，所以目錄裡要放哪些檔案，這就是由使用者自行決定了。

因此，一個好的電腦使用者，會自行分門別類依據自己的工作性質及需要，建立好不同的目錄，屆時將做好的檔案再依據目錄分門別類的置放到它應去的地方。就好像桌子有很多抽屜，每個抽屜都分類置放文具、紙張、報表等等，到時要找東西時一下就拿到了。所以把檔案全部都塞在一個目錄裡，例如我的文件夾、我的個人資料夾等等，都是最偷懶的作法。開一堆目錄亂放一通，這個作法和把檔案全部塞在同一個目錄的作法一樣偷懶。所以抽空檢視一下您的資料是如何儲存的？有分類嗎？如何分類？有了檔案和目錄的基本概念之後，就讓我們進入主題吧。

## 5-1　Ubuntu 的目錄結構

不管是微軟也好、Ubuntu 也罷，當系統安裝完畢，系統也已經為您的電腦預設了許多目錄，以提供系統或是使用者使用。如果您曾經看過微軟安裝完畢後的硬碟根目錄，只有簡簡單單的六個目錄，如圖 5-1-1 所見，只有下載、文件、音樂、桌面、圖片、影片等幾個屬於使用者的資料夾。但是如果打開 Ubuntu 的檔案管理員，檢查一下根目錄會發現，天啊，怎麼有那麼多的奇奇怪怪的目錄，事實上有許許多多剛進入 Ubuntu 世界的新手，在這個地方都會感到痛苦和困惑；同時由於目錄結構的複雜，在往後的深入學習上，會被一大堆的目錄所震懾，而打退堂鼓。其實不用太緊張，多不見得就難，先靜下心來看看底下的內容。

▲ 圖 5-1-1：win10 的本機目錄

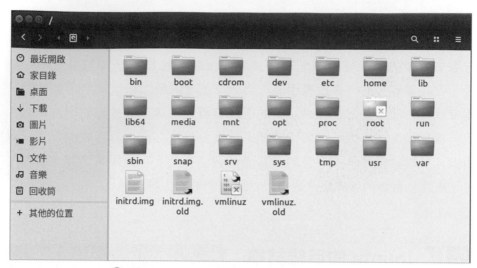

　　對於一個剛從 Windows 轉入到 Linux 世界的使用者來說，Linux 的目錄結構是他第一個必須面對的困難問題。底下先簡單的介紹 Ubuntu 的安裝目錄結構，讓初學者有個大略的了解，同時也請不要太恐懼，因為在 Ubuntu 的親和性的視窗界面下，不需要深入了解目錄結構也可以用得很好。

1. 根目錄（/）：特別注意，在 Unix 底下，不再有 C 碟 D 碟的概念，這是相當大的不同，也是很多 Windows 的初學者困惑的地方。根目錄是這台電腦所有資料的起點，不管是硬碟、USB 隨身碟、光碟等等，都是在根目錄底下的一個目錄名稱，而那個目錄名稱就稱為掛載點，以後就會陸續看到。

2. 管理者目錄（/root）：管理者的名稱就叫做 root，root 是這台電腦權限最大的使用者，有了管理者的權限，您可以任意地增、刪、修任何檔案和目錄，不小心當然會把整台電腦毀掉，所以使用時要特別小心。不過，為了解決這個問題，Ubuntu 預設是不允許 root 使用者登入的，而是先用一般的使用者登入，有需要時再利用 sudo 的指令來使用 root 的權限工作。此目錄存放的都是管理者才有權限使用的檔案，一開始是空的。

3. 指令區（/bin）：這裡放的都是 linux 的指令或是工具程式，例如 ls、vi、cd、more 等等。

4. 環境設定區（/etc）：這裡存放的，都是應用軟體執行時的環境設定檔案，Linux 不像 windows 是使用 register 的方式運作，而是把需要的環境設定及運作方式，使用設定檔的方式來儲存，而這裡就是這些設定檔的放置區，例如網卡的設定檔、顯示卡的設定檔等等。另外有個觀念必須讓大家了解，這些設定檔都是很簡單的文字檔（是指文字檔簡單而不是設定內容簡單），但是沒有相當的功力是看不懂這些文字檔的內容的，更不用說去修改了。不過，您大可不用擔心設定問題，絕大部份的設定與使用都是使用視窗界面了。

5. 周邊控制區（/dev）：這裡是所有周邊控制檔的存放區，與硬體溝通有關的區域，如印表機、硬碟等。

6. 使用者資料區（/home）：這個目錄是使用者可以自由運用的區域，使用者的各種檔案、資料、影像等等數位資料，都可以自由的存放在這個區域，和使用者有關的設定檔，例如桌面的設定、操作習慣的設定也是分別存在這個目錄。不過，要了解一點，因為 Linux 是多人多工的作業系統，所以在這個目錄底下，會依據使用者的名稱，另行建置一個目錄，假設您的登入帳號是 john，那您真正的家目錄就是在 /home/john；又假如有另一個使用者是 tonny，那他的家目錄就是 /home/tonny。不同的使用者有不同的家目錄，而且對別人的家目錄，可是沒有權限任意的修改、儲存和刪除喔。

7. 暫存區（/tmp）：這個目錄顧名異義就是電腦暫時存放檔案的地方，有些應用程式在執行時會需要一些暫時存放檔案的時候，就是使用這個目錄，而當使用完畢，就會自動刪除，例如 Firefox 在下傳檔案時，正在傳送時就會把傳送的資料暫放在這區，全部傳完再拷貝到您設定的目錄去。所以，不要把您的檔案放在這個區域裡。

8. 使用者程式區（/usr）：這裡放的都是各式各樣的應用程式，例如 Firefox、Gimp、Openoffice 等等應用軟體，同時未來您所安裝的應用軟體及工具程式，大部份也都會是放在這個地區。在此目錄下，如果您注意到，也會發現有 /usr/bin（執行程式）、/usr/share（共享的資料如音效檔、圖示等）以及 /usr/lib（程式庫）等等目錄。

9.（/usr/local）：這裡的目錄結構和 /usr 幾乎一樣，通常這裡是讓您自行手動安裝應用程式時所置放的區域，而 /usr 區域則是由套件管理程式所維護，所以當您真的需要手動安裝某些程式時，建議就置放在這個區域。

10. 媒體區（/media）：這裡面的目錄，通常都是掛載點目錄，例如 USB、CD ROM 等的目錄進入點。您可以試著放入一片光碟，當自動掛載完畢，您可以點選桌面自動掛載之後的圖示，選擇「屬性」→ volume 就可以看到掛載點了。

看到這裡說不定您會有點頭痛，不過真的不要緊張，以上的目錄只是大家約定成俗的使用規則而已，而且對初學者而言，大部份時間都只是在使用者家目錄運作目錄和檔案，就像有許多 Windows 使用者也只是在我的文件夾裡運作，而且可以用得很好。Ubuntu 也是一樣的。接下來的章節會開始使用檔案管理員，您會發現其實使用目錄和檔案是非常容易而簡單的。

## 5-2 檔案管理員的基本使用

點選左上角「檔案」圖示，可以啟動檔案管理員。預設就是顯示使用者家目錄。

每一個使用者都有一個自己的目錄，這個目錄名稱就是使用者登入的名稱。 在此會發現已經預設好了許多個人常用的目錄，如文件、音樂、圖片、影片以及下載。事實上這些預設的目錄只是方便使用者，您不一定非要把資料照它的目錄分類來做。但是一般來說，還是建議依系統規劃的方式來處理檔案，在以後的使用上會有些許的方便。例如把所有的照片、圖片集中在圖片目錄裡，以後要找就容易多了。當然，如果照片有很多，也可以在點選圖片之後，繼續在裡面建立更多的次分類目錄。這些待會就會介紹到。下載目錄預設提供給 Firefox 下傳檔案的儲存區，所以當使用 Firefox 瀏覽器從網路上抓檔案之後，別忘了到這個目錄裡來取得抓取下來的檔案。

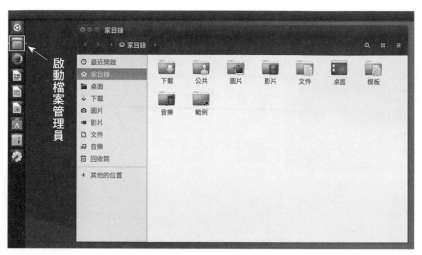

▲ 圖 5-2-1：個人家目錄

❶點選右上方方塊圖示按鈕。

❷可以拉動指示器改變圖示大小，也可以改變排序的依據等。

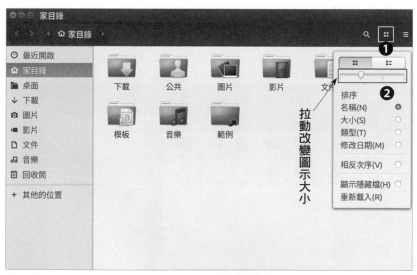

▲ 圖 5-2-2：改變圖示大小

可以利用偏好設定進行檔案管理員的細部選項設定。

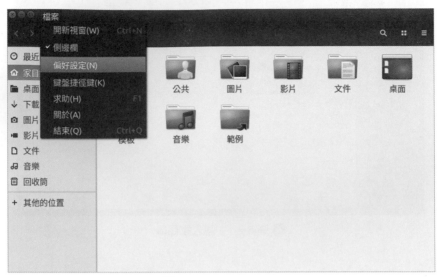

▲ 圖 5-2-3：偏好設定

在偏好設定視窗中可以發現有四個分頁選項，例如滑鼠按一下還是按二下才動作，就可以在運作模式分頁中設定，使用者不妨每一個分頁都進去看看。

▲ 圖 5-2-4：偏好設定視窗

在偏好設定中值得一提的是縮圖預覽，如下圖所示，系統預設是檔案小於 10MB 才會顯示縮圖，基本上使用是沒有問題，但是目前有許多攝影愛好者為了追求高解析度，有時一張照片往往高達 10MB 以上，這時就無法呈現縮圖了，如果有這個需求，就可以在這裡把增加縮圖的容量。

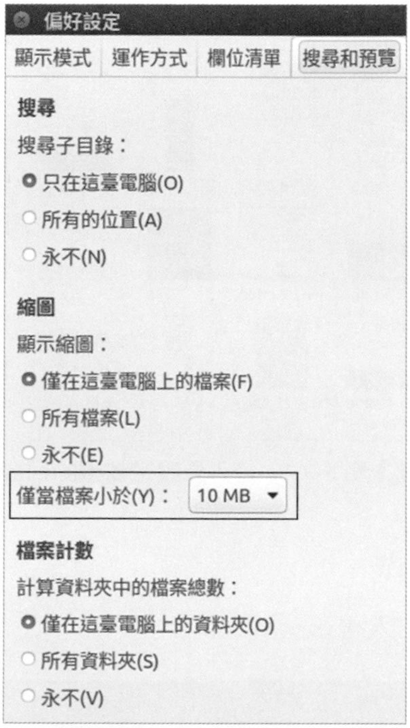

▲ 圖 5-2-5：設定縮圖大小

## 5-3　書籤和分頁

在多重目錄的管理上，檔案管理員提供了書籤和分頁的功能，讓使用者可以很快速的移動到設定的目錄上，並進行需要的檔案處理，如拷貝、移動等。

加入書籤是筆者最喜愛的功能之一，所謂書籤有點類似網頁瀏覽器的書籤，只要一點選就直接到某個網站一樣，點選檔案書籤可以快速到達需要的目錄，不用一層層的找。

假設我們要建立 ch3_odt 這個目錄的書籤,我們必須雙按「文件」目錄、雙按「書籍」目錄才可以到達。

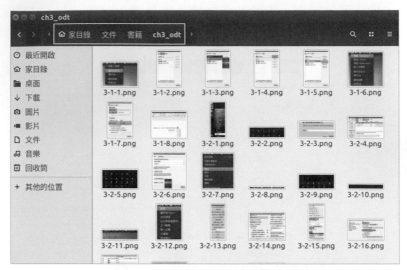

▲ 圖 5-3-1:進入要設定書籤的目錄

❶點選右上方功能表圖示。

❷點選『將這個位置加入書籤』。

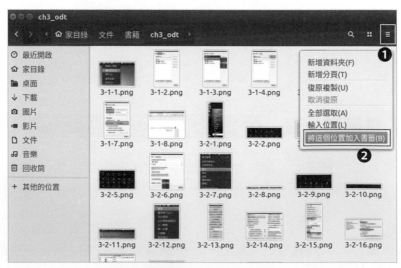

▲ 圖 5-3-2:設定書籤

設定好之後會出現在左邊區塊裡，日後只要再使用同個目錄只要點選書籤區塊裡的書籤名稱，就可以直接到達該目錄。

想像一下，如果您的資料在很多層目錄之下，這個功能就非常好用。

【注意事項】在左邊的分頁標籤上按右鍵，會有發現功能表上有「移除」的選項，這裡的移除是指移除書籤，不是移除目錄。

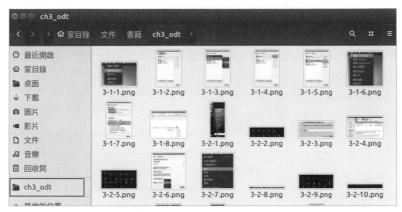

▲ 圖 5-3-3：書籤設定完畢

假設要把某個目錄開在分頁上，這時在點選該目錄，利用滑鼠右鍵功能表，打開右鍵功能表之後，點選『在新的分頁中開啟』，就會把該目錄開在新分頁上。

【提示】如果使用『在新的視窗中開啟』則會打開另一個檔案管理員，並且顯示該目錄，有二個視窗可以更方便進行檔案搬移複製等動作。

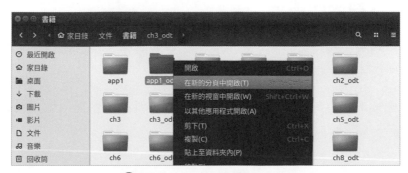

▲ 圖 5-3-4：將目錄開在分頁上

已經開了二個分頁。開分頁的好處是在進行檔案的搬移、拷貝等動作時，可以直接拖來拉去，非常直覺。不用開一堆檔案瀏覽器佔太多視窗畫面。

同時在這裡也提示一點，您可以把某個分頁裡的檔案、或是一堆檔案直接拖曳到某個分頁上，就可以搬動檔案，如果在拖曳時同時按住 Ctrl 鍵不放，這時就會變成檔案拷貝，實在是太方便了。

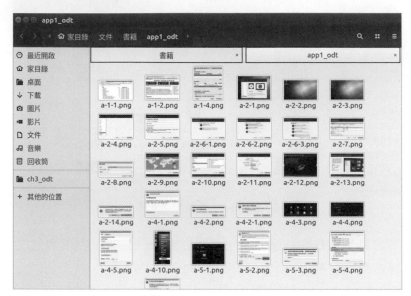

▲ 圖 5-3-5：二個分頁

## 5-4 資料夾的處理

建立資料夾、複製資料夾、刪除資料夾等等動作，直接使用滑鼠右鍵功能表來快速完成需要的工作。

空白處按滑鼠右鍵，利用右鍵功能表來建資料夾，名稱叫做資料夾，其實它的另一個名稱叫做目錄。

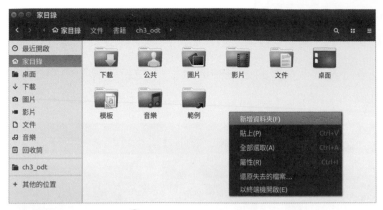

▲ 圖 5-4-1：新增資料夾

為它取個資料夾名稱吧。

▲ 圖 5-4-2：資料夾命名

資料夾名稱輸入完畢，可以發現空白資料夾被建立起來了。

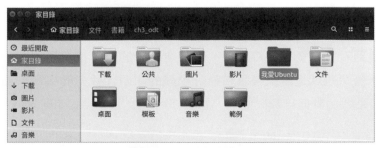

▲ 圖 5-4-3：建好資料夾

要進行資料夾（或檔案）的處理，最快的方法就是右鍵功能表。不管是剪下、複製、刪除、重新命名等等的作業，都可以直接在視窗界面下操作。

您可以自行試試「在新的分頁中開啟」、「在新的視窗中開啟」二者之間有何不同。

▲ 圖 5-4-4：善用滑鼠右鍵功能表

## 5-5 都是權限惹的

從 Windows 轉入到自由軟體世界，一開始會面對二個較重要的問題。一個是目錄的改變，已經再也看不到 C、D 等等硬碟，取而代之的是一大堆奇奇怪怪的目錄名稱，更要命的是「我的文件夾」消失不見了。（其實我的文件家在 Ubuntu 裡叫做家目錄）這種情形就好像突然搬離住了幾十年的家，換到新家之後，突然內急，但是連廁所的門都找不到的情形是一樣的。另一個問題就是檔案權限和執行權限的問題，我對著檔案按右鍵選擇複製，但是找個其他目錄按貼上，怎麼都貼不上，這叫我如何是好呢？

在說明之前，請先把一個非常重要、非常重要、非常重要的概念記起來。Linux 是多人多工的作業系統，著重檔案與系統安全是必然且需要的。

Ubuntu 雖然看起來是「個人桌面系統」，但是其核心仍然保有 Linux 的多人多工作業系統的安全管理機制。因此對於資料夾和檔案，有著非常嚴謹的權限設定。您可以假想，如果您在一棟大樓裡，有哪些房間（資料夾）您可以進，哪些房間您不能進，必須要被限制和註明；接下來就算您可以進去那個房間（資料夾），裡面桌子的抽屜（檔案），也不是您想開就開，也是要被限制和註明的。覺得很麻煩嗎？明明就只有我一個人在用這台電腦，為什麼要搞得這麼煩？

如果您覺得 Ubuntu 這樣很麻煩，那您就大錯特錯了。試想，您會不會把您家大門打開開，任人自由進出？就算是同一家人，有些東西也是要上個鎖，保護個人的隱私資料吧。因此請您好好用點時間，把這部份學好吧。

首先點選資料夾或是檔案，利用滑鼠右鍵功能，選擇『屬性』功能。

▲ 圖 5-5-1：檢視資料夾（或檔案）的屬性

在開啟的屬性對話視窗中，基本的分頁裡可以看到目前的類型、上層資料夾及目前電腦的可用空間容量等基本資訊。

▲ 圖 5-5-2：屬性對話視窗

請點選上方的權限分頁。如下圖。檔案或資料夾都有三種權限設定，『擁有者』、『群組』及『其他』。

- 擁有者：是指擁有檔案的使用者，通常權限都是最高的。

- 群組：是指和擁有者同一組的使用者！系統可以設定不同的組別，例如資訊組、會計組、新聞組等，每個組都各有不同的使用者，因此可以以組為單位去設定該組可以擁有的權限。

- 其他：是指不屬於同一組的任何人，通常權限會設定為最低，以保護檔案或資料夾不會被誤刪或是被讀取！

▲ 圖 5-5-3：權限分頁

每一組都可以設定不同的使用權限，當設定為『沒有』時，將完全看不見這個檔案或資料夾。

列出檔案和存取檔案有相當大的不同，列出檔案指的是使用者可以只看到檔案名稱，但是無法打開讀取檔案內容；存取檔案是指可以打開讀取檔案內容，但是無法新增及修改檔案內容，當然也無法刪除檔案。

當設定好需要的權限時，別忘了點擊下方『改變選取檔案的權限 ...』按鈕，讓設定生效。

❶ 點選左方『其他的位置』。

❷ 點選出現在上方的『電腦』。

▲ 圖 5-5-4：可設定的權限種類

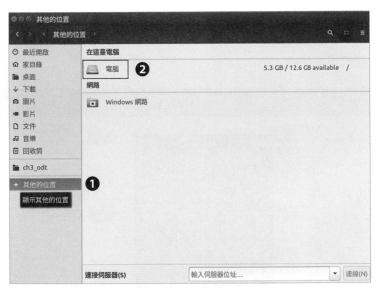

▲ 圖 5-5-5：檢查電腦根目錄

下圖是電腦的系統根目錄畫面，裡面有第一節介紹的目錄結構，稍微看看即可。

【提示】使用者的家目錄（即微軟的我的文件夾）是在 home 這個資料夾裡，可以雙擊點選進去看看。

⊙ 圖 5-5-6：電腦的系統根目錄畫面

嘗試點選 bin 這個資料夾，利用右鍵功能選單檢視一下，會發現剪下和刪除等功能都不見了！

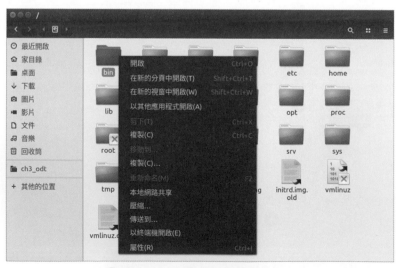

⊙ 圖：5-5-7：剪下和刪除都不見了

進一步檢視 bin 資料夾屬性，在權限分頁裡可以發現，只有擁有者 root 可以建立及刪除檔案，其它的都只有存取檔案的最低權限。

注意屬性視窗的最底下說明：**您並非擁有者，所以無法更改這些權限。** 一般來說，除了個人家目錄之外，其它的目錄為了電腦系統的安全起見，都是可以讀無法刪的權限。你可以檢視其它的資料夾看看它的屬性。

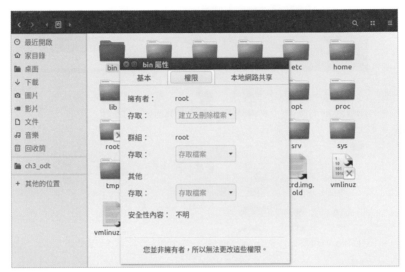

**▲ 圖 5-5-8：檢視 bin 資料夾屬性**

Ubuntu 是 Linux 許多發行版之一，所以對於資料夾目錄、檔案的安全機制是與 Linux 一樣的。它的安全機制分為三種，一種是擁有者，也就是建立該檔案的使用者，假設是使用者 A。第二種是群組，所謂群組用例子來解說會較容易理解。假設訓導處有四個人（A、B、C、D），這時可以建立一個訓導處群組，接下來把四個人都加入到訓導處群組，在這種情形之下，使用者 A 就可以設定讓 B、C、D 三個人也可以讀取、寫入它的家目錄。最後一種是其他，也就是登入系統的其他人，比方說總務處的 G 登入電腦之後，對於 A 來說，就是其他，預設是只能讀取。其實 A 也可以設定權限，讓其他人連讀取的權限都沒有，這時總務處的 G 想看 A 的家目錄的內容都不行。

## 5-6 使用者、群組與訪客功能

說到這裡，細心的人會想到一點，那這台電腦不就是可以設定很多不同的使用者嗎？是的，Ubuntu 是多人多工的作業系統，所以可以針對不同的使用者設定不同的權限。

打開系統設定值，在左下角有『使用者帳號』，點選啟動它。

▲ 圖 5-6-1：啟動使用者帳號

進入使用者帳號對話窗，請點選右上角『解除鎖定』按鈕，並進行管理者身份核對。

▲ 圖 5-6-2：解除鎖定

點選左下方 + 按鈕新增使用者。

【提示 1】一定要先進行上個解除鎖定動作這個按鈕才會生效。
【提示 2】下方『在選單列顯示我的登入名稱』如果打勾，就會在螢幕
右上方系統選單提示列出現現在的登入者名稱。

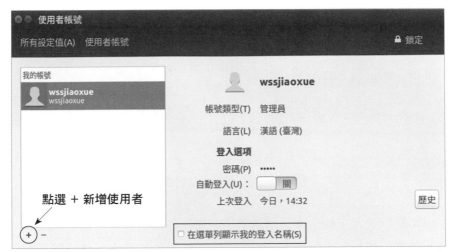

▲ 圖 5-6-3：新增使用者

在加入帳號對話窗輸入使用者全名以及使用者名稱。
帳號類型有『標準』、『管理員』二種。

▲ 圖 5-6-4：加入帳號對話視窗

新增使用者完畢返回帳號對話視窗，這時新增的使用者預設是停用的。
請點擊右方密碼『帳號已停用』按鈕。

▲ 圖 5-6-5：預設帳號已停用

在密碼對話視窗中輸入該使用者密碼。要特別注意，太過簡單的密碼，系
統是不允許使用的，也就是下方的『改變』按鈕是灰色的，無法按下。

繕打密碼時預設是看不見自己打的密碼，這時可以將下方的『顯示密
碼』勾選起來，檢查一下自己輸入的密碼。

▲ 圖 5-6-6：密碼對話視窗

為了安全，按下『改變』按鈕，進行管理者密碼核對。

▲ 圖 5-6-7：改變密碼一樣要管理者密碼

新增使用者完畢之後，可以登
出！當再次登入時，會發現有二
個帳號可以使用。請嘗試一下使
用新增的使用者登入。

▲ 圖 5-6-8：開機登入出現二個帳號

使用者帳號管理這個功能，對於家用電腦，尤其是家裡個人專用的電腦
派不上什麼大用處，因為一台電腦就只有一個人使用。但是，如果這台電
腦是置放在辦公室裡，有很多人會用到同一台電腦時，這個使用者管理就
變得非常重要了。它可以保護某個使用者的資料不被其他人所讀取或是修
改，更重要的是，每個使用者有自己的設定，這也意味者每個使用者會有
個人專屬的桌面，不會和其他人混雜在一起。改用 Ubuntu 之後，每個人登
入時會看到自己專屬的桌面，再也不用擔心會和別人共用，用自己喜愛的
照片當底圖也不用怕被別人更改。

Ubuntu 很貼心的增加了一個訪客的功能，這個功能最大的用處是，不管是筆電或是桌機，當工作到一半有其他事情要離開電腦，可是又害怕文件被人看到或是亂改一通，重點是電腦同時也要讓給其他人使用時，這個功能就非常值得採用了。這個功能可不是鎖住電腦讓別人不能用，而是另開一個暫時的使用者，這個使用者可以利用電腦上網、打文件等等工作，但是權限非常的低，因為只是電腦訪客。出門在外別人臨時要借用您的筆電上網收信，這個功能就非常適合。

點擊右上方的系統齒輪圖示，在出現的下拉功能表中使用『訪客作業階段』，系統就會切換到訪客桌面，這個是臨時的桌面，而且使用者權限很低，適合上上網收收信等基本作業。

▲ 圖 5-6-9：啟動訪客作業階段

## 5-7 管理者最大

不管是哪一套作業系統，系統管理員擁有最大的權限，所以如果擁有管理者的權限，不管是哪個目錄，不管使用者如何設定，基本上管理員都可以任意的增刪某個目錄或是檔案。但是相對的，一旦擁有管理者權限之後，對於檔案的增刪就要特別小心，尤其是離開使用者家目錄之後，萬一不小心把系統重要的目錄或是檔案刪掉了，又萬一回收筒回收不回來時，只有重灌電腦一途，所以使用上不可不慎。

把嚴重性說完之後，接下來我們來讓檔案管理員也可以具有管理者的生殺權限。

使用組合鍵 Ctrl + Alt + T 打開終端機視窗，輸入底下的指令：

```
sudo apt-get install nautilus-admin
```

按下 Enter 之後，系統詢問管理者密碼，請輸入管理者密碼！再次說明，這時輸入密碼時，螢幕上是看不見輸入的密碼的，請小心輸入。

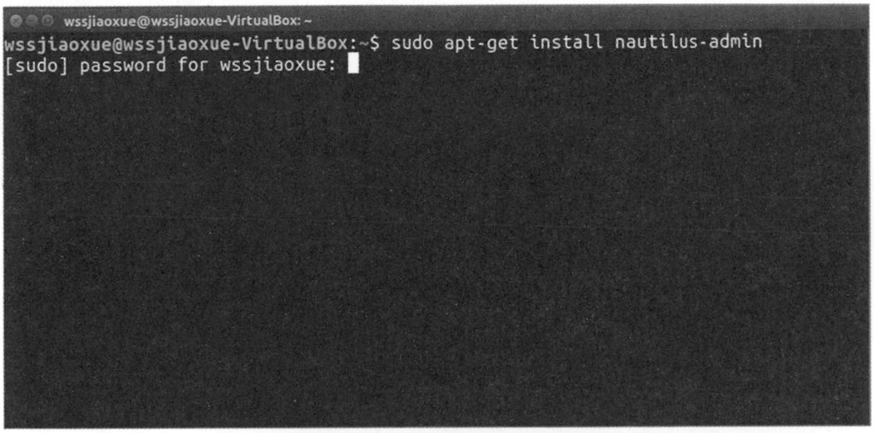

▲ 圖 5-7-1：啟動終端機視窗

輸入完管理者密碼，出現要安裝的套件，詢問是不要繼續進行，請按下 y 然後再按下 Enter。

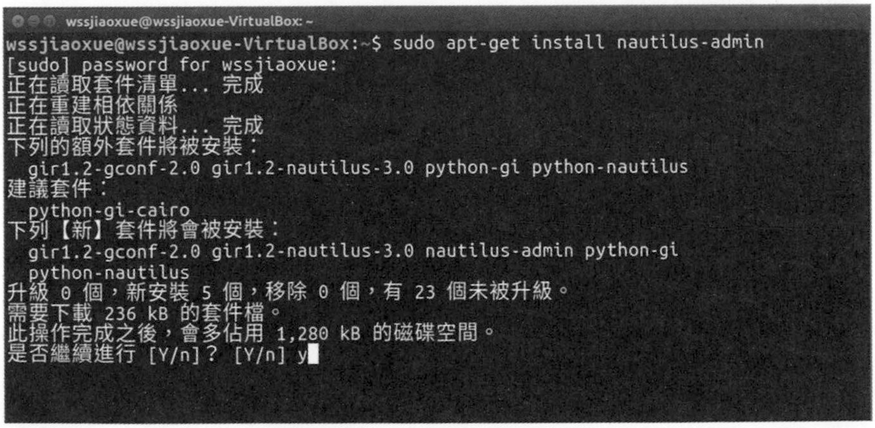

▲ 圖 5-7-2：輸入 y 表示 yes

當安裝完畢，須要重新啟動檔案管理員，請繼續輸入指令 `nautilus -q` 後按下 Enter 執行，如下圖。

其實也可以讓電腦登出之後，再登入，完成重新啟動的動作。

```
           wssjiaoxue@wssjiaoxue-VirtualBox: ~
準備解開 .../1-gir1.2-nautilus-3.0_1%3a3.20.3-1ubuntu3.1_amd64.deb ...
解開 gir1.2-nautilus-3.0:amd64 (1:3.20.3-1ubuntu3.1) 中...
選取了原先未選的套件 python-gi。
準備解開 .../2-python-gi_3.22.0-1_amd64.deb ...
解開 python-gi (3.22.0-1) 中...
選取了原先未選的套件 python-nautilus。
準備解開 .../3-python-nautilus_1.1-4ubuntu1_amd64.deb ...
解開 python-nautilus (1.1-4ubuntu1) 中...
選取了原先未選的套件 nautilus-admin。
準備解開 .../4-nautilus-admin_0.2.2-1_all.deb ...
解開 nautilus-admin (0.2.2-1) 中...
設定 gir1.2-nautilus-3.0:amd64 (1:3.20.3-1ubuntu3.1) ...
設定 gir1.2-gconf-2.0 (3.2.6-3ubuntu7) ...
設定 python-gi (3.22.0-1) ...
設定 python-nautilus (1.1-4ubuntu1) ...
設定 nautilus-admin (0.2.2-1) ...
Nautilus, if running, must be restarted for this extension to work (execute "nau
tilus -q").
wssjiaoxue@wssjiaoxue-VirtualBox:~$ nautilus -q
```

▲ 圖 5-7-3：重新啟動檔案管理員

有時系統檢查慢半拍，我們手動重啟之後才出現要求重新啟動的畫面！直接點擊關閉，不理它。

**有可用的資訊**

ℹ **更新資訊**

**File Manager Restart Required**

The file manager must be restarted in order to start the Nautilus Admin extension.

`Restart File Manager`

關閉(C)

▲ 圖 5-7-4：重新啟動檔案管理員的視窗

利用第五節介紹的方法，進入電腦系統的根目錄，點選 bin 資料夾之後，打開右鍵下拉選單，多出了一個『Open as Administrator』的選項，這個就是指『使用管理者權限打開資料夾』。

◢ 圖 5-7-5：再次進入根目錄

注意注意注意，系統出現了注意警告視窗，提醒現在是要用系統管理員的權限來打開檔案管理員，這時的權限非常的大，如果不小心誤刪檔案，有可能造成系統損壞不能開機了，所以請一定要特別小心使用。

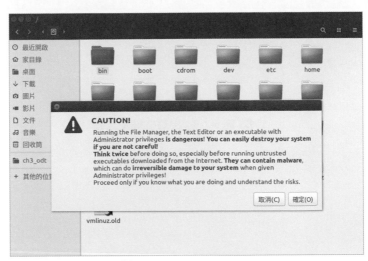

◢ 圖 5-7-6：出現警告視窗

不用再說明了吧！

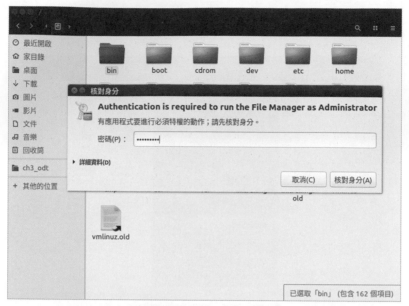

▲ 圖 5-7-7：核對身份

出現錯誤視窗？別擔心，首次使用某些資料夾尚未處理。請放心的按下『確定』按鈕。

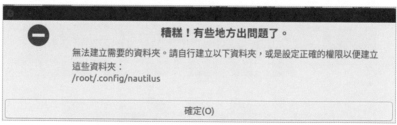

▲ 圖 5-7-8：出現小錯誤

因為是使用管理者的權限打開來的目錄，所以裡面的檔案都可以有權限任意的增刪！

看看就好，小心小心小心，不要去刪除異動任何檔案，以免日後系統發生異常，又忘了自己做了哪些動作，只能重新安裝電腦了。

▲ 圖 5-7-9：所有的功能都出現了

## 結　語

本章節帶領大家認識及學習檔案管理員的基本操作，同時體驗一下不同的權限設定造成不同的效果，雖然對於初入門者第一次看到那麼多的奇怪目錄會感到害怕，其實離開家目錄之後大部份的目錄，都是系統所使用，而且沒有管理員的權限，是無法刪除、修改那些目錄和檔案的，使用者根本不用擔心會把系統弄壞。一般的使用者只要好好的管理自己家目錄的檔案就非常足夠了。

在章節結束的同時，讀者也要建立起 Linux 是一種多人多工的作業系統概念，對於每個人的家目錄、桌面等，都屬於個人所有，不會互相干擾。

# 軟體中心與 PPA 安裝

## 學習目標

讀完本章，學習者可以學會利用 Ubuntu 裡的軟體中心完成軟體的安裝移除。除此之外，更進一步學習利用終端機的方式，增加套件來源資料庫，讓系統可以安裝更多更好用的優質自由軟體，使工作更能得心應手。最後，認識一些常用的應用軟體，讓電腦可以成為自己工作上的好幫手。

- 先備知識
- 系統預先安裝哪些應用軟體呢？
- 軟體中心
- deb 安裝

- 第三方軟體與 PPA 安裝
- 再探 APT
- 結語

## 先備知識

軟體的安裝是非常重要的能力，因為任何一個作業系統，在初次安裝完畢，一定會有許多的應用軟體沒有安裝。碰到這種具有各項基本能力的空系統，是大家或多或少都會遇到的情況。例如，當您從電腦公司購買一台預先安裝好微軟作業系統的電腦回家，一打開雖然可以做基本的操作，但是幾乎沒有任何實用的應用軟體可供使用。這時，您不是利用安裝光碟繼續安裝、就是上網抓取應用軟體安裝。

微軟的應用軟體它的安裝方法，第一種使用光碟安裝就是把光碟置入，然後電腦會啟動自動開啟功能，出現安裝畫面供您安裝；第二種就是上網抓取到應用軟體，儲存到您的電腦裡，通常是放到桌面上，接下來用滑鼠點二下，就進入安裝畫面開始安裝。

那 Ubnutu 應用軟體的安裝方法是不是也和微軟一樣呢？基本上它的安裝方法和微軟的應用軟體安裝不同。會有這種差異性，其原因主要是因為 Ubuntu 本身就是自由軟體作業系統，它自己就收集了成千上萬各式各樣的優質自由軟體，置放在軟體資料庫伺服器中，等著您來使用。這類型的軟體要安裝，簡單到滑鼠動一動就裝好了。底下就會詳細介紹使用的方法。

但是，由於自由軟體實在太多，Ubuntu 實在無法全部都收集完畢；再加上許多優質的軟體自己有提供官方網站提供軟體下載，也有許多軟體可能不是很多人用或是授權等因素而無法收集在軟體資料庫中，所以這些軟體的安裝方法，也就有些許的不同。不過，不管如何，Ubuntu 的軟體安裝，幾乎都是透過網路，所以網路對於 Ubuntu 來說，是不可或缺的基本需求。

## 6-1 系統預先安裝哪些應用軟體呢？

首先檢視一下，一個全新安裝的 Ubuntu 作業系統，預先安裝了哪些應用軟體！

❶點選左上角的開始按鈕。

❷點選下方顯示應用程式區。

❸觀察中間已安裝區塊，點選可以查看更多的結果。

▲ 圖 6-1-1：啟動應用程式區

　　利用滑鼠下拉可以看到許多預裝的應用軟體，其實大部份日常生活所使用的應用軟體不外乎：

❶Firefox 瀏覽器。

❷LibreOffice 辦公室應用軟體（文書、簡報及試算表）。

▲ 圖 6-1-2：預裝的應用軟體

## 6-2 軟體中心

為了讓軟體的安裝和移除更方便，Ubuntu 採用軟體中心的概念讓應用軟體的安裝和移除有一個親和性更高的界面。全新的分類與次分類，讓尋找軟體、安裝軟體簡單到剛出生的小孩都會用（天啊，好像太誇張了啦）。

❶ 點選應用程式工具列的軟體中心按鈕，啟動軟體中心。這是 Ubuntu 取得軟體的最佳途徑。

最上方是特色程式區，中間是編輯精選區，這二區都是較多人推薦的應用軟體。下方是類別區，依據軟體功能分類。

❷ 假設我們要安裝 ftp 軟體，和網際網路有關。點選網際網路次分類。

▲ 圖 6-2-1：軟體中心畫面

當進入網際網路分類區時，最先出現的就是特色軟體，有些軟體是系統預先安裝的，如 Firefox 瀏覽器，所以出現『已安裝』的字樣。

▲ 圖 6-2-2：網際網路分類區

FTP 軟體和檔案傳輸有關,所以點選檔案傳輸次分類,在琳瑯滿目的檔案傳輸相關的應用軟體中,找到好用的 FileZilla。

▲ 圖 6-2-3:點選檔案傳輸

進入準備安裝畫面,可以看看這套軟體的說明及細節。確定安裝的話,請點選上方『安裝』的按鈕。

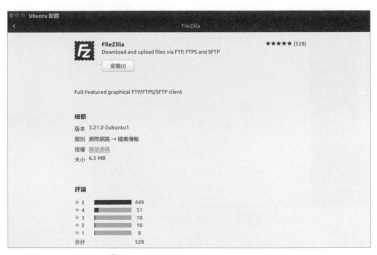

▲ 圖 6-2-4:準備安裝 FileZilla

核對身份！輸入管理者密碼！

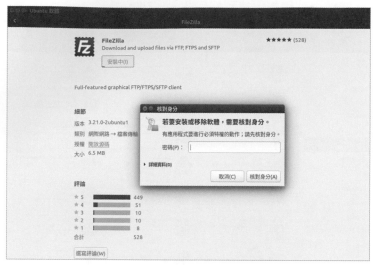

⬆ 圖 6-2-5：免不了的核對身份畫面

安裝完畢之後，左邊的應用程式啟動列會自動增加 FileZilla 啟動圖示，方便使用者使用！

⬆ 圖 6-2-6：安裝完畢畫面

可以利用上方的箭頭返回到網際網路的分頁，這時可以看到 FileZilla 出現已安裝的字樣了。

圖 6-2-7：返回檔案傳輸分頁

也可以利用軟體中心上方『已安裝』按鈕，檢查已安裝的軟體。

在已安裝軟體的右邊都有一個『移除』的按鈕，如果要把軟體移除，這時只要按下移除的按鈕就會把安裝好的軟體移除掉。

圖 6-2-8：檢視已安裝軟體

上面的方法是一步步去查找，如果知道軟體的名字，那更好辦。假設要安裝 pinta 繪圖軟體。只要在上方的查詢框裡輸入 pinta，就可以找到這一套小型的繪圖程式。

找到之後應該會安裝吧？

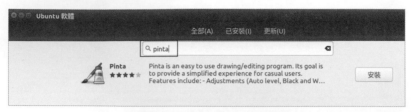

🔺 圖 6-2-9：查詢並安裝

使用軟體中心安裝軟體很難嗎？其實真是太簡單了。這就是自由軟體的強大地方，每個人都可以自由取得、自由使用、自由修改，合作分享文化是自由軟體的精神所在。至此，您不用再花時間找軟體下載點，更不用費心去找破解碼，小偷般偷偷摸摸的使用。您可以大大方方的告訴其他人，拷貝給其他人使用。建議可以上網查詢自己想要使用的自由軟體，並且利用軟體中心安裝，一方面練習軟體安裝，另方面在安裝完畢之後，試用一下剛才安裝的應用軟體。

# 6-3 deb 安裝

俗語說：『見人說人話；見鬼說鬼話』，其實對電腦系統來說，這句話也適用。因為不同的作業系統，要和它說的話也是不同的。許多的 Ubuntu 初學者經常會問同樣的問題：為什麼我抓下來的 exe 檔點二下一點反應都沒有？以前在微軟平台裡用得好好的說，為什麼會這樣呢？

不曉得您有沒有玩過 XBOX，如果把 XBOX 的遊戲光碟直接拿到任天堂的遊戲機裡玩，可以玩才有鬼，原因大家都知道，系統不一樣，電腦說的話也不一樣嘛。同樣的，如果您把視野再提高一些，世界上除了微軟之外，還有麥金塔電腦、還有 Unix 電腦、還有各式各樣專屬功能的電腦。副

站中有好幾個不同

xxxxx.deb。

名為 deb，這是 Linux de
安裝格式檔。（因為 Ubuntu 的

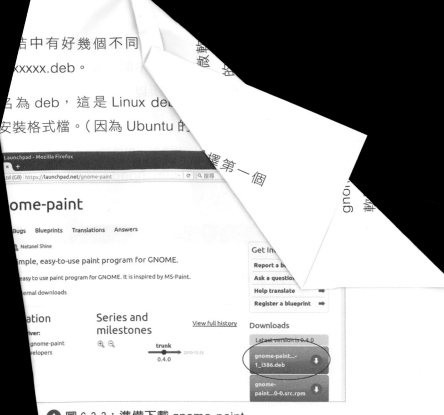

Launchpad - Mozilla Firefox

td (GB) https://launchpad.net/gnome-paint

ome-paint

Bugs  Blueprints  Translations  Answers

Netanel Shine

mple, easy-to-use paint program for GNOME.

easy to use paint program for GNOME. It is inspired by MS-Paint.

ernal downloads

Get In

Report a b
Ask a questio
Help translate
Register a blueprint

ation

iver:
gnome-paint
velopers

Series and
milestones

View full history

trunk
0.4.0

2010-12-25

Downloads

Latest version is 0.4.0

gnome-paint...-
1_i386.deb

gnome-
paint...0-0.src.rpm

▲ 圖 6-3-3：準備下載 gnome-paint

用軟體安裝來開啟它，我們還是先把它下載下來，再

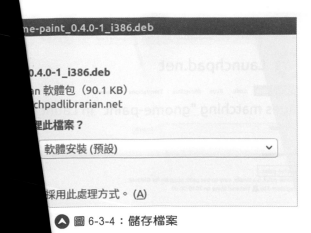

ne-paint_0.4.0-1_i386.deb

0.4.0-1_i386.deb

an 軟體包（90.1 KB）
chpadlibrarian.net

理此檔案？

軟體安裝 (預設)

採用此處理方式。(A)

▲ 圖 6-3-4：儲存檔案

…不叫做 exe… …意！副… Ubuntu 使用的…

…refox 瀏覽器前往 h…
…e-paint 後按下『search…
…體。

系統預設是直接使…
進行安裝。

下圖是查詢到的…

軟體中心與 PPA 安裝

下載完畢之後，使用檔案管理員打開下載資料夾，發現下載完畢的 gnome-paint 安裝檔案。

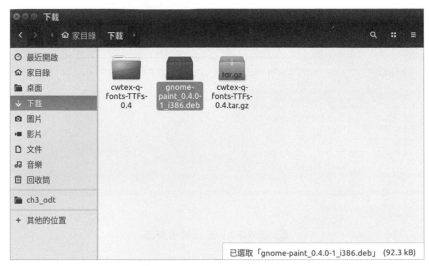

◬ 圖 6-3-5：打開下載資料夾

如同上節介紹，這時可點擊『安裝』按鈕來安裝這套繪圖軟體！當然接下來就是核對身份囉！

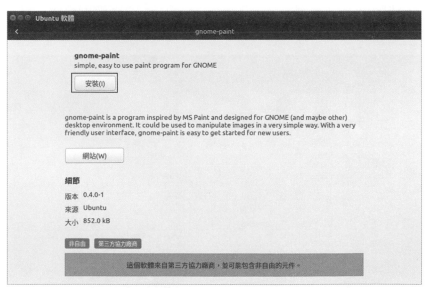

◬ 圖 6-3-6：安裝軟體

安裝完畢之後,安裝按鈕變成了移除按鈕。

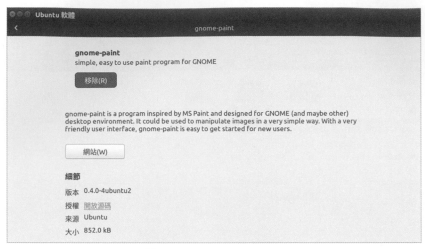

◢ 圖 6-3-7:安裝完畢畫面

　　使用 deb 的安裝,系統不會自動把啟動圖示加入到左方的啟動程式工具列,請點選『開始』按鈕,在上方查詢框輸入『gnome』就可以找到剛才安裝的軟體圖示。

　　點擊 Gnome 繪圖編輯器啟動圖示就可以執行剛才安裝的軟體,如果未來要更快速啟動這套軟體,可以把圖示拖曳到左邊的工具列上。

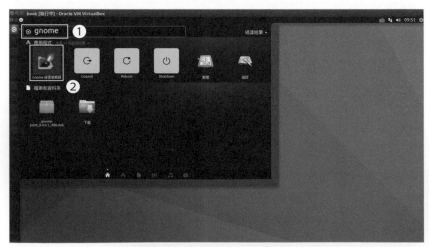

◢ 圖 6-3-8:執行 gnome-paint

稍待片刻，就可以看到 gnome-paint 的執行畫面，可以試玩一下。

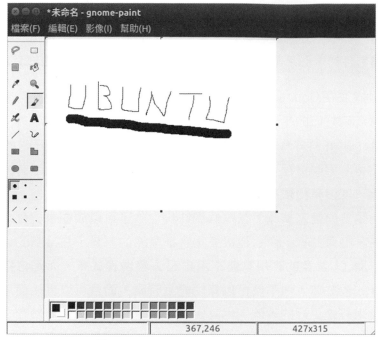

▲ 圖 6-3-9：gnome-paint 執行畫面

　　Launchpad 這個網站是一個很重要的 Ubuntu 相關網站，它是團隊與個人軟體開發合作的平台，包含有軟體專案、軟體下載、Bug 提報及翻譯合作等功能，在這個網站可是有無數的軟體寶藏哩。

　　除此之外，其實以目前的發展來說，Ubuntu 直接使用 deb 格式安裝的機會越來越少，未來當聽到某些應用軟體名稱時，不要急著上網去找，應該先利用「Ubuntu 軟體中心」裡找找看是否已經有了，如果有的話，直接就可以裝起來用了。如果找不到，那就必須到該軟體的官方網站去找，當找到該網站要下傳（Download）軟體時，請記得要下傳副檔名是 deb 的安裝檔案，別再抓副檔名是 exe 的微軟執行檔了。

　　最後有些事情需要注意，那就是使用 deb 格式安裝的軟體並不會自動更新，也就是說假設安裝了 1.0 版，但是現在有 1.1 版了，必須自行再次下載安裝；而在安裝 deb 格式時，有時會遇到套件相依性不足的問題。因此建

議，若非必要，不要直接使用 deb 格式的檔案來進行應用程式的安裝，而應該使用軟體中心或是底下介紹的軟體來源庫的方式安裝。

這裡有一個很重要的觀念就是「套件相依性」，它的意思是指，當要安裝某套軟體套件時，必須配合其他的套件一起安裝，才可以使用該套軟體。

套件相依性在 Ubuntu 系統裡是很重要的，舉一個簡單的實例來說明。例如要煮一碗好吃的牛肉麵，光有麵是不行的，必須還要有牛肉、配菜、水、滷汁、調味料等等，這就是套件相依性的觀念，要吃好吃的牛肉麵就缺一不可。看到這裡，您一定會覺得，那為什麼不直接把所有的東東集合在一起，就沒有相依不相依的問題了。要回答這個問題之前，大家想一想，牛肉麵要有鹽來調味，鹽這個調味料，除了可以放在牛肉麵之外，也可以放在其他菜餚裡，像這種很多場合都需要的材料，在電腦的術語裡就是「程式庫」。許多的應用軟體不用自己去發展程式庫，而是直接使用別人發展好的程式庫，這不但可以縮短開發時間，而且可以直接使用別人的心血結晶來打造更好的軟體。也就因此，才有套件相依的問題存在。也就是要使用某一套軟體，必須要有其他配合的套件或是程式庫來一起完成工作。所以這也就是直接使用 deb 的安裝格式來安裝軟體時，如果開發者並沒有把相關的套件一起打包，然後你的電腦系統裡也沒有安裝它所需要的程式庫套件，就會出現無法安裝的套件相依性的問題。

## 6-4 第三方軟體與 PPA 安裝

初學者基本上已經可以運用以上的軟體安裝方法，安裝絕大部份的工具與應用軟體，這一節算是更進階的學習，讓學習者可以更進一步了解更多軟體的安裝方法。首先建立好一個概念，所謂軟體庫它是一個遠方的軟體伺服器，伺服器裡置放一堆 Ubuntu 可使用的各式各樣應用程式，當需要時，就從這個軟體伺服器裡找到需要的套件，然後下傳到使用者的電腦進行安裝手續。

或許您會說，那何不把所有的軟體都裝到使用者的電腦裡呢？這個問題

其實很容易回答，那就是一方面大部份的軟體使用者都用不到，二方面預裝太多的應用軟體會佔用太多使用者的硬碟空間。再加上目前網路上的應用軟體成千上萬，不可能全部裝在一台電腦上。

　　第二個要建立的概念是，由於自由軟體數量實在太多，提供軟體的有個人、學術單位、軟體公司等等，全部都放在軟體伺服器，如果沒有分類會亂得一塌糊塗。所以 Ubuntu 把軟體伺服器裡的自由軟體分成四類。現在讓我們實際來看一下分成哪四類。並且透過 ppa 的方式來安裝 Oracle Java。

前往 https://launchpad.net 在查詢框裡輸入 oracle java 關鍵字進行查詢。

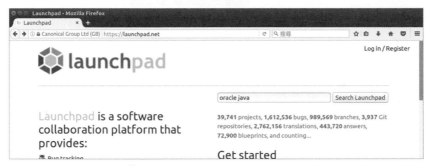

⬥ 圖 6-4-1：前往 launchpad 網站

點選第一個 Oracle Java 連結點。

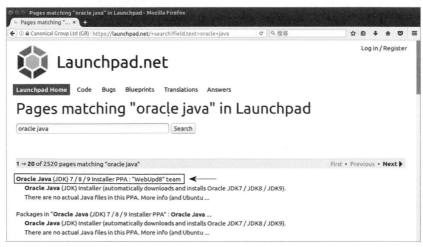

⬥ 圖 6-4-2：點選 webUpd8 維護的 Java

網頁下拉找到 ppa:webupd8team/java，滑鼠拖曳選取，利用滑鼠右鍵選單選擇『複製』。

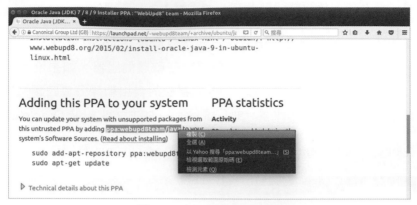

◬ 圖 6-4-3：複製 ppa 資料

啟動系統設定值對話視窗，點選右下方的『軟體和更新』圖示進行細部設定。

◬ 圖 6-4-4：軟體和更新

注意左邊的執行畫面，可以發現 Ubuntu 把軟體分成四大類，有自己支援的、社群維護的、私有的硬體驅動程式（如顯示卡）以及受版權限制的軟體套件（如影音播放格式編碼）。一般來說，四個都打勾。這樣可以尋找和安裝最多的軟體數。

這裡也標示出軟體來源下載自「台灣伺服器」，如果哪天發現怎麼安裝軟體都出現網路錯誤或是更新錯誤，說不定就是軟體來源伺服器當機了，到這裡來更換另一個吧。

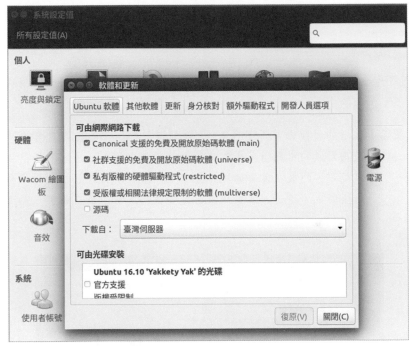

▲ 圖 6-4-5：Ubuntu 軟體分頁

準備添加第三方來源：

❶ 點選其他軟體。

❷ 點選加入。

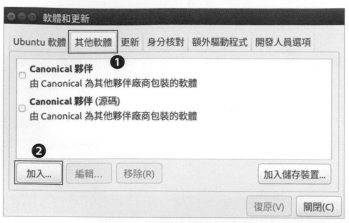

▲ 圖 6-4-6：加入第三方來源

把剛才複製的 ppa:webupd8team/java 資料在這裡利用滑鼠右鍵功能貼上。

【提示】之前的複製動作（圖 6-4-3）再到目前的貼上動作，其實可以使用滑鼠的中間滾輪來取代，也就是將要複製的內容用滑鼠拖曳框選，然後在需要的地方按下中間滾輪，就會將框選內容複製並貼上。這是非常實用及方便的技巧，少了很多複製、貼上的動作。

▲ 圖 6-4-7：貼上剛才複製的 ppa 資料

貼上後的結果如下圖所示。如果是自行打字的話，請檢查不要打錯字。

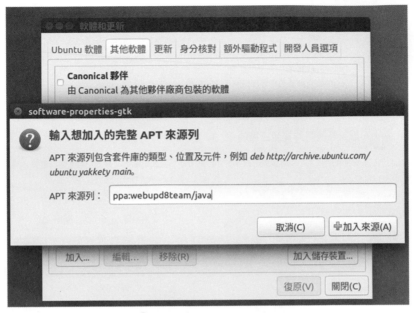

△ 圖 6-4-8：貼上後的結果

可以比對圖 6-4-6，它增加了第三方的來源伺服器網址，到時要安裝 java 程式庫軟體時，就是取自這個網址。

△ 圖 6-4-9：增加了第三方軟體來源

確定好按下『關閉』按鈕，系統檢查發現多了一個第三方來源，所以出現要求重新載入的對話視窗。

請點選『重新載入』讓電腦更新它的軟體資料庫。

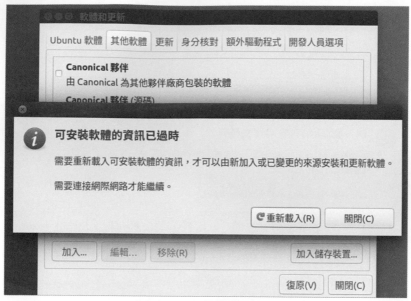

▲ 圖 6-4-10：要求重新載入

利用 Ctrl + Alt + T 打開終端機視窗，輸入 sudo apt-get install -y oracle-java8-installer 按下 Enter 之後，輸入管理者密碼。

▲ 圖 6-4-11：使用終端機安裝 java8

下圖為版權聲明畫面，請按下 Enter。

【提示】這不是一般的視窗界面，而是文字視窗界面，滑鼠是無用武之地的。

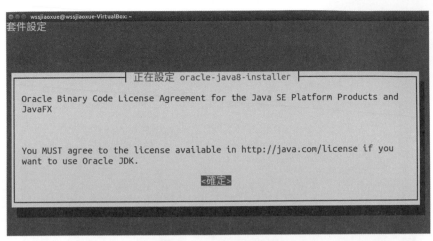

△ 圖 6-4-12：版權聲明

　　是不是接受授權呢？請使用鍵盤的左右鍵選擇 < 是 >，很多初學者會一直用滑鼠去點，再次強調，以後看到這種畫面，都是文字視窗界面，是無法用滑鼠去點擊的，只能用 Tab 鍵、左右鍵等去進行選擇。

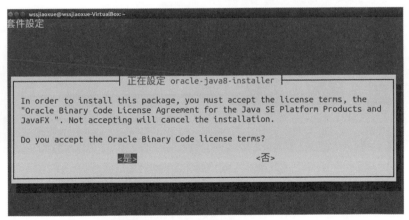

△ 圖 6-4-13：用左右鍵選擇 < 是 >

　　一切準備妥當，系統自動從第三方來源伺服器下載 java8 installer，然後進行各項安裝動作。

　　這時請稍安勿躁，一直要等到出現如下圖的畫面，文字游標又再次出現等待下一個指令，這時才可以把視窗關閉。

```
/bin/schemagen (schemagen) in auto mode
update-alternatives: using /usr/lib/jvm/java-8-oracle/bin/serialver to provide /usr
/bin/serialver (serialver) in auto mode
update-alternatives: using /usr/lib/jvm/java-8-oracle/bin/wsgen to provide /usr/bin
/wsgen (wsgen) in auto mode
update-alternatives: using /usr/lib/jvm/java-8-oracle/bin/wsimport to provide /usr/
bin/wsimport (wsimport) in auto mode
update-alternatives: using /usr/lib/jvm/java-8-oracle/bin/xjc to provide /usr/bin/x
jc (xjc) in auto mode
update-alternatives: using /usr/lib/jvm/java-8-oracle/jre/lib/amd64/libnpjp2.so to
provide /usr/lib/mozilla/plugins/libjavaplugin.so (mozilla-javaplugin.so) in auto m
ode
Oracle JRE 8 browser plugin installed
Oracle JDK 8 installed

#####Important########
To set Oracle JDK8 as default, install the "oracle-java8-set-default" package.
E.g.: sudo apt install oracle-java8-set-default
On Ubuntu systems, oracle-java8-set-default is most probably installed
automatically with this package.
#######################

設定 oracle-java8-set-default (8u121-1~webupd8-0) ...
wssjiaoxue@wssjiaoxue-VirtualBox:~$
```

▲ 圖 6-4-14：努力下載並且安裝

　　利用左上角的開始按鈕，在查詢框裡輸入 oracle 關鍵字，就可以出現剛才安裝的 java 相關的軟體套件。許多應用軟體都需要配合 java，所以建議把 java 安裝起來，有時會省事不少！

▲ 圖 6-4-15：檢視裝了些什麼

　　ppa 的安裝是目前 Ubuntu 常用的第三方軟體的安裝方式，由於 Ubuntu 軟體中心所能安裝的應用軟體，有時基於穩定考量，軟體的版本有時並不是最新版，許多人（包含筆者）喜歡嘗試最新的軟體版本，都會直接使用 ppa 的方式來安裝最新版的軟體。這裡並不是建議大家都要安裝最新版的軟體，因為新版也意味著有些新功能不穩定，容易造成應用程式當掉（因為越新的軟體 Bug 相對較多），所以要不要使用最新版可能要自行考量了。一般建議初學者，如果在軟體中心可以找到的應用軟體，建議直接使

用它，雖然有時版本會較舊一些，但是通常來說也較穩定，不容易當機。

在之後的章節如果遇到要安裝第三方源的軟體時，我們會使用指令的方式來介紹，一則是節省截取畫面一再重覆造成閱讀負擔，二則是加快安裝速度，並為日後更深的學習打好基礎。

例如上例，如果全部採用指令安裝的話，會是底下的指令。只要打開終端機一行行輸入指令並執行它，就可以完成本節所有視窗操作的工作，整個速度絕對會比視窗操作來得快速。

```
sudo add-apt-repository ppa:webupd8team/java

sudo apt-get update

sudo apt-get install -y oracle-java8-installer
```

這裡的指令 sudo 是指 superuser do，也就是使用管理者權限來執行接下來的指令，因為接下來的指令是安裝應用軟體，權限不夠是無法安裝的。

add-apt-repository 是指將接下來的 ppa 網址加入到系統軟體列表中，這樣系統才可以「知道」有這套軟體可以安裝使用。

apt-get update，其中 apt-get 是 Linux debian 系統使用的安裝指令，apt（Advanced Packaging Tools）可以從軟體列表中找到需要安裝的軟體，並且自動下載安裝及設定，是非常重要的安裝指令。有一點要注意的是，新版的 Ubuntu 建議使用 apt 來取代 apt-get，使用 apt 來安裝軟體時可以出現百分比的安裝進度條，但對於 Linux debian 及延生版本使用者而言，apt-get 可以適用在更多不同的版本中，所以這二個指令都要稍微了解。例如上項列子也可以改用底下的指令：

```
sudo apt update

sudo apt install 軟體名稱
```

## 6-5 再探 APT

軟體中心雖然好用，但是對於有經驗的使用者來說，還不如使用指令來得直覺。例如我想要知道套件庫裡有沒有一個套件叫做 scribus 的文書排版軟體，這時就要用滑鼠點來點去，然後再查詢格裡打入 scribus 這個關鍵字，可是如果使用終端機指令來做的話……

```
apt-cache search scribus
```

在 apt 套件資料庫的快取裡，查詢名稱內容裡有 scribus 的套件並顯示出來。

又或者利用指令把它安裝起來 `sudo apt-get install scribus`

也可以把它移除，並且把設定檔全部清掉 `sudo apt-get remove --purge scribus`

要手動更新系統 `sudo apt-get update; sudo apt-get upgrade`

以上的指令是不是比使用視窗化的安裝來得直覺和快速呢。

雖然我們不是系統管理員，但是稍微了解一下這個指令，以後在網路上看到一些教學文件時，就不會一個頭二個大，至少有個初步的入門。同時這些指令其實不難，稍微花點時間記憶一下是非常值得的投資。

## 結　語

本章介紹軟體的安裝與移除，除了第三方軟體較不易學習之外（其實會不易學習，有大半的原因是英語語言的隔閡），其他的方法都是非常直覺和簡易，而且目前絕大部份常用實用的軟體，都可以經由這些簡易的方法安裝完畢。下一章開始就會介紹一些非常實用的應用軟體，讓您可以了解在自由軟體的世界裡，也有成千上萬自由的應用軟體可以如實的完成工作上的需要。

# 網路與 Google Chrome

## 學習目標

本章的重點介紹 Ubuntu 如何設定網路，以便能透過網路上網瀏覽及取得各項網路資源。在本章中將學習如何利用 DHCP（動態 IP 分配伺服器）來取得 IP 位置的方法、固定 IP 位置的設定方法、ADSL 網路的設定方法以及無線網路的使用。學習者在學習完畢，可以具有最基本的上網概念，並且可以透過 Ubuntu 的網路設定介面，完成上網的界面設定。

在處理完畢網路設定之後，接續介紹 Google Chrome 瀏覽器與第三方軟體的安裝與使用方法，墊定未來更深入學習雲端服務的各項基礎！

- 先備知識
- 動態取得與手動設定 IP 位址
- ADSL 上網設定

- Google Chrome 瀏覽器
- RSS 閱讀器 feedly
- 結語

## 先備知識

在此筆者不打算使用一堆技術術語來解釋，轉而使用大家較易理解的方式來說明。初學者在未來有興趣時，可上網或再去購置書籍來進一步學習各式各樣的通訊協定以及術語。在此先學習初步的概念即可。

所謂 IP，可以把它想像是一個網路身份證號碼。在網路上，您不認識我、我不認識您，電腦如何知道這個訊息是從那裡傳送到那裡？例如，您在網路上和國外的朋友交談，電腦如何能夠把您的訊息，完整無誤的傳送到國外朋友的電腦裡呢？再想想，網路就像高速公路一樣，有一輛輛的車在跑，就好比有無數載著訊息的車子在跑著，如果沒有方法去確定誰是誰，那整條公路不就亂了套了嗎！

因此每一台電腦在上網前，都必須要擁有一個全世界獨一無二的身份證號碼，這個號碼就是所謂的 IP。透過這個網路世界的唯一號碼，就可以識別誰是誰，訊息是從哪台電腦送出來，又要把訊息送到哪台電腦去。再次強調，這個要上網的 IP 是獨一無二的，不可以有重覆的情形，否則若有二台電腦同一個 IP 的重覆情形，那就會出現倒底誰是誰的問題了。

當然由於網路牽涉到許多的技術與知識。例如區域網路、廣域網路、內部保留 IP、實體 IP 等等，最近 IPV6 也逐漸被大量採用，教育部更要求國內學術網路要全面建置 IPV6 的系統，這種種的問題，您不用急著把自己搞累，利用本書先建立起最基礎之應用能力才是正題。

現在回到問題上來，我的電腦上網時，倒底誰來給它一個獨一無二的網路身份證呢？不急不急，讓我們繼續往下看吧。

## 7-1 動態取得與手動設定 IP 位址

相信許多人都有到過銀行、郵局等地方辦事情的經驗。當您進去時,都會先走到號碼機前面去抽一個號碼,然後再等待櫃台叫號,並依照號碼前往接受服務。

當您抽號碼時,您不會太在意抽到什麼號碼(趕時間的人例外)。對號碼機而言,每個人到它的前面抽號碼牌時,它就依照次序給每個人一個不同的號碼。在這個例子中,發出號碼的機器以網路上的電腦術語來說,就是動態取得 IP 伺服器(DHCP Server),它的主要工作就是當有人要上網,向它要上網的 IP 時,它就給出一個獨一無二的 IP,讓使用者可以用那個唯一的 IP 上網。

這個方法對大部份使用者來說,是非常方便的一種服務。使用者不用管什麼 IP,只要把網路線接上,就自動可以上網,讓您根本感覺不到 IP 的存在,您也不用去了解 IP 是什麼東東,用就對了。所以,如果您的工作環境有這麼良好的服務,請抱著感謝的心情感謝網路管理人員,因為有他提供動態取得 IP 伺服器,您才會有這麼方便的網路服務。

對 Ubuntu 而言,這種自動取得 IP 是 Ubuntu 內建的預設功能。這裡也要補充說明一下,如果讀者是依照第一章的做法,打造一台 Ubuntu 虛擬機器,在該章節中也有說明,這台 Ubuntu 虛擬機器的網路是透過真實的 windows 網路設定來上網,也就是說,只要原先的 windows 網路可正常使用,這台 Ubuntu 虛擬機器不用再做任何的網路設定,就可以順利使用網路!

通常來說,一般家庭申辦 ADSL 網路時,以中華電信為例,安裝人員都會在家裡同時建置一個網路分享器(或網路無線分享器),此時家裡所有的資訊設備都可以直接接續在那台網路分享器上,電腦無須進行任何網路設定,直接可以透過那台網路分享器上網,因為那台分享器其實預設就使用 DHCP Server 的功能,每台電腦接上去之後就會自動分配一個動態 IP 讓電腦可以上網,如果讀者的網路使用環境就是這種情況,可以暫時跳過本節,未來有需要時再來參看。

　　如果讀者是依照章節，從第一章走到這裡，筆者在此也建議，如果覺得 Ubuntu 作業系統也很方便好用，是時候考慮把電腦硬碟的舊有重要資料拷貝出來，然後全新安裝 Ubuntu 作業系統，格式化整個硬碟，從微軟的視窗世界裡完完全全走入自由軟體的世界裡。

　　打開系統設定值對話視窗，點選『網路』開啟網路設定對話視窗。

▲ 圖 7-1-1：開啟網路設定

　　在開啟的網路對話視窗中間，顯示目前網路的 IP 位址使用情形。

　　請點擊右下方『選項』按鈕，打開設定視窗。

▲ 圖 7-1-2：檢視現有網路情況

在一般分頁上，預設勾選自動連線以及所有使用者都可以連線。

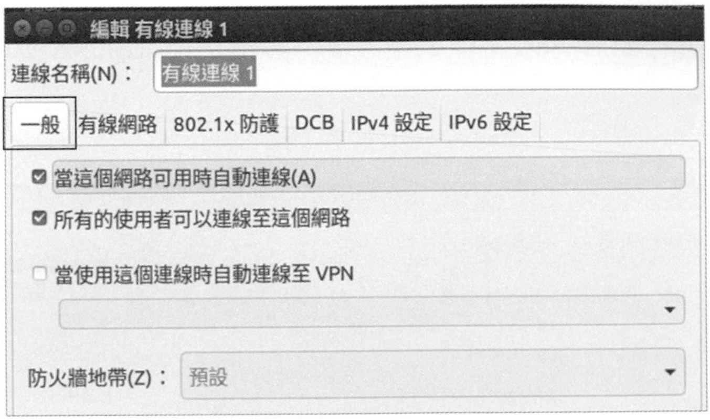

**圖 7-1-3：檢視一般分頁資料**

點選 IPv4 設定分頁。系統預設就是使用 DHCP，因此如果在一般家用有分享器的情境下，不用做任何設定就可以上網。

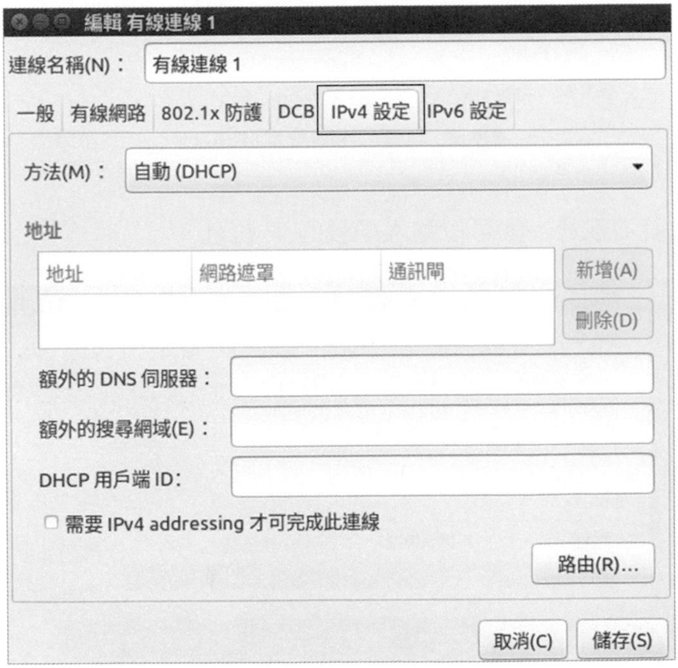

**圖 7-1-4：IPv4 設定分頁**

　　一般在辦公場合或是學校單位，為了網路安全，網管人員都會配發一個特殊的 IP 位址給使用者，方便在網路上稽核每一個使用者上網的情況，這時就要手動設定配發的 IP 位址。

　　請下拉選單，選擇『手動』。

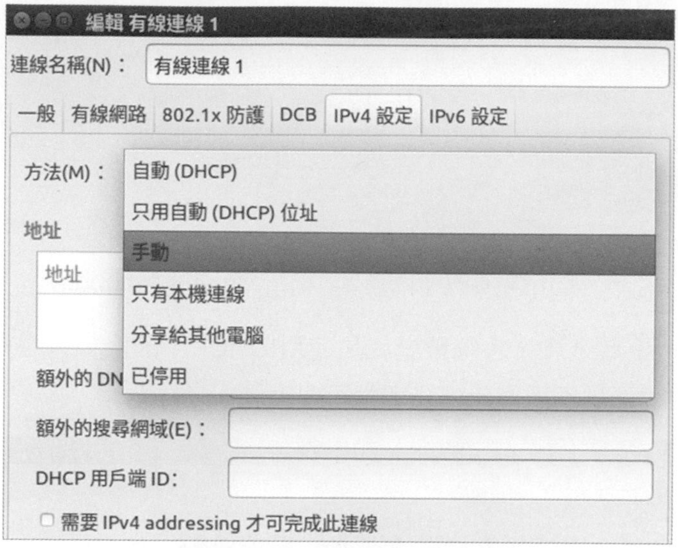

▲ 圖 7-1-5：手動設定 IP 位址

　　在此點擊新增按鈕，就可以輸入配發的 IP 位址。

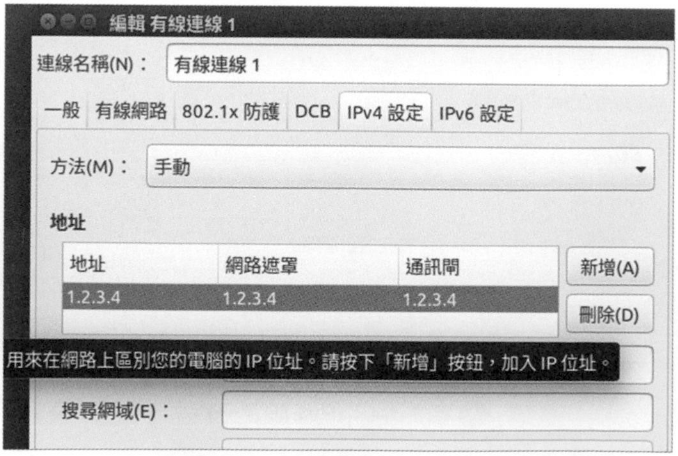

▲ 圖 7-1-6：手動新增 IP 位址

【**特別注意**】上圖的 IP 位址只是舉例,不是真實情境,別照著亂打,
亂打 IP 位址是無法上網的!切記切記!

　　使用固定 IP 就有點煩人了,您必須自己手動設定上網的 IP 位置,更麻煩
的是,這個上網的 IP 位置,可不是您想設什麼就設什麼,必須去詢問您工
作環境的網路管理者,才可以知道您工作環境的 IP 現況。這裡也要特別注
意,每個地方都會有不同的 IP,例如甲校和乙校的 IP 就不同,甚至如果是
屬於大型學校(如各大學),每個部門都會有不同的 IP,這也意味著,您
就算把您工作環境的 IP 位置背下來,那也沒辦法適用在任何地方。所以使
用固定 IP 是相當煩人的一件事。但是使用固定 IP 有一個最大的優點,那就
是每台電腦的身份證都是唯一且固定的,它不像動態分配 IP,今天分配給
您的 IP 和明天分配給您的 IP 可能並不相同(除非伺服器有設定鎖定網卡功
能,如此才會分配到相同的 IP)。當每台電腦的 IP 是唯一且固定時,此時
若有人利用電腦從事不當行為時,就可以透過 IP 來找到,當時是利用哪台
電腦做的事,再以電腦追人。

## 7-2　ADSL 上網設定

　　使用 ADSL 上網設定,應該是一般人都必須要學會的使用技巧。不管您是
和哪一家服務業者簽約,中華電信也好、遠傳也罷,通常申請好之後,電信
業者會給您一個登入帳號和登入密碼,有了這二個資訊就可以設定了。

　　如右圖,點選螢幕右上方網路連線圖示,在下
拉選單中選擇『編輯連線』。

▲ 圖 7-2-1:編輯連線

點擊右上方新增按鈕，準備加入 ADSL 連線設定。

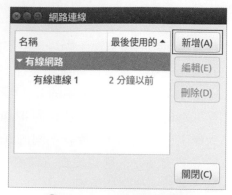

▲ 圖 7-2-2：新增網路連線

首先進入選擇連線類型畫面，預設是有線網路。

▲ 圖 7-2-3：選擇連線類型

❶ 下拉選項，選擇 DSL 連線類型。

❷ 點擊『建立』按鈕，建立新的 DSL 連線。

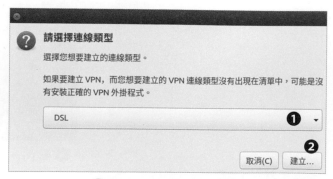

▲ 圖 7-2-4：建立 DSL 連線

輸入電信商提供的帳號和密碼。

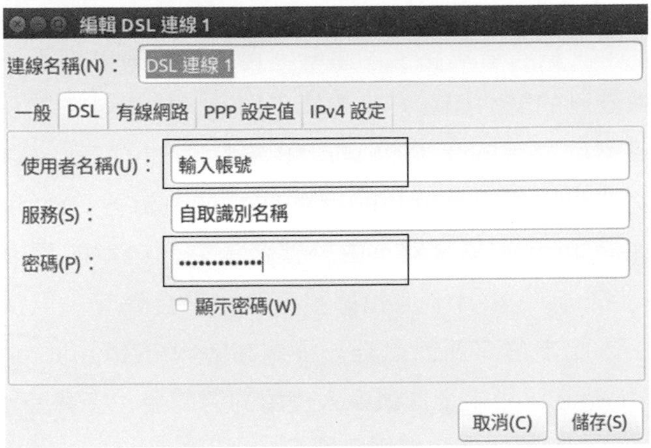

▲ 圖 7-2-5：輸入帳號和密碼

　　設定完畢後，要使用 DSL 連線時，請利用螢幕右上方的網路圖示，在下拉的功能選單上選擇『DSL 連線 1』即可上網。

▲ 圖 7-2-6：採用 DSL 連線 1

　　現今網路可以說是生活中必備的，沒有網路，電腦的功能似乎就少了一大半，所以如何設定網路、讓電腦可以上網瀏覽及取得資源，是最入門的基本功。更重要的一點，網路對於 Ubuntu 來說，是最重要且不可或缺的，因為日後無論更新、安裝軟體等等重要的工作，都要靠網路才能達成。

## 7-3 Google Chrome 瀏覽器

　當走在街上，認真看著馬路上的車輛，可以發現有許多不同的品牌，每個人可以依據自己的財力與喜好來選擇不同品牌的車種！同樣地，在網路世界裡，除了微軟舊版的 IE 以及 win 10 新版內建的 Edge 之外，其實還有其它的瀏覽器可以使用，Ubuntu 預設內建的瀏覽器 Firefox 就是其一，近年來 Google Chrome 瀏覽器，由於整合了它們自家的雲端產品，諸如 Google 文件、Google 相片、信箱服務、協作平台等等，再加上各式行動裝置的整合，因此市佔率節節上升，根據 https://netmarketshare.com/ 的網站顯示，Chrome 已經是全球最多人使用的瀏覽器。接著來學習如何安裝及簡介它的第三方附加功能與應用軟體。

　首 先 使 用 Firefox 瀏 覽 器 前 往 Google Chrome（https://www.google.com/chrome）下載應用程式，點擊下方的藍底白字『Download now』按鈕進行下載。

▲ 圖 7-3-1：前往 Google Chrome 官網

　Chrome 官網發現使用的是 Linux 系統，預設是 64 bit .deb 的格式。（還記得這是什麼嗎？）

點選下方藍底白字的『Accept and Install』按鈕。

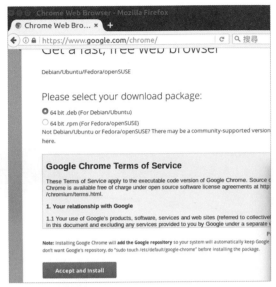

▲ 圖 7-3-2：按受授權並安裝

同樣地，不使用預設的軟體安裝來開啟這個檔案，先儲存到電腦的下載資料夾目錄裡再來處理安裝動作。

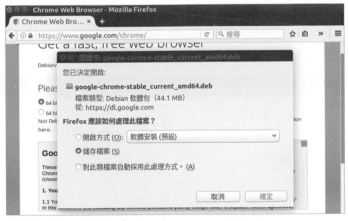

▲ 圖 7-3-3：儲存檔案

打開檔案管理員，點選下載資料夾，可以看見剛才下載的 Google Chrome 安裝檔案。滑鼠雙擊安裝檔，開始準備安裝。

【提示】因 Ubuntu 不同版本關係，會有相依性問題，所以如果無法雙擊
安裝，此時，在檔案管理員視窗內，按滑鼠右鍵啟動右鍵功能
表，選擇「以終端機開啟」，打開終端機後，以底下指令安裝：
sudo dpkg -i google-chrome-stable_current_amd64.deb
按下 Enter 後，再依提示輸入管理者密碼（輸入密碼時看不見
所輸入的內容，請小心輸入）後再按 Enter，執行完畢，會出現
相依性問題，無法安裝的訊息，請再輸入修正指令 sudo apt-
get install -f

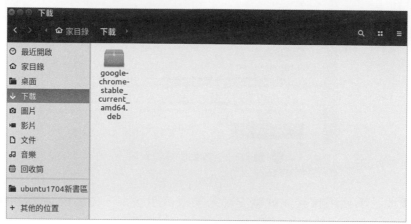

▲ 圖 7-3-4：進入下載資料夾

雙擊安裝檔之後，系統自動開啟軟體中心安裝界面。

點擊『安裝』按鈕進行安裝。

▲ 圖 7-3-5：軟體中心

當然在安裝過程中，少不了核對管理員身份，輸入管理者密碼，經過一段時間，出現移除按鈕，表示安裝完畢。

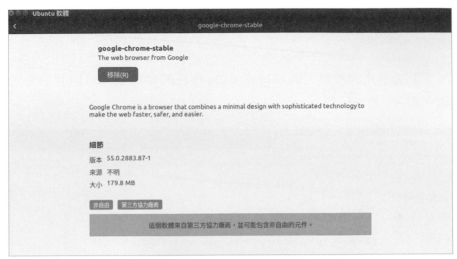

▲ 圖 7-3-6：安裝完畢

使用 .deb 格式安裝，預設不會出現在左邊的啟動程式工具列上。

請點選左上角的開始按鈕，在查詢框中輸入 chrome，就可以查找到 Google Chrome。為了使用方便，順便把它拖曳到左邊的工具列上。

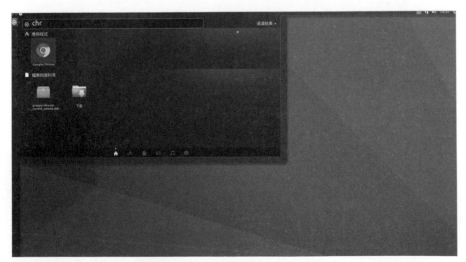

▲ 圖 7-3-7：啟動 Google Chrome

首次啟動畫面如下圖。

如果已經有了 Google 帳戶，這時可以登入到 Google 的服務中。它具有同步功能，也就是在其它電腦上安裝的附加元件、建立的書籤等等，會自動同步到這台電腦上。

為了享受各式的服務，還沒有 Google 帳戶的使用者，可以利用下方的『建立帳戶』新增一個。

▲ 圖 7-3-8：首次啟動畫面

點選上方『開始使用』分頁，觀看並學習這套瀏覽器的基本使用方法。

▲ 圖 7-3-9：開始使用分頁

擴充功能是瀏覽器發揮能力的地方，不管是 Firefox 或是 Chrome 都有成千上萬的附加元件。

❶點擊右上方『管理』按鈕。

❷點擊更多工具。

❸點擊擴充功能。

▲ 圖 7-3-10：使用擴充功能

顯示目前已安裝的擴充功能！

請點選網頁下方『取得更多擴充功能』。

🔼 圖 7-3-11：取得更多擴充功能

　　如同之前介紹的 Ubuntu 軟體中心一樣，Chrome 可以安裝許多功能不一的擴充功能，此時不妨瀏覽一下有哪些特色的擴充功能。

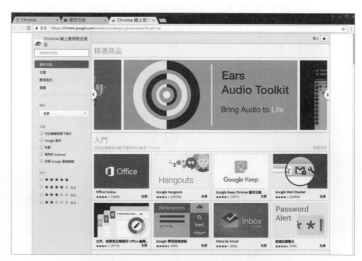

🔼 圖 7-3-12：琳瑯滿目的擴充功能

在左方的查詢框中輸入 gesture mouse，可以查找到一些與滑鼠功能有關的擴充套件功能。

請點選『超級拖曳』這個擴充功能。

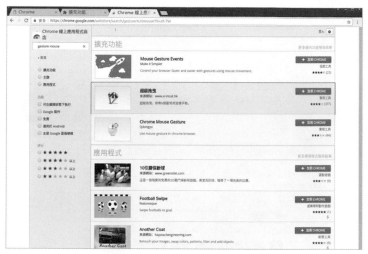

圖 7-3-13：查詢擴充功能

點選超級拖曳之後會出現這個擴充功能的說明頁，注意左右方都有箭頭圖示，可以按左或右箭頭，觀看這個擴充功能更多的介紹與教學說明！

觀看完畢後，請點擊右上方『加到 CHROME』按鈕。

圖 7-3-14：超級拖曳的介紹畫面

確定要新增無誤，所以點擊『新增擴充功能』按鈕。

● 圖 7-3-15：新增擴充功能詢問視窗

新增完畢之後，右方出現提示畫面。

● 圖 7-3-16：新增完畢畫面

仔細觀察一下，原來的藍色按鈕變成綠色按鈕，同時變成『已安裝』的字樣。

▲ 圖 7-3-17：按鈕變綠色了

　　返回擴充功能頁面可以看到超級拖曳擴充功能被安裝起來了。注意右側有一個垃圾桶，點擊它可以把這個擴充功能刪掉。

　　請點選『選項』進行超級拖曳的功能設定。

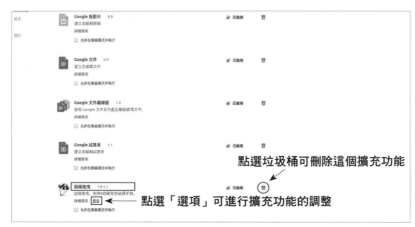

▲ 圖 7-3-18：返回擴充功能頁面

將「鼠標手勢」底下的二個選項勾選。

這個超級拖曳的功能是指：當使用滑鼠右鍵在網頁上『畫』出 6 個手勢之其中一個時，就會執行相對應的動作。例如，當按下滑鼠右鍵，然後向右拖曳時，就等同網頁的下一頁。

透過滑鼠手勢，可以快速的進行網頁的上一頁、下一頁、到頁面頂端、到頁面底端等功能。

▲ 圖 7-3-19：超級拖曳選項

除了擴充功能、應用程式外，點選『遊戲』，可以在遊戲頁面裡發現不少遊戲可以玩。

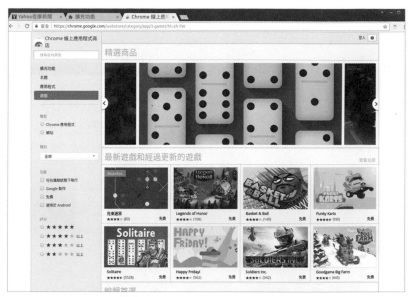

圖 7-3-20：也有各式各樣的遊戲

筆者推薦一個益智小遊戲。頁面下拉找到 CUT ROPE 這個遊戲，然後點選它。

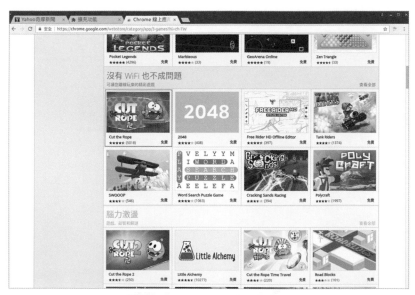

圖 7-3-21：CUT ROPE 遊戲

　　如同之前的介紹，它一樣展示出遊戲畫面的介紹，想要安裝這個遊戲，點選右上方的加到 CHROME 即可。

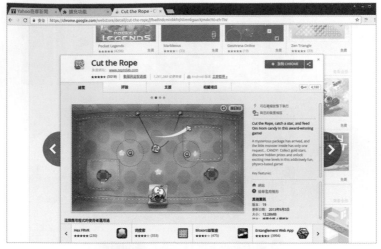

▲ 圖 7-3-22：遊戲介紹畫面

　　安裝完畢返回 Chrome 應用程式畫面。點擊 Cut the Rope 就可以開始進行這個遊戲。

▲ 圖 7-3-23：安裝完畢畫面

按下 Play 開始動動腦吧！

🔺 圖 7-3-24：動動腦時間

Chrome 預設書籤列是不顯示的，為了能快速的打開應用程式頁面，所以請點選右上方管理圖示→書籤→顯示書籤列。

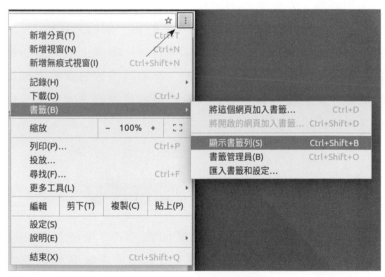

🔺 圖 7-3-25：顯示書籤列

書籤列上有一個應用程式書籤，點擊它就可以出現應用程式頁面，方便使用安裝好的各項應用程式。

▲ 圖 7-3-26：應用程式頁面

介紹到這裡，相信你也可以很輕易的為 Chrome 加裝各項各樣的擴充功能以及應用軟體了。在擴充功能裡有一個和滑鼠相關、非常實用的工具 AutoScroll（注意大小寫，以免安裝到同名的另一個擴充功能），這個擴充功能是當在瀏覽網頁時，可以按下滑鼠中鍵，然後向上或向下移動滑鼠，網頁就會隨著滑鼠的上移或下移而移動，不用再按著右邊的滑動軸或是一直捲動著滑鼠中鍵，在瀏覽一個有大量資料的頁面時非常省事，如何安裝就留待給讀者自行嘗試了！

## 7-4 RSS 閱讀器 feedly

什麼是 RSS？依目前 RSS2.0 的規範而言，RSS 指的是 Really Simple Syndication，如果依字面上硬要翻譯，指的是『真實簡易之聚合訊息服務』，不過如果從字面上來看，真是讓人越看越頭大！大家都知道，網路上的訊息每分每秒都在更動產出中，在這麼龐大的訊息中，如何快速且有效的獲取自己想要知道的資訊，是現代人不可或缺的技能。為了能依個人的需求取得資料，網路初期 Netscape 推出了網路推播的技術，也就是讓使用

者依照自己的需求，訂閱網站的資料，只要該網站有更新內容，使用者就可以取得更新內容的標題及簡要內容摘要，如此可以節省使用者大量上網的需求，不用再一個一個網站去瀏覽，而且可以取得自己需要的資料。目前這種 RSS 訂閱推播技術已經被許多網站所採用，讓使用者可以更輕易的取得最新的訊息。

那 RSS 閱讀器是什麼呢？顧名思義，就是專門取得網站更新內容的閱讀器，我們使用 Chrome 的擴充功能 feedly，日後有任何新增的 RSS 網站，都集中在這裡，管理、分類和閱讀就會變得很方便。

開啟線上應用程式商店，在左上方查詢框裡輸入 feedly，讓商店查找到相關的擴充功能套件。

找到 feedly（相關的套件有好幾個，不要裝錯，請參考下圖）後，加到 CHROME 裡。

▲ 圖 7-4-1：線上應用程式商店

點擊綠色的『GET STARTED FOR FREE』按鈕，開始安裝動作。

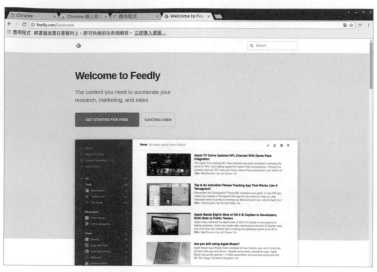

▲ 圖 7-4-2：選擇免費版

feedly 可使用目前各平台的帳號和密碼，如 Google、Facebook、Twitter 等等，請依照需要自行選擇。底下的範例以 Google 為例。

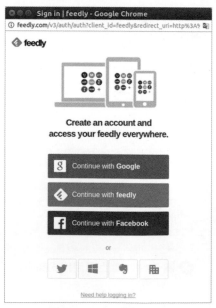

▲ 圖 7-4-3：帳號整合

依據畫面指示，輸入 Google 的電子郵件信箱，下一步輸入密碼，登入到 Google 服務中。如果沒有帳戶，現在就可以申請一個免費的帳戶。

△ 圖 7-4-4：登入 Google

feedly 要求 Google 帳戶授權，請點擊允許按鈕，讓 feedly 有權限檢視電子郵件地址及個人的基本資訊。

△ 圖 7-4-5：授權要求

授權完畢返回 feedly 主頁面,目前是空的。

❶ 在查詢框中輸入關鍵字,例如『科技』,當然可以依照需要輸入

❷ 在查找到的資料中,例如下圖的例子,要把 Engadget 這個新聞網站加入,請點選 FOLLOW 按鈕。

▲ 圖 7-4-6:新增新聞網站

由於目前沒有任何分類名稱,所以請按下 CREATE A COLLECTION,建立一個收集的分類名稱。

▲ 圖 7-4-7:建立分類名稱

以下圖為例，建立了一個『科技新知』的分類名稱，這個名稱當然可以依需要自訂。

建立好之後，如下圖。在頁面的左邊會出現剛才建立好的收集分類名稱，而 Engadget 出現在分類名稱下方。

未來可以再繼續新增和科技新知有關的新聞網站在此收集分類名稱下。

點選左邊的 Engadget 項目，就可以看到最新的新聞內容。未來它會即時同步更新，也就是該網站如果有發佈新知新聞，你就可以同步收到。

◬ 圖 7-4-10：查看新聞內容

如果收集了許許多多的新聞網站，要一個個的選擇觀看也不太有效率，此時可以如下圖點選『All』，就可以用條列的方式觀看所有收集到的新聞。

新增的新聞網站越多，內容越多。近年來網路上的資訊呈爆炸性增加，所以善用這種新聞網站可以較快閱讀到相關想要的資訊。

◬ 圖 7-4-11：全部觀看

feedly 是一個網路雲端服務，把它加入書籤是一個不錯的主意。滑鼠點擊右上方的星號圖示，把此頁加入書籤。

▲ 圖 7-4-12：加入書籤

　　如果不想用預設的名稱，修改它吧。確定好之後按下『完成』按鈕。

▲ 圖 7-4-13：完成加入書籤動作

　　如下圖，書籤列增加了一個書籤，日後只要點選這個書籤就會導向到該網站，是不是很方便使用呢！多多善用書籤列的功能，可以讓瀏覽更快速且得心應手。

▲ 圖 7-4-14：書籤列增加了一個書籤

## 結　語

　　Chrome 的強大，並不只在於本身，而是背後有數千個擴充功能以及應用軟體的加持，讓它能如虎添翼；本章無法把所有的擴充功能都介紹完畢，例如外觀佈景的更改，可以讓 Chrome 具有美麗多彩的外觀，像這些功能就留待自己去體會嘗試。其實網路上的瀏覽器，除了 IE、Firefox、Chrome 之外，還有 KDE 發行版使用的 Konqueror，蘋果電腦使用的 Safari，以及 Opera 軟體公司所研發的 Oprea 瀏覽器等等，所以別再以為全世界只有一種瀏覽器；同時經由本章的介紹，也希望大家可以更進一步的去研究、去使用 Chrome 的各式各樣的擴充功能，讓自己的工作可以更快速完成。

　　最後要提示的是，系統內建的 Firefox 也如同 Chrome 一樣，有各式各樣的擴充功能（Firefox 稱為附加元件），抽空不妨去看看它應有盡有的附加元件，整個操作方式和本章介紹的大同小異，留待讀者自行深入學習。

# 密碼管理

現今各式各樣的雲端服務越來越多,雖然帶給大家使用的便利,但是接踵而來的是另一個煩人的課題:密碼管理。

許多網站都需要註冊一個帳戶（帳號和密碼），許多使用者都會使用同一個帳號和密碼，這樣會發生一個很嚴重的安全問題，也就是一旦被有心人士取得帳戶資料，他就可以在許多網站上通行無阻，如果是購物網站，甚至會有金錢上的損失。密碼也是很傷腦筋的問題，如果設定太簡單的密碼，如 abc、123、abc123 等等的密碼，很容易記是沒錯啦，但是容易記的另一個問題就是容易破解，但如果設定太複雜的密碼也記不太住，真是二難的問題。所以為了安全起見，最好是每一個網站都設定不同的密碼，甚至是不同的帳號，但如何記住這些不同的網站、不同的帳號和不同的密碼是一個很重要的課題。（該不會用便條紙把這些帳號密碼寫上去，然後貼在螢幕上吧！）

本章節介紹一個前端的密碼管理程式 keepassx，另一個介紹雲端密碼管理元件 LastPass，這二個各有所長，但目標一樣，就是讓帳號和密碼能安全的管理及使用。

## 8-1 keepassx

keepassx 是一個標準的應用程式，它可以幫助使用者有效的管理各式帳號和密碼，在新增項目時，也可以自動產生一個複雜的密碼，保護資料的安全，透過這個管理程式，只要記住唯一的一組管理密碼，之後再也不用記憶一堆的帳號和密碼，也不用為了選擇安全的密碼而傷腦筋。

按下 Ctrl + Alt + T 打開終端機，輸入 `sudo apt-get install -y keepassx` 後，按下 Enter 後輸入管理者密碼。

【提示】為什麼不用軟體中心來安裝呢？請看第二節 snap 套件的說明。

```
wssjiaoxue@wooss-All-Series:~
wssjiaoxue@wooss-All-Series:~$ sudo apt-get install -y keepassx
[sudo] password for wssjiaoxue:
```

▲ 圖 8-1-1：使用指令方式安裝 keepassx

輸入管理者密碼完畢之後按下 Enter，系統開始進行下載及安裝的動作，請稍待一下，出現提示游標，表示前一個動作完成（安裝動作），此時可以關掉終端機視窗。

```
cabextract libmspack0
Use 'sudo apt autoremove' to remove them.
下列【新】套件將會被安裝：
  keepassx
升級 0 個，新安裝 1 個，移除 0 個，有 0 個未被升級。
需要下載 476 kB 的套件檔。
此操作完成之後，會多佔用 1,882 kB 的磁碟空間。
下載:1 http://tw.archive.ubuntu.com/ubuntu yakkety/universe amd64 keepassx amd64
2.0.2-1 [476 kB]
取得 476 kB 用了 0秒 (2,262 kB/s)
選取了原先未選的套件 keepassx。
（讀取資料庫 ... 目前共安裝了 209633 個檔案和目錄。）
準備解開 .../keepassx_2.0.2-1_amd64.deb ...
解開 keepassx (2.0.2-1) 中...
Processing triggers for mime-support (3.60ubuntu1) ...
Processing triggers for desktop-file-utils (0.23-1ubuntu1) ...
設定 keepassx (2.0.2-1) ...
Processing triggers for bamfdaemon (0.5.3+16.10.20160929-0ubuntu1) ...
Rebuilding /usr/share/applications/bamf-2.index...
Processing triggers for man-db (2.7.5-1) ...
Processing triggers for shared-mime-info (1.7-1) ...
Processing triggers for gnome-menus (3.13.3-6ubuntu4) ...
Processing triggers for hicolor-icon-theme (0.15-1) ...
wssjiaoxue@wooss-All-Series:~$
```

🔺 圖 8-1-2：靜候安裝完成

　　利用左上角的開始按鈕，查詢框輸入 keepassx 就可查找到剛才安裝的應用程式。點選 KeePassX 圖示執行它。

🔺 圖 8-1-3：啟動 KeePassX

由於是全新安裝，沒有任何內容，所以第一個步驟就是點選『資料庫』→『新增資料庫』

▲ 圖 8-1-4：新增資料庫

接下來設定開啟這個資料庫的很重要的密碼！密碼請盡可能複雜些，因為未來只要記住這個密碼，把資料庫打開，就可以取得存起來的各式帳號和密碼，這就像是打開保險箱的重要密碼。

如果不想記密碼，也可以利用勾選『金鑰檔案』，讓電腦幫你建立一個密碼檔，優點是不用記，缺點是萬一別人取得這個檔案的話……

修改程式預設根節點的名稱。利用滑鼠右鍵的功能選單，選擇編輯群組。

▲ 圖 8-1-5：主金鑰密碼

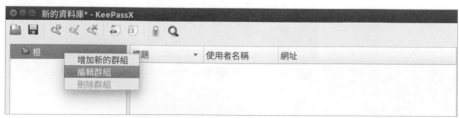

▲ 圖 8-1-6：修改預設的根節點名稱

下圖是編輯群組的對話窗，這時可以修改群組名稱。

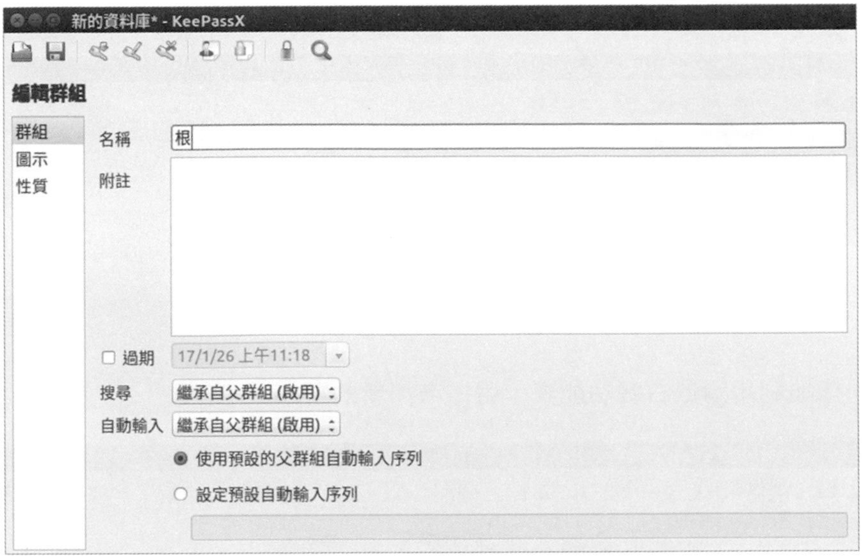

▲ 圖 8-1-7：編輯群組對話窗

如下圖，點選群組圖示，可以從預設的圖示中，利用滑鼠點選自己喜愛的圖示。

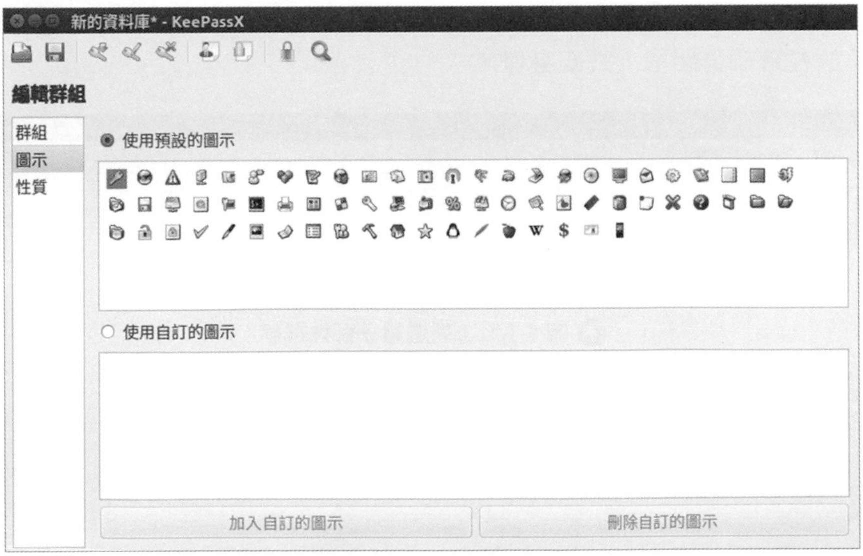

▲ 圖 8-1-8：群組圖示

修改完畢之後返回主頁面，如下圖所示，群組名稱修改為『我的密碼庫』了。

◆ 圖 8-1-9：修改完畢的群組

同樣地利用滑鼠右鍵功能表，選擇增加新的群組。

◆ 圖 8-1-10：新增群組

如下圖新增了一個電子郵件群組，未來所有和電子郵件有關的帳號和密碼都放在這個群組裡，方便管理。

◆ 圖 8-1-11：新增電子郵件群組

點選上方加入項目圖示，準備加入一個電子郵件的帳號和密碼。

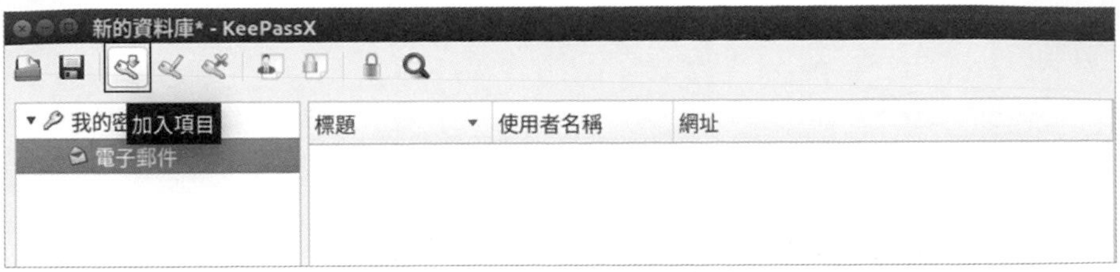

◉ 圖 8-1-12：加入項目

利用新增項目的對話視窗，新增使用者名稱（帳號）和密碼。

標題名稱自訂，自己能識別即可。

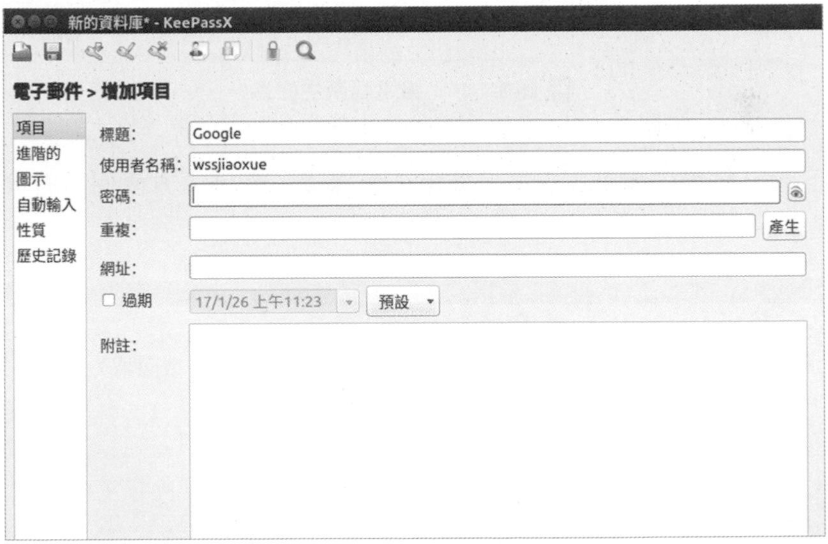

◉ 圖 8-1-13：新增項目對話視窗

　　當某個服務網站需要新增帳號和密碼時，除了帳號要自訂之外，密碼可以讓電腦去產生一串無意義的、不易破解的密碼，保護帳戶的安全。

　　點選右邊『產生』按鈕，可以設定如密碼長度、要使用哪些字元等等，確定好了就可以按下『接受』按鈕，接受電腦產生的複雜密碼。

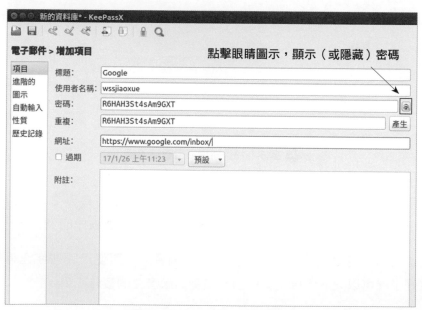

● 圖 8-1-14：讓電腦產生密碼

　　如下圖，點擊眼睛圖示，可以顯示（或隱藏）密碼，方便使用者檢視目前的密碼。

● 圖 8-1-15：顯示或隱藏密碼

設定好相關的帳號和密碼等基本資料之後返回主畫面,如下圖所示。

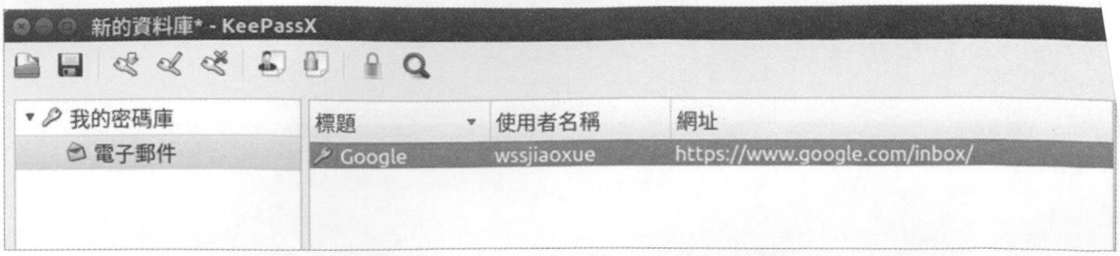

▲ 圖 8-1-16:新增項目完成畫面

點擊上方儲存資料庫圖示,將新增的資料儲存起來。

▲ 圖 8-1-17:儲存資料庫

在儲存對話視窗中給定一個檔名吧!

▲ 圖 8-1-18:儲存對話視窗

當下次要使用時，系統預設會開啟上次儲存的檔案，並且進入要求輸入密碼的畫面，如下圖所示。所以在新建資料庫時，當時輸入的密碼非常重要，忘記就打不開檔案了。

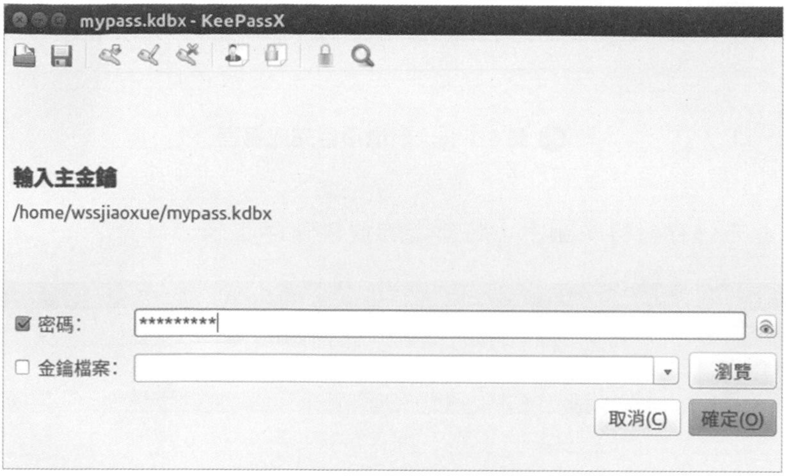

△ 圖 8-1-19：開啟時需要密碼

要使用帳號和密碼，可以利用上方使用者名稱（帳號）或密碼複製到剪貼簿的功能，再把複製的資料貼到網站相對應的帳號和密碼裡。

【提示】打開網址：Ctrl + U
　　　　自動輸入：Ctrl + V

也就是利用快速鍵打開檢核帳號密碼的網頁，然後再利用自動輸入去自動把帳號和密碼輸入到相對應的網頁上。不過這個功能並非每個網站都適用，利用複製貼上的功能較穩當。

△ 圖 8-1-20：使用帳號和密碼

上一節提及，keepassx 是直接使用終端機的方式安裝，如果是使用軟體中心安裝，會是什麼樣的情形呢？讓我們來一探究竟！

如往常，開啟軟體中心，輸入 keepassx 查找，找到了需要的套件 keepassx-elopio，點擊右方的安裝按鈕。

▲ 圖 8-2-1：軟體中心嘗試安裝 keepassx

畫面不一樣了，出現要求登入 Ubuntu 的畫面！上面的文字敘述：若要安裝和移除 Snap，您必須有 Ubuntu Single Sign-On 帳號。

Snap？這是什麼？

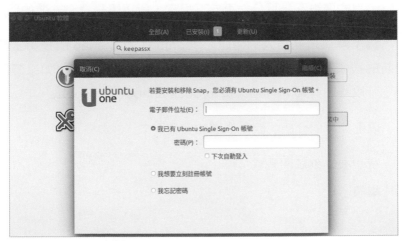

▲ 圖 8-2-2：安裝和移除 Snap？

在第六章的安裝章節裡有提到，Ubuntu 的核心是使用 Linux debian，因此它的安裝格式檔是副檔名為 .deb 的檔案。但是由於獨立的檔案，也就是包裝檔案時，通常並沒有將所有使用到的程式庫都打包起來，因此容易發生相依性不足，也就是找不到程式庫的問題發生。為了解決這個問題，採用 apt（Advanced packaging tool 專業的包裝工具的第一個字母縮寫）的工具來解決，將應用軟體及各式各樣的程式庫，集中放置在伺服器上，在安裝時才依照需要，下載相關的軟體及程式庫到前端電腦來安裝，大大減少相依性的問題發生。

當我們利用軟體中心安裝軟體時，其實它的底層就是使用 apt 的方式來運作。例如安裝 filezilla 這套 FTP 的傳輸軟體時，使用軟體中心要用滑鼠又點又按，其實如果是使用指令來安裝，打開終端機，只要利用底下的一行指令就可以安裝，所以，大部份稍有經驗的 Ubuntu 使用者，在安裝軟體時，通常都是使用指令的方式來安裝，因為簡單且快速。

```
sudo apt-get install filezilla
```

不過，事情並沒有百分之百完美，使用 apt 也會有問題發生，例如安裝某軟體需要 A 程式庫，但是系統已經安裝了更新的 B 程式庫，由於版本新舊的問題，程式庫也不是百分之百向下相容，所以還是會有安裝的問題。

因此，為了解決這些煩人的問題，Ubuntu 採用了 snap 的技術工具，透過這個新的技術來解決問題，讓安裝及更新更快速和穩定。如果想看更多的說明，可以拜訪 http://snapcraft.io/docs/snaps/philosophy。

看完了以上簡單的介紹，讓我們繼續安裝下去。

❶ 點選「我想要立刻註冊帳號」。
❷ 點選「繼續」。

▲ 圖 8-2-3：註冊一個新帳號

　　系統會自動打開瀏覽器，並且自動導向到 Ubuntu One 的註冊網頁。請依照網頁的要求，輸入相關的使用者資料後，按下『建立帳號』。

▲圖 8-2-4：帳號註冊

輸入 Ubuntu One 的帳號和密碼，點選『繼續』進行登入安裝作業。

▲ 圖 8-2-5：登入 Ubuntu One

登入成功之後，點擊『繼續』按鈕。

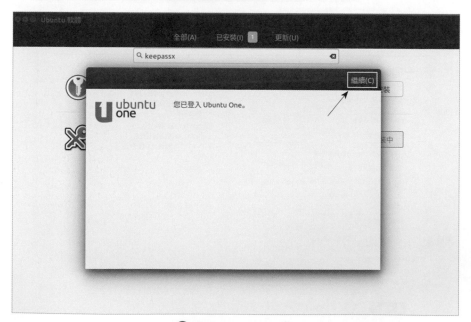

▲ 圖 8-2-6：登入成功

主頁面出現移除的按鈕了，表示已安裝完畢。

▲ 圖 8-2-7：安裝成功

安裝完畢，啟動應用軟體會發現如下圖的畫面。奇怪？為什麼都是空白框框？沒有任何一個字！

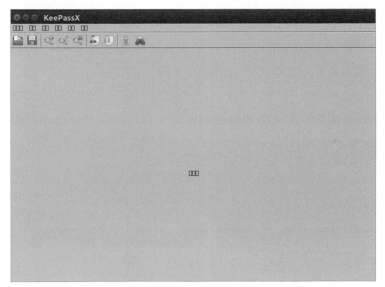

▲ 圖 8-2-8：怪碼滿天飛？

Snap 是 Ubuntu 16.04 才開始導入使用的新技術，因此目前完整支援的應用軟體還不是很多，說白一點也就是還有許多問題需要時間來解決，例如軟體中心在查找時，應該把 apt 套件庫和 snap 套件庫並呈，讓使用者可以選擇，否則像本節的例子，有些強迫中獎的味道。如果未來在安裝軟體時，發現使用的是 snap 套件庫就要注意一下，安裝完畢之後若有水土不服

的現象（例如中文化的問題等），建議移除它，然後改用終端機的指令方式來安裝傳統的 apt 套件庫裡的應用軟體。

這也就是第一節要利用指令安裝 keepassx 的原因。當然因為 Ubuntu 更新非常快速，再加上每半年就有一個新的版本出來，或許在您閱讀本節時，以上的問題已全部解決消失不見了也說不一定。

## 8-3　LastPass

上一節介紹的是屬於單機版，也就是要安裝在電腦裡的一套管理密碼的應用程式，接續介紹雲端管理密碼的服務 LastPass。這二種有個很大的不同，keepassx 把密碼資料庫檔存在電腦裡，雖然較安全，但是在移動過程中較不方便，例如要在別處電腦上使用同一個密碼資料庫（要解決這個問題，不外乎就是使用隨身碟或是雲端網路硬碟）；另一個雲端服務 LastPass 就沒有這個檔案移動的問題，因為所有的帳號和密碼是儲存在這家公司的伺服器裡，但這也產生另一個問題，萬一這家公司被駭客侵入，所有的客戶的帳號和密碼就會被偷個精光。（2015 年 LastPass 就被駭客入侵！）至於要使用哪一項，就留待讀者自行評估！

利用 Chrome 線上應用程式商店，查找到 LastPass 這個擴充功能，把它加到 Chrome 裡吧！

▲ 圖 8-3-1：加入 LastPass

首次安裝需要建立帳號（如果已有帳號請點選下方 Log in 連結），請輸入有效的電子信箱。

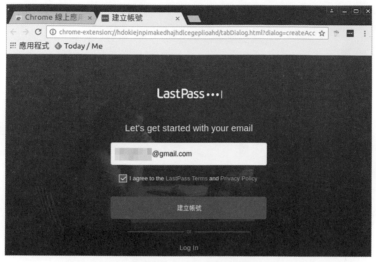

▲ 圖 8-3-2：建立帳號

如同 keepassx 一樣，請自訂輸入主密碼，這個密碼也是非常重要，未來要使用其它的帳號和密碼就非它不可，請設定一個複雜的密碼來保護它吧。（不要用 123123 之類的懶人密碼）

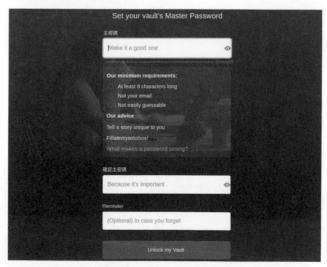

▲ 圖 8-3-3：輸入主密碼

安裝登入完畢之後，出現如下圖的歡迎畫面，可以點選右方的箭頭，簡單的認識這個工具的說明和用法。

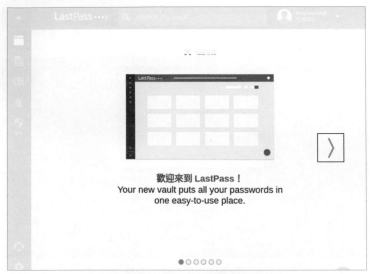

▲ 圖 8-3-4：登入完畢介紹畫面

在簡介說明的最後一個分頁，點擊開啟我的密碼庫，正式使用 LastPass。由於是雲端服務，所有的檔案和資料都是儲存在遠端的伺服器上。

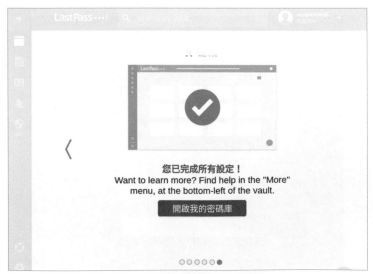

▲ 圖 8-3-5：開啟我的密碼庫

下圖是 LastPass 主畫面，在這裡可以新增網站、管理分類資料夾、設定常用表單資料等等。

但通常來說，利用底下的方式來新增網站的帳號和密碼，會比這裡新增網站來得直覺和方便。

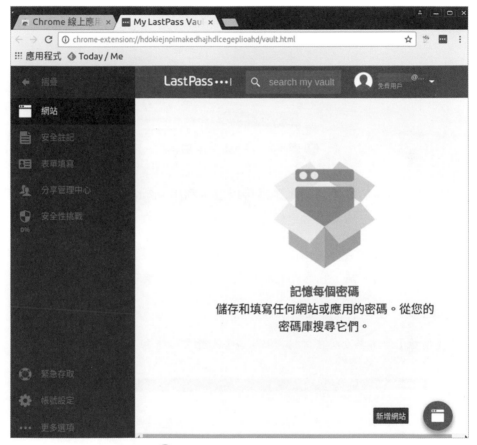

▲ 圖 8-3-6：LastPass 主畫面

平常時要使用 LastPass 的各項功能，可以點擊右方 LastPass 圖示，打開它的功能表。其中我的密碼庫就是完整管理所有的帳號密碼的主頁面，不妨點進去瀏覽一下。

▲ 圖 8-3-7：LastPass 功能表

通常來說要新增帳戶資料，雖然可以直接利用 LastPass 主頁面去新增網站，但利用直覺性的新增會更便利。

接下來以 faiDay 購物網站為例，介紹新增帳戶的整個操作過程。當然不一定是這個購物網站，它適用在任何的網站登入作業中。

點選上方『登入 / 立即加入』連結點。

【備註】筆者無意替任何購物網站廣告或背書，請自行考量使用。

▲ 圖 8-3-8：新增帳戶

準備加入購物網站，請點擊『立即加入』。

【提示】如果已有帳戶，當把信箱
或是密碼輸入點選登入，
LastPass 會出現新增網站
的訊息，可以將登入的訊
息儲存起來，下次就可以
自動輸入相關的登入資訊。

⬆ 圖 8-3-9：加入購物網站

　　輸入密碼時，注意右方有一個鎖
頭的圖示，點擊它會帶出一個密碼
產生視窗，此時可以設定密碼長
度、在進階選項裡選擇使用的字元
類型等，LastPass 就會依據設定產
生一組隨機產生的亂碼。請放心，
這組密碼不需要用人腦去記憶，只
要點擊『使用密碼』就會將這組帳
號和密碼儲存起來。

⬆ 圖 8-3-10：產生複雜密碼

　　透過這種功能，再也不用費心
去想安全的密碼，也不用再使用
123123 這種懶人密碼了。

　　在上一步點擊使用密碼後，會
帶出如下圖的儲存網站對話視窗，它會自動將使用者名稱以及密碼儲存起
來。

如果想要如第一節的 keepassx 一樣將網站分類（也就是如下圖的資料夾），可以到 LastPass 主頁面去進行新增設定。

▲ 圖 8-3-11：將資料儲存起來

上一步選擇儲存網站之後，返回加入畫面，此時可以點選『立即加入』，利用剛才的信箱、密碼進行網站註冊。

▲ 圖 8-3-12：返回加入畫面

目前大部份的網站，在註冊之後都會將註冊信件寄到註冊時輸入的電子郵件信箱中，進行會員認證的動作。

稍待一下，打開電子郵件信箱，點擊信件提供的連結點進行認證。

▲ 圖 8-3-13：電子郵信認證

當下次要登入購物網站時，LastPass 會自動帶入之前儲存的帳戶資料（登入需要的帳號和密碼），這時只要放心的點選『登入』即可，再也不用擔心忘記密碼這件事。

▲ 圖 8-3-14：登入時自動輸入

如下圖自動填入資料之後的畫面，不用再輸入帳號密碼就可以點選登入，很方便吧！

▲ 圖 8-3-15：自動填入相關資料

LastPass 是跨平台的密碼管理工具，這意味著它提供手機（平板）、電腦桌機等不同的系統版本，尤其是現在行動裝置大行其道的網路社會，讓帳號和密碼可攜，是相當便利且重要的功能。

## 結　語

這些管理密碼的工具，雖然可以方便大家，不用費心的替每個網站提供一組密碼，也不用每個網站都用同一組密碼，大大的增加了安全與便利性，但方便的代價是，自己更要小心電腦的使用安全。例如在辦公場所，當暫時離開電腦時，系統須鎖住電腦並要求登入密碼等小動作，否則有心人坐在你的電腦前，方便的 LastPass 或 keepassx 可是會讓你所有網站的帳號和密碼全部曝光，方便性反而變成災難！

# 檔案共用與
# 雲端硬碟 Dropbox

## 學習目標

網路的世界就是要把資訊能夠快速的和對方共享，不管是檔案、訊息或是照片，這也就不難想像臉書的世界為什麼會如此發展快速！電腦和電腦之間要交換檔案，也是很重要的一件工作，尤其是在辦公場所裡，將檔案與合作者共同分享使用，加速文件的完成。

在相同的微軟作業系統之下，可以透過群組分享的功能達到資料夾與檔案分享的目的，但是當 Ubuntu 遇到 windows 時會是什麼樣的情形呢！

透過本章的學習，可以快速的學會運用本地網路共享的功能和微軟作業系統互通，也介紹 NitroShare 這個小工具達到即時分享的能力，最後介紹網路同步的雲端硬碟，讓電腦的資料可以進行雲端化作業。

- 本地網路共享
- NitroShare
- 雲端硬碟 Dropbox
- 結語

## 9-1 本地網路共享

在辦公或學習場域裡，檔案交換是不可或缺的任務之一，Ubuntu 提供了非常友善的界面，方便建立共享資料夾，與微軟作業系統透過網路交換檔案。

假設在家目錄的文件資料夾裡有一個『我的分享』資料夾，要和 win 10 共同分享，此時請點選我的分享資料夾，並且打開滑鼠右鍵功能表，在下拉功能表選擇『本地網路共享』。

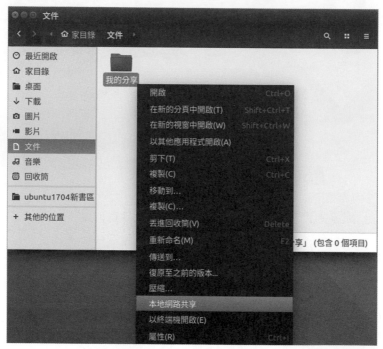

▲ 圖 9-1-1：本地網路共享

系統打開共享資料夾對話視窗，進行共享設定。首次使用時，各項服務尚未安裝妥當，所以呈現灰色狀態。請勾選『共享此資料夾』。

▲ 圖 9-1-2：共享資料夾對話視窗

當勾選共享此資料夾時，系統檢查發現尚未安裝相關需要的服務，因此跳出要求安裝服務的對話視窗。請點擊『安裝服務』按鈕。

▲ 圖 9-1-3：安裝分享服務

原來這個分享服務就是利用 samba 伺服器，如果想要更深入了解什麼是 samba，可以拜訪官方網站 https://www.samba.org/。請按下『安裝』按鈕進行安裝。

▲ 圖 9-1-4：安裝 samba 服務

安裝完畢，請點選『重開工作階段』，讓系統自動重新啟動相關服務。

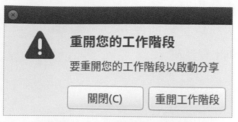

▲ 圖 9-1-5：重開工作階段

如下圖，勾選客戶權限，也就是這個分享目錄提供給任何人使用。

這是最方便但也是最高風險的設定，因為任何人都可以檢視這個目錄資料夾裡的內容，容易增加系統的安全風險。

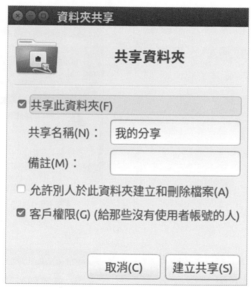

▲ 圖 9-1-6：給定相關權限

打開 win 10 的檔案總管，點選『網路』，在上方的輸入框裡，輸入分享電腦的 IP 位址（例如 \\192.168.0.104\）就可以找到 Ubuntu 分享出來的資料夾。

【提示】上面的 IP 位址只是舉例，請依據分享電腦的 IP 實際情況輸入。

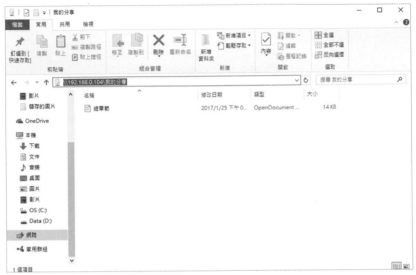

▲ 圖 9-1-7：在 win 10 上使用

為了能增加使用上的安全，最好的方式是不要讓任何人都可以自由進出，利用帳號和密碼的登入是較佳的方法。

請勾選『允許別人於此資料夾建立和刪除檔案』這個選項。

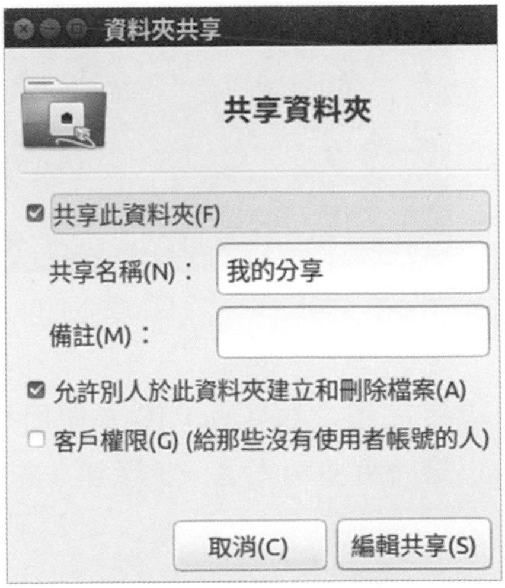

▲ 圖 9-1-8：限定使用者

點選『自動加入權限』讓系統自動處理相關的檔案存取權限。

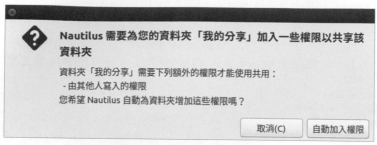

▲ 圖 9-1-9：自動加入權限

利用終端機指令新增 samba 使用者，如此才可以利用帳號和密碼登入。

按下 Ctrl + Alt + T 啟動終端機，輸入

```
sudo useradd -M -N -g sambashare lora
```

按下 Enter 執行指令。完成後再輸入底下的指令：

```
sudo smbpasswd -a lora
```

按下 Enter 執行指令，並依畫面輸入 lora 的密碼。

```
test@ubuntu: ~
test@ubuntu:~$ sudo useradd -M -N -g sambashare lora
[sudo] password for wooss:
test@ubuntu:~$ sudo smbpasswd -a lora
New SMB password:
Retype new SMB password:
Added user lora.
test@ubuntu:~$
```

▲ 圖 9-1-10：增加 samba 使用者

設定完畢之後，win 10 要使用這個資料夾時，會出現如下圖的認證視窗，這時就要輸入上一步驟建立的使用者帳號和密碼才可以登入。

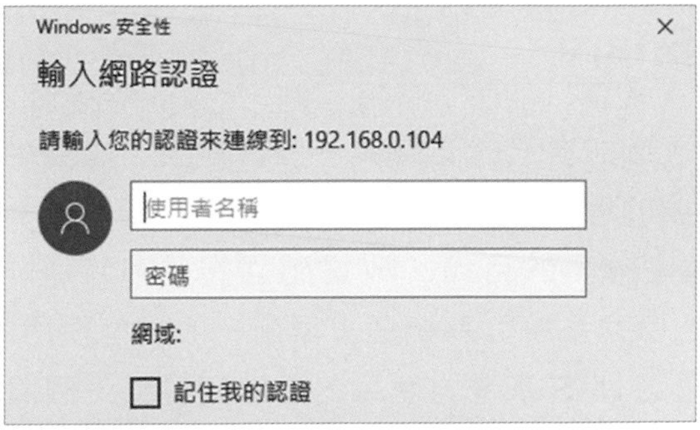

▲ 圖 9-1-11：需要帳號和密碼登入

　利用終端機處理 samba 的帳號和密碼似乎有點麻煩，這裡稍微解説一下輸入的指令是什麼意思。

```
sudo useradd -M -N -g sambashare lora
```

　sudo 指的是 superuser do，也就是利用管理員的身份來執行指令，這也就是按下 Enter 之後要輸入管理者密碼的原因。useradd 是 Linux 加入新使用者的指令，後面可以接許多不同的參數來設定使用者的各項屬性，其中 -M 是指不要建立使用者家目錄 -N 是指不要建立使用者群組，配合接續的 -g sambashare 是指把新增的使用者設定為 sambashare 這個群組，最後的 lora 就是使用者帳號。

　因此上面的指令總結是：建立一個沒有家目錄，預設群組為 sambashare 的 lora 帳號。

```
sudo smbpasswd -a lora
```

　透過 sampasswd 指令，把 lora 使用者 -a（加入）到 smaba 使用者服務中。

　其實使用終端機指令，簡單明瞭的完成需要的任務，經過一段時間的學習之後，會發現使用視窗界面，要用滑鼠左點右點，還不如使用指令來的快速直接，以底下的指令為例，它代表什麼意思呢？

```
sudo apt-get install gimp
```

　讓系統安裝 gimp 這套強大的圖像管理軟體。你答對了嗎？

## 9-2 NitroShare

其實筆者不太喜歡把自己的硬碟開一個資料夾，提供給第三者使用！網路安全是一個重要的考量點。但在辦公場所交換資料在所難免，解決的方案較偏向於將固定分享的目錄，放置到雲端的 NAS（Network Attached Storage 網路附加儲存系統）系統裡（目前一般小型使用的 NAS 價格約一萬台幣左右），透過 NAS 系統的使用，提供資料另一個備份、分享與儲存的空間，電腦壞了、硬碟掛了、中了勒索病毒等等，只要不是所有的系統全部同時壞掉，重要的資料都還有救。

至於工作中的文件交換分享（例如還未完成的計畫文件要給特定人參考）或是暫時性的資料交換，使用 NitroShare 就是最佳的時機。NitroShare 是檔案傳輸軟體，雙方電腦都要安裝這套軟體，安裝完畢之後，任何一方就可以隨時依需要把檔案傳送給對方，對方接收到檔案會儲存在自己的電腦裡，這也意味著，對方就算把檔案刪掉，對自己也不會有任何影響，並且當你要傳送檔案時，對方不需要坐在電腦前按『確定』之類的動作，很方便吧！

打開瀏覽器輸入網址 https://nitroshare.net，點選『Download』按鈕。

▲ 圖 9-2-1：到官方網站瞧瞧

NitroShare 支援微軟、蘋果及 Linux，這意味著透過它可以和這些作業系統無痛的交換檔案，跨平台萬歲！

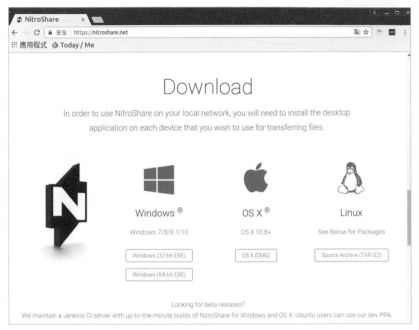

◉ 圖 9-2-2：完整的跨平台

NitroShare 已經存在 Ubuntu 的套件庫裡，不用預先下載，可以直接用軟體中心安裝。

不過，接下來的章節，非必要不再使用軟體中心的視窗操作界面，而直接使用終端機的指令安裝，希望透過此類的操作學習，讓你可以更快學會這些基本的安裝指令。

打開終端機輸入底下的指令：

```
sudo apt-get install -y nitroshare
```

按 Enter 進行安裝，參考執行畫面如下圖。

```
test@ubuntu: ~
test@ubuntu:~$ sudo apt-get install -y nitroshare
正在讀取套件清單... 完成
正在重建相依關係
正在讀取狀態資料... 完成
以下套件為自動安裝，並且已經無用：
  cabextract libmspack0
Use 'sudo apt autoremove' to remove them.
下列【新】套件將會被安裝：
  nitroshare
升級 0 個，新安裝 1 個，移除 0 個，有 8 個未被升級。
需要下載 0 B/127 kB 的套件檔。
此操作完成之後，會多佔用 417 kB 的磁碟空間。
選取了原先未選的套件 nitroshare。
（讀取資料庫 ... 目前共安裝了 210739 個檔案和目錄。）
準備解開 .../nitroshare_0.3.1-1ubuntu1_amd64.deb ...
解開 nitroshare (0.3.1-1ubuntu1) 中...
Processing triggers for ufw (0.35-2) ...
Processing triggers for mime-support (3.60ubuntu1) ...
Processing triggers for desktop-file-utils (0.23-1ubuntu1) ...
設定 nitroshare (0.3.1-1ubuntu1) ...
Processing triggers for bamfdaemon (0.5.3+16.10.20160929-0ubuntu1) ...
Rebuilding /usr/share/applications/bamf-2.index...
Processing triggers for man-db (2.7.5-1) ...
Processing triggers for gnome-menus (3.13.3-6ubuntu4) ...
Processing triggers for hicolor-icon-theme (0.15-1) ...
test@ubuntu:~$
```

🔺 圖 9-2-3：安裝 nitroshare

　　利用指令安裝不會自動出現在左邊的啟動列上，請利用開始功能按鈕，查找這個軟體，然後執行它。

　　【提示】可以拖曳到左邊的應用程式啟動列方便下次使用。

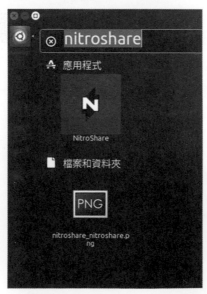

🔺 圖 9-2-4：啟動 NitroShare

首次啟動出現簡介畫面，按下『Close』關掉介紹視窗。

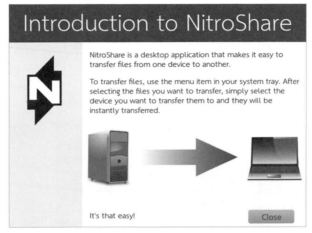

▲ 圖 9-2-5：首次介紹

NitroShare 要設定的重要地方只有一個，那就是當接收到別人送過來的檔案時，預設要存在哪個資料夾。

❶點選右上方 NitroShare 圖示。
❷點選 Settings 打開設定對話視窗。

設定接收到檔案時的儲存位置。如下圖，設定當接收到檔案時，直接放在使用者的桌面上。你不一定要放在桌面，可自行選擇需要的儲存資料夾。

▲ 圖 9-2-6：首次重要設定

▲ 圖 9-2-7：設定接收的檔案目錄

NitroShare 可以傳送一個檔案或是一整個目錄。

❶點選 NitroShare 圖示。

❷選擇 Send Files 傳送檔案，如果要傳送一整個目錄，就要點選 Send Directory，傳送的操作方式一模一樣。

▲ 圖 9-2-8：傳檔案或是傳目錄

如果傳送一個（或數個）檔案，就選擇一個（或數個）檔案；如果傳送一個目錄，則選擇目錄，依前一步驟的選擇進行動作。

如上例是 Send Files，所以是傳送檔案，若要一次傳送數個檔案，可以用 Ctrl + 點選需要的檔案，一次選擇數個檔案。

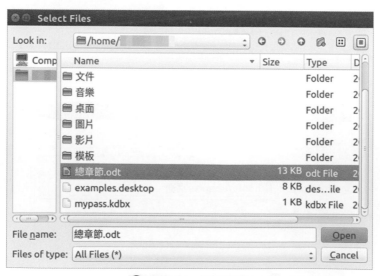

▲ 圖 9-2-9：選擇所需

選擇要傳送的目標電腦，確定好後按下『OK』，下圖僅有一台電腦，如果在辦公場所有許多台電腦時，傳送前請注意一下 Device Name（對方的電腦名稱），以免把檔案傳給不該傳的人！當然如果要把對老闆的不滿『故意』『不小心』傳給老闆看，這個情況另當別論。

▲ 圖 9-2-10：選擇對方電腦

如前所述，傳送檔案不需要對方在電腦前確認，它會直接將檔案傳到對方設定的接收目錄裡。

NitroShare 的理念是『有需要時我再給』，在傳遞各項臨時性或急迫性的參考文件給特定人士時相當有用！更重要的是它支援各種平台，讓檔案的傳遞不會受到不同作業系統的限制，是一大亮點。

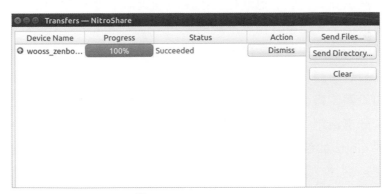

▲ 圖 9-2-11：傳送完畢

## 9-3 雲端硬碟 Dropbox

現今行動裝置大行其道，連帶的雲端儲存設備也風起雲湧，如下表所示，提供這些服務的廠商為數不少。

| 編號 | 網址 | 廠商 | 備註 |
|------|------|------|------|
| 1 | https://www.asuswebstorage.com | 華碩 | 跨平台 |
| 2 | https://hamicloud.net/ | 中華電信 | 無法跨平台 |
| 3 | https://www.box.com | box | 無法跨平台 |
| 4 | https://www.cloudme.com | cloudme | 跨平台 |
| 5 | https://www.cloud.acer.com | 宏碁 | 無法跨平台 |
| 6 | https://www.dropbox.com | Dropbox | 跨平台 |
| 7 | https://drive.google.com | Google | 無法跨平台，但有第三方提供 Linux 解決方案 |
| 8 | https://onedrive.live.com | 微軟 | 無法跨平台 |

以上僅列出某些提供雲端硬碟的網站，大部份都提供免費註冊及免費的基本使用容量，超過基本量就要付費購買。在選擇哪個雲端硬碟適合時，有沒有提供跨平台的前端應用程式是一個非常重要的考量點。所有的雲端硬碟都有提供瀏覽器版，也就是直接使用瀏覽器來管理雲端硬碟的檔案，在這種情形之下，並沒有作業系統的限制；但是除此之外，更希望它可以提供前端同步功能的應用軟體，也就是說和電腦的某個目錄進行連結，當把檔案存到該目錄時，會自動上傳到雲端硬碟去，同時間所有連結到該雲端硬碟的設備，如手機、平板等等，也會同步更新接收到檔案，這種同步功能配合分享機制，更可以達到工作團隊間檔案同步異動與分享的目的，因此對於 Linux 的使用者來說，有沒有提供跨平台的應用程式就是很重要的考量點。

本節會介紹 Dropbox 的主因，很重要的一點就是它和 Ubuntu 整合的很好，可直接利用軟體中心安裝，同時 Dropbox 也提供目錄分享、同步等等功能，如果沒有雲端硬碟的讀者剛好可以申請一個 2G 的免費帳號來使用。

記得軟體中心的查詢套件嗎！這裡使用指令的方式來查詢。打開終端機輸入下列指令：

apt-cache search dropbox

　　【說明】apt-cache這個指令是用來處理電腦內已有的套件軟體列表，所以 apt-cache search dropbox 就是指查詢目前電腦內和 dropbox 有關的套件列表。

輸入底下的安裝指令：

sudo apt-get install -y nautilus-dropbox

　　【提示】還是很不習慣指令式的安裝嗎？沒關係，使用軟體中心，查詢 dropbox 也可以找到並進行安裝。

利用左上角的開始功能按鈕，查找 dropbox，找到之後點擊執行它。

▲ 圖 9-3-3：執行 Dropbox

　　首次執行出現要求登入的畫面，如果已經有帳號和密碼的使用者可在這裡直接登入；如果還沒有帳號和密碼的使用者，請點選視窗下方『註冊』的連結按鈕。

▲ 圖 9-3-4：Dropbox 登入畫面

依據對話視窗內容，輸入有效的電子郵件帳號和自訂的密碼，確定好之後點選『註冊』按鈕進行註冊。

▲ 圖 9-3-5：輸入註冊資料

　　安裝與註冊完畢，一切就緒之後出現如下圖的對話視窗。關閉視窗或是開啟電腦的 Dropbox 資料夾都可以。

▲ 圖 9-3-6：註冊且安裝成功

在家目錄裡系統自動增加一個 Dropbox 的資料夾。

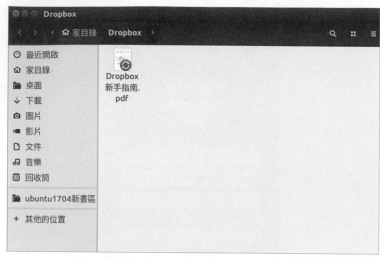

▲ 圖 9-3-7：我的 Dropbox 資料夾

❶點擊右上方 Dropbox 圖示。

❷在下拉功能表，選擇啟動 Dropbox 網站。

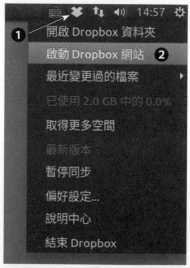

▲ 圖 9-3-8：啟動 Dropbox 網站

系統自動開啟瀏覽器並且導向到 Dropbox 官方主網站，如下圖所示，此時可以進一步處理諸如團隊、共享、相片等處理。

▲ 圖 9-3-9：Dropbox 官方主網站

基本上如果不考慮前端電腦同步的問題，其實所有的雲端硬碟都大同小異，使用者可以透過瀏覽器把檔案傳送到雲端硬碟裡，做為電腦的備份空間。但是大部份免費的雲端硬碟空間服務提供的容量都不大，若有需要大容量的備份空間需求，建議還是採購一台個人用的平價 NAS 較實在。

## 結　語

透過本章節的學習，想必已經學會如何在 Ubuntu 作業系統下與其它不同的作業系統分享檔案，在資訊大量流通的網路數位社會，善用各式的新技術及雲端服務，讓資料能夠快速的傳遞給對方，是一個很重要的課題。

# Note

# 10

# 常見雲端服務
# 與網路應用軟體

## 學習目標

善用雲端及各式網路工具，可以讓我們輕易的取得所需之資訊，以解決日常生活之問題。本章將從介紹實用的雲端服務開始，利用這些雲端服務，可以輕易的在免安裝任何軟體的情況下完成一般日常工作。在其他網路工具的運用上，將介紹檔案上傳下載軟體 FileZilla，讓您可以輕易的從 FTP 伺服器取得檔案；安裝網頁版 Line 這套即時通訊軟體，建立起與他人線上溝通的管道。

- 先備知識
- 常見雲端服務
- Filezilla 傳檔軟體

- 用 BitTorrent 下載
- nettool 網路工具
- 結語

## 先備知識

近年來，雲端服務被炒得火熱，新的網路技術都免不了掛上雲端二個字，似乎只要有了這二個字就可以吸引眾人目光。其實雲的概念是來自網路的架構圖，通常在畫網路的連線架構圖時，大都使用一朵雲來代表網際網路，後來就慢慢口耳相傳，這些網際網路的服務就逐漸變成雲端服務。

雲端服務基本上建構在三層的雲端運算中：

- 軟體服務化（SaaS）：使用者不用安裝任何軟體，只要使用瀏覽器連接到遠端伺服器，就可取得相關的應用軟體，完成日常工作。

- 平台服務化（PaaS）：使用者不用打造一個研發系統，透過網路使用業者提供的開發系統平台，就可以自行開發各式服務系統，例如由 Red Hat 提供的運算平台 https://www.openshift.com/，由 Cloud9 提供的開發平台（https://c9.io/）

- 基礎架構服務化（IaaS）：簡單的說就是設備租用，例如中華電信（http://hicloud.hinet.net）就提供此類服務。當租用『一台電腦』時，其實大部份不是租用一台實體機器，而是租用一台虛擬機器。

有了這個基礎概念之後，接下來介紹一些常用的雲端應用軟體，體驗一下雲端服務的便利性。

## 10-1 常見雲端服務

### 一、網頁版的 Line

Line 通訊軟體可以說是國人最常用的行動裝置應用軟體之一，但是坐在電腦前工作，當有人發訊息時，如果可以用電腦來直接使用 Line，而無須使用手機，使用上會更加便利！不過目前 Line 只提供微軟和蘋果這二種平台的應用程式。Ubuntu 的使用者雖然沒有專屬的應用程式，不過可以透過 Chrome 瀏覽器來使用電腦版的 Line。

打開 Chrome 瀏覽器的應用程式商店，查找 Line 應用程式，找到之後將它加到 Chrome 中。

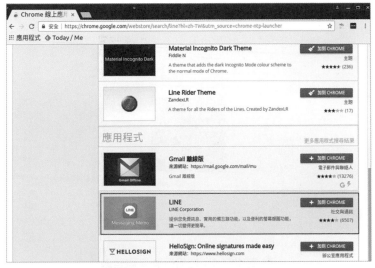

▲ 圖 10-1-1：Chrome 版的 Line

　　點選書籤列的應用程式，啟動 Line 應用程式。

▲ 圖 10-1-2：執行 Line

使用手機的 Line，使用行動條碼方式來加入好友，用手機讀取電腦呈現出來的行動條碼，就可以成功用電腦登入到同一個帳號的 Line。

▲ 圖 10-1-3：使用行動條碼登入

成功登入後出現如下圖的畫面，這時就可以利用電腦來收發 Line 的訊息了。

▲ 圖 10-1-4：使用 Ubuntu 電腦版的 Line

## 二、Coggle 共筆心智圖

在進行創意思考時，善用心智圖將思緒透過圖表的方式呈現，不但可以讓自己更能掌握思考的脈絡，也可以有效與他人溝通，因此心智圖在創作思維的運用上是不可或缺的工具。雖然有許多單機版的心智圖工具，如FreeMind 以及 XMind 等，但是它們都無法即時與對方分享，如果能夠一起分享討論，並且每個人都可以將討論的結果彼此修正，它發揮的效益定以百倍計。Coggle 就是為了這個功能而存在的，不管是個人或是群組分享共筆使用，它都是很棒的雲端心智圖工具。

▲ 圖 10-1-5：利用應用程式商店安裝 Coggle

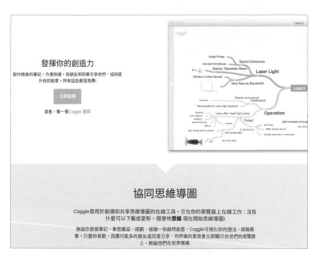

▲ 圖 10-1-6：取自官網的簡介說明

## 三、線上流程圖

要在 Ubuntu 單機上畫各式各樣的流程圖、組織圖等，筆者會推薦安裝 dia 這套流程圖繪製工具，如果要在網頁上直接使用，這時就非 draw.io 莫屬。這個線上繪製流程圖的服務很大的特色是，它不提供儲存空間，而是直接與 Google 雲端硬碟或是 Dropbox 雲端硬碟等結合，也就是說，它儲存時是直接儲存到你的雲端硬碟裡。此外，它具有中文化的功能表以及豐富的版型，讓你在畫流程圖或是組織圖時更加快速。

它不用安裝，直接用瀏覽器輸入網址：https://www.draw.io/

▲ 圖 10-1-7：進入網址可選擇儲存空間

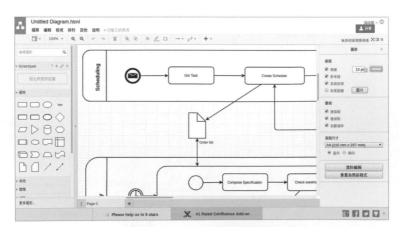

▲ 圖 10-1-8：執行畫面範例

## 四、epub Reader

EPUB（Electronic Publication）是一種電子圖書標準檔案格式，由國際數位出版論壇（IDPF）所提出。這是一個開放的標準格式，目前也是許多電子書採用的格式之一。這種電子書的副檔名為 .epub，因此如果下次看到網站說明文件或是書籍有提供 .epub 的格式檔案時，就表示它有提供此類的電子書格式。

此種格式在手機、平板、電腦都可閱讀，一般行動裝置大部份都有預裝此種電子書的閱讀軟體，電腦就要另外安裝專屬的閱讀軟體。Ubuntu 單機的專屬閱讀軟體，筆者推薦 calibre 這套很棒的閱讀工具，而雲端的版本就用 MagicScroll Web Reader。

▲ 圖 10-1-9：安裝 MagicScroll Web Reader

▲ 圖 10-1-10：將書籍加入後可線上閱讀

## 五、Evernote 網頁

筆記筆記還是筆記，善用筆記隨時記錄自己的想法，日後再從記錄中擷取有用的想法整合成有用的文章或是計畫。此外，在閱讀網站時，隨時將閱讀的網站擷取，然後做個人的筆記，再與他人分享共創！在知識經濟的數位世界裡，Evernote 筆記就是扮演這個角色。它的功能非常豐富，值得安裝起來學習使用。

△ 圖 10-1-11：安裝 Evernote 網頁

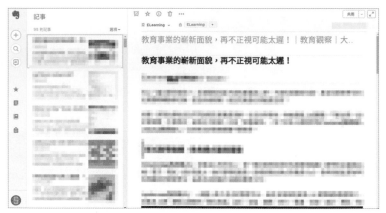

△ 圖 10-1-12：Evernote 執行頁面範例

　　以上僅提出一些常見的服務，並沒有深入一步步介紹如何操作及使用，這部份當做讀者的自我學習作業。當然雲端軟體服務幾乎可以說是包山包海，舉凡圖表製作、線上照片美化編輯、照片拚接、線上影片剪接編輯，再如 Google Doc 線上辦公室軟體、Office 365 線上 Office 等等，不勝枚舉，在網路頻寬越來越快、行動科技越來越成熟的雙重推動之下，未來這些雲端應用只會越來越多，說不定在不久的將來，電腦安裝單機軟體會成為歷史！

## 10-2 Filezilla 傳檔軟體

　　目前大家耳熟能詳的 4G 網路以及家用 100M 光纖等，都大大的提高了網路的通訊速度，網路速度提昇也意味著有更多樣化的媒體服務！近年來物聯網（Internet of Things，縮寫 IoT）的興起，更帶動 5G 第五世代網路頻寬的需求，以提供更快更穩定的網路品質。由於網路的速度快速提昇，對於網路初期很重要的網路需求功能，也漸漸被一般人忽略，初期在下載一個上百 M 的檔案，速度慢就算了，還經常下載到一半斷線，更不用說如果要下載一個上 G 的多媒體影音檔了，因此提供續傳的檔案傳輸軟體就顯得十分重要。曾幾何時，現在幾乎所有的網站都直接利用瀏覽器直接提供下載，所以 Ftp 軟體也漸漸的從個人電腦中消失不見，但是對於網管人員或是伺服器管理人員，檔案傳輸軟體可以在不同的目錄中切換，可以上傳和下載檔案，在管理遠端伺服器上仍扮演著重要角色工具，所以多學一套傳輸軟體的應用也是未來管理伺服器時應具備的能力。

　　在第六章第二節已介紹安裝完畢 FileZilla 這套檔案傳輸軟體，請利用左上角開始按鈕啟動它。

　　如果還沒安裝，最簡單的方法就是打開終端機，輸入底下指令：

```
sudo apt-get install -y filezilla
```

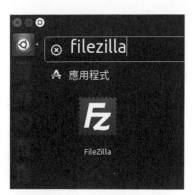

▲ 圖 10-2-1：啟動 FileZilla

下圖是啟動成功的畫面。由於全面中文化，所以操作的難度不高。

▲ 圖 10-2-2：啟動執行畫面

❶ 輸入 FTP 伺服器網址（例如 ftp.twaren.net）按快速連線，不用輸入使用者名稱、密碼，是採用匿名連線。

❷ 本地站台目錄名稱，這就是待會要下載檔案的存放目錄，特別注意是否有寫入權，如果不是家目錄之下的目錄，通常無法寫入。

❸ 是目前本目錄下的檔案列表。

❹ 是遠端站台目錄。

❺ 是遠端站台目錄底下的檔案列表。

❻ 找到需要的檔案之後，按滑鼠右鍵，在功能表上選擇「下載」，即可將檔案下載至本地目錄裡。

使用完畢，記得用上方的離線按鈕離線。

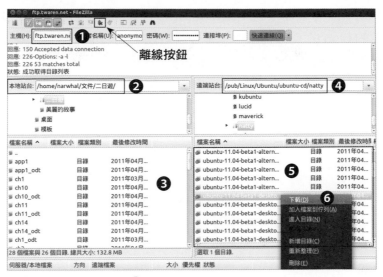

圖 10-2-3：操作畫面

　　如果您經常要到許多不同的 FTP 伺服器網站，這時可以點選 FileZilla 上方工具列最左邊的站台管理員，打開站台管理員對話視窗，點擊下方『新增站台』按鈕，輸入相關的資料後確定儲存，下次就可以利用站台管理員來連線。

　　如果您擁有可以上傳的 FTP 伺服器，這時請輸入帳號和密碼，而不是使用匿名帳戶。

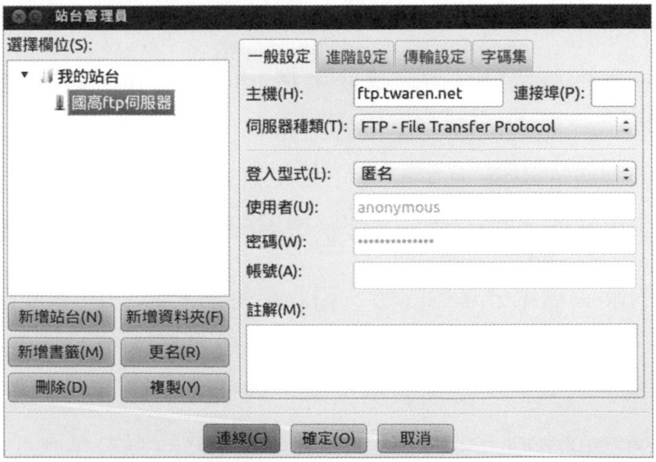

圖 10-2-4：新增站台

通常來說，字碼集裡預設是自動偵測對方伺服器的字碼語系，但如果對方是早期的 big5 的 FTP 伺服器，會造成看起來是一堆亂碼的現象，這時就可以使用自訂字碼集，將編碼設為 big5。

非必要請不要使用自訂字碼集，讓系統自動偵測。

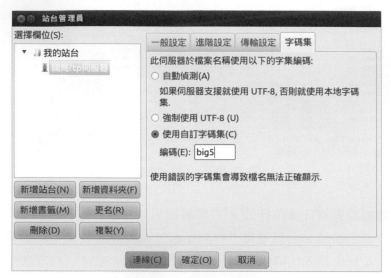

▲ 圖 10-2-5：自訂字碼集

## 10-3 用 BitTorrent 下載

傳統對於檔案的網路分享處理是使用 Point-To-Point（點對點技術）的方式，它通常在二節點之間建立直接的連線，但不論是一對一或是一對多，在檔案傳輸及共享的效率上並不十分令人滿意。試想如果有上百人同時向某一台機器發出檔案下載的請求，那台機器的負荷一定十分的沈重。

為了有效的解決檔案分享的問題，因此產生出 Peer-to-Peer（簡稱 P2P）的通訊技術，它不同於傳統的連線技術，而是每個人都是檔案的供應及取得者。例如有十個人擁有您需要的檔案，透過這個技術，您可以分別向這十個人取得檔案的不同片斷，取回來再重新組成完整的檔案，但同時間，您也成為這一個檔案的供應者，只要電腦沒有關機或是協定程式沒有關

閉，每個人都可以向您的電腦發出請求並取得檔案。所以當這個檔案被越多人擁有，那分享及取得的機會及效率就會越高。

這種 P2P 的技術，應稱為群對群或是端對端，但是一般報章都把它稱為點對點，算是一種約定成俗吧。

在 2001 年 Bram Cohen 提出了 BitTorrent（簡稱 BT 下載）的通訊協定，它實作出 P2P 檔案分享的技術，只要當檔案下載的人越多，下載之後同時繼續維持上傳的狀態，他可以成為可讓其他人下載的種子檔案（.torrent），越多人分享上傳，檔案下載速度越快。

依據 BitTorrent 協定，檔案發佈者首先要利用將發佈的檔案，做出一個種子檔案（.torrent），再把這個種子公佈出去，這時取得種子檔案的其他使用者，就可以開始下載與上傳。這個種子檔案可以視做檔案的索引檔。

以下載 Linux Mint MATE（https://www.linuxmint.com）為例，檢視一下它的 Size 大小高達 1.7GB，如果由一個網站直接提供下載，這個網站會被大量的下載流量癱瘓，通常解決方法有二種，其一是將檔案分別放置在不同的分流網站，另一種作法就是提供 Tottent 下載。

點選 Torrent 連結，將種子檔案下載回來，種子檔案都很小，約數十 K 的容量。

▲ 圖 10-3-1：下載 Linux Mint MATE

開啟檔案管理員，點選下載目錄找到剛才下載的 linuxmint 種子檔案，它的最後附檔名為 .torrent，找到之後，滑鼠雙擊這個檔案，自動啟動 Transmission BitTorrent 用戶端程式。

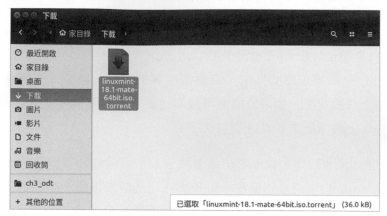

▲ 圖 10-3-2：開啟下載目錄

如前所述，它是檔案分享的程式，這也意味著，當在下載的同時，也扮演著上傳的角色，全部下載完畢之後，如果程式讓它繼續執行，它會持續扮演所有提供檔案的夥伴之一。提供檔案的夥伴越多下載的速度越快，這就是分享的力量。

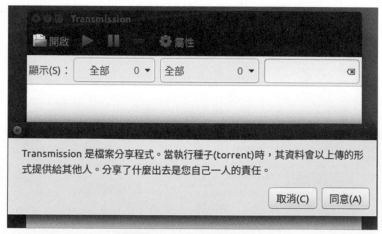

▲ 圖 10-3-3：出現提示視窗

上一步驟點擊同意之後，出現如下圖的下載對話視窗，顯示目前的
Torrent 種子檔案，下載的檔案要儲存到哪一個資料夾裡，即將下載的檔案
名稱及大小等等基本資訊。

　　檢視無誤，可以點選『開啟』按鈕，開始進行分享下載的動作。

▲ 圖 10-3-4：檢視視窗

　　檔案下載如下圖畫面所示。以下圖為例可以發現，正在自 50 個對等用戶
中取得 50 個下載資料，總合是每秒 9MB，一個 1.88G 的大檔案，大約 4
分鐘可以下載完畢。

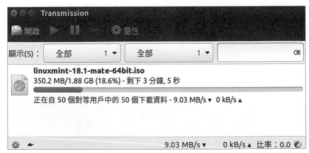

▲ 圖 10-3-5：檔案下載中執行畫面

　　點選功能表『編輯』→『偏好設定』。在偏好設定視窗中，由於頻寬有限，如果全部都拿來這邊使用，會使得其他的使用受限，例如同時要使用瀏覽器上網、聽網路電台等等，沒有限制會造成網路感覺起來斷斷續續的，所以頻寬最好必須有所限制。您可以依自己的情形調整。

　　其中有隻烏龜的圖示，是指當主畫面按下烏龜的圖示時，會使用多少的頻寬上傳、下載。龜速前進或許是最佳的寫照。

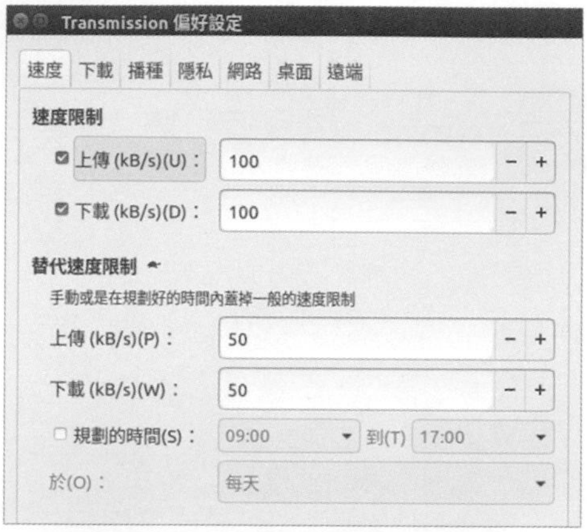

△ 圖 10-3-6：偏好設定的速度限制

## 10-4　nettool 網路工具

　　網路工具（gnome-nettool）是一個小巧的網路工具程式，透過這個工具程式，可以了解目前網路的一般資訊，也可以進行基礎的網路診斷及測試，網路異常中斷時，可以初步了解網路異常的原因。

　　打開終端機，輸入底下的指令：

```
sudo apt-get install gnome-nettool
```

△ 圖 10-4-1：安裝 gnome-nettool

利用左上角的開始按鈕，查詢 nettool，找到之後點擊執行它。

▲ 圖 10-4-2：啟動網路工具

下拉網路裝置選擇網路介面，可以檢視目前的網路使用的 IP 位址、連線
狀態等資訊。

▲ 圖 10-4-3：目前網卡資訊

點選 Ping 分頁

❶輸入想要檢查的網址。

❷點選 Ping。

❸檢查的結果用直條圖呈現。

利用這個結果畫面，可以了解目前從自己的電腦到達對方的網站的反應時間。如果沒有反應，不是自己的網路中斷就是對方的網路異常。

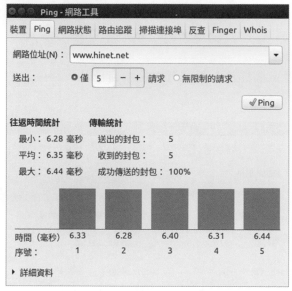

▲ 圖 10-4-4：初步檢視網路連通狀況

Whois 是一個檢查網域是否有註冊，以及註冊時的詳細資料。如果哪天發現一個怪怪的網域名稱，可以用 Whois 來查詢其是否為合法註冊的網域，如果沒有那就要小心是不是釣魚網站。

下圖是查詢 hinet 的註冊資訊的畫面。

網路工具裡還有其他許多的功能，這部份就等待您的自行測試了。

## 結　語

網路工具何其多，這裡介紹的只是九牛一毛，但是這些常用的工具應該對您有所幫助。任何好用的工具，使用時仍要注意個人的隱私及尊重智慧財產權，不要任意的下載來路不明的檔案，以避免在無意間成為網路病毒的溫床。同時在使用任何的通訊軟體時，仍應注意網路禮節與通話禮儀，讓我們都可以成為有禮貌的現代網路公民。

*Note*

# 網路音樂

## 11-1 網路電台

音樂的媒介從最早期的黑膠唱片（https://zh.wikipedia.org/wiki/ 黑膠唱片）、卡式錄音帶（https://zh.wikipedia.org/wiki/ 卡式錄音帶）以及 CD 光碟，逐漸進化到現今的數位音樂的世界。當然傳統的收音機，慢慢的也轉移陣地到網路上運作，要收聽網路電台最簡單的方法就是直接使用內建的 Rhythmbox。

利用左上角的開始按鈕，輸入關鍵字 rhythmbox 就可找到預裝好的音樂播放器。點擊執行這個播放器。

▲ 圖 11-1-1：啟動 Rhythmbox

點選左邊的電台，軟體預設有 11 個電台可以收聽，隨便點一個來收聽音樂吧。

▲ 圖 11-1-2：內建電台播放

這套播放軟體主要是播放電腦 CD 光碟以及電腦內儲存的音樂檔，CD 光碟漸漸淡出市場，同時尊重智財權不盜拷音樂檔是現代網路公民的基本素養。下一節將介紹合法的音樂串流網站。

內建的電台都是國外的電台網站，雖然可以利用加入電台的功能，自行加入國內的網路電台網址，但是要查詢到網路電台網站也要花費時間，最好的方式就是直接使用現有的網路資源，如下列二個網站都是非常優質的網路電台音樂網站，直接用瀏覽器即可，免安裝。

▲ 圖 11-1-4：http://www.mediayou.net

▲ 圖 11-1-5：http://hichannel.hinet.net

## 11-2 Spotify 音樂串流網站

數位串流音樂隨著網際網路盛行而壯大，一般使用者透過網路聆聽數以百萬計的音樂，諸如 Apple Music、Google Play Music、KKBOX 等，在眾中音樂串流網站中，Spotify 提供行動裝置及跨平台的桌面應用程式，對於 Linux 使用者來説，是非常重要的關鍵優點。

首先前往 Spotify 官網（https://www.spotify.com/tw/），準備安裝 Linux 版的 Spotify 桌面應用程式。

進入官網之後，點選上方『下載』連結點。

▲ 圖 11-2-1：前往官網

Spotify 並沒有提供 .deb 的安裝程式，取而代之的是利用第三方軟體庫的方式，好處是未來如果有更新版本可以自動更新。

初學者面對一堆英文常不知所措，不用急，用複製網頁指令、終端機貼上的動作即可輕易完成。

▲ 圖 11-2-2：安裝 Spotify for Linux

它有四個步驟指令，有 # 號在前面的是說明，不用理它，要複製的是底下的指令。

先用滑鼠拖曳選擇，然後用滑鼠右鍵指令，選擇『複製』功能（也可以按 Ctrl + C）。

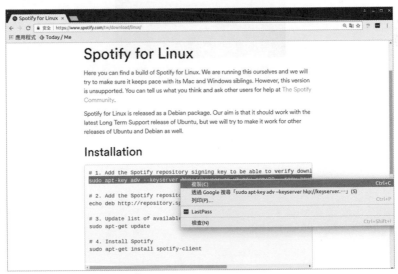

▲ 圖 11-2-3：拖曳指令複製

打開終端機,打開滑鼠右鍵功能表,選擇『貼上』,把剛才的指令貼到終端機上然後按下 Enter 執行它。

一步步執行複製、貼上執行的動作。

▲ 圖 11-2-4:終端機貼上指令

點選開始按鈕,查詢框輸入 spotify,找到之後啟動它。

▲ 圖 11-2-5:啟動 spotify

在 Spotify 視窗中,如果有 Facebook 的帳號,建議可直接使用 FB 的帳號登入。若沒有 FB 帳號或是不想要使用,可點擊『SIGN UP』註冊一個專屬帳號。

▲ 圖 11-2-6：登入 / 註冊帳號

系統自動啟動瀏覽器進入註冊頁面，請點選『以電子信箱註冊』。

▲ 圖 11-2-7：官網註冊畫面

在註冊頁面上，輸入相關的電子郵件及密碼等基本資料後，點擊『建立帳戶』。

▲ 圖 11-2-8：輸入註冊資料頁面

註冊完畢畫面如下圖所示，可以正確登入桌面平台應用程式。

▲ 圖 11-2-9：註冊完畢

登入 Spotify 桌面應用程式之後，預設是全英文的使用界面，請點選右上方的向下箭頭，打開帳號選單，點擊『Settings』，打開帳號設定頁面。

▲ 圖 11-2-10：設定中文功能界面

　　下拉語言選單，設定中文語言界面。設定完畢之後，結束應用程式再重新啟動，才會顯示中文的使用界面。

▲ 圖 11-2-11：設定中文語言

修正語言之後重新啟動 Spotify 出現全中文使用界面，如下圖所示。

▲ 圖 11-2-12：全中文的界面

不知道要找什麼歌？沒關係，點選左邊的電台，從出現的曲風電台中選擇自己想要聽的曲風，讓 Spotify 幫忙選擇。

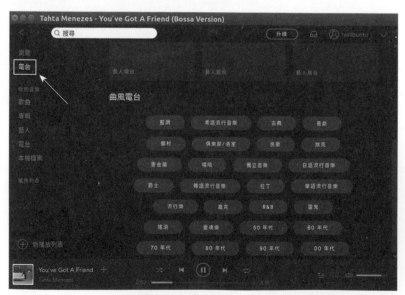

▲ 圖 11-2-13：曲風電台

免費版會穿插廣告而且切換歌曲次數有限（超過次數就只能讓它隨機播放），免費版也不能在手機上使用，所以如果要在手機上使用，且要享受高品質的串流音樂及離線聆聽等功能，可以考慮升級付費版。

Spotify 有個功能是筆者覺得非常棒的功能，就是當你聆聽了一段時間之後，它會依據你聆聽的曲風及歌曲，自動幫忙選擇喜歡的音樂提供播放，在眾多的音樂中，節省費心想歌、找歌的時間和動作。

## 11-3 自製來電答鈴

來電答鈴就是一小段 MP3 的音樂檔，所以先錄製一段音樂之後，利用音軌編輯軟體切出想要的片段，就可以完成任務。這裡介紹使用 Audio Recorder 來錄製音樂，接續使用 Audacity 音軌編輯來切出需要的片段。

當我們在聽網路電台、看電影、收聽演講、聆聽 Spotify 等音樂網站時，利用 Audio Recorder 這套小巧的錄音軟體，可以將音效卡的輸出錄下來成為一個聲音檔。

前往 https://launchpad.net 網站，輸入 audio recorder 軟體名稱進行查詢。

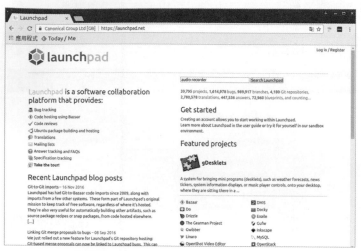

▲ 圖 11-3-1：前往 launchpad 查詢軟體

依照網站的安裝說明，按下 Ctrl＋Alt＋T 啟動終端機輸入底下的指令：

```
sudo add-apt-repository ppa:audio-recorder/ppa

sudo apt-get -y update

sudo apt-get install audio-recorder
```

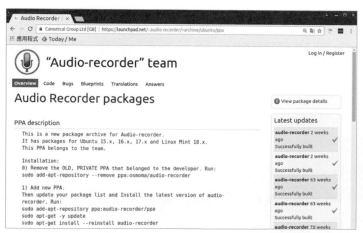

▲ 圖 11-3-2：使用 PPA 安裝

下圖為執行參考畫面。

```
○ ⊖ ⊕ test@ubuntu: ~
test@ubuntu:~$sudo add-apt-repository ppa:audio-recorder/ppa
[sudo] password for wssjiaoxue:
 This is a new package archive for Audio-recorder.
It has packages for Ubuntu 15.x, 16.x, 17.x and Linux Mint 18.x.
This PPA belongs to the team.

Installation:
0) Remove the OLD, PRIVATE PPA that belonged to the developer.  Run:
sudo add-apt-repository --remove ppa:osmoma/audio-recorder

1) Add new PPA.
Then update your package list and Install the latest version of audio-recorder.
 Run:
sudo add-apt-repository  ppa:audio-recorder/ppa
sudo apt-get -y update
sudo apt-get install --reinstall audio-recorder
-------

Older packages for Ubuntu 14.10, 14.04 and earlier, see
https://launchpad.net/~osmoma/+archive/audio-recorder
This includes audio-recorder for Linux-Mint 13, 17 and 17.x.

Source code:
https://launchpad.net/~audio-recorder
```

△ 圖 11-3-3：執行參考畫面

點擊左上角的開始按鈕，查詢 audio recorder 這套錄音軟體，找到後點選執行。

△ 圖 11-3-4：啟動 Audio Recorder

錄音程式主畫面，要進行錄音前須確定二件事：

❶下拉音訊來源選項，選擇要的音源。

❷下拉格式選項，確定儲存的檔案格式。

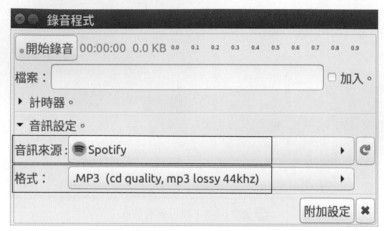

▲ 圖 11-3-5：錄音程式主畫面

在附加設定對話視窗，可以選擇資料夾名稱，做為錄下來的檔案儲存資料夾位置，也可以視需要決定是否要在登入時就自動執行本應用程式等，請依照需要打開或關閉開關。

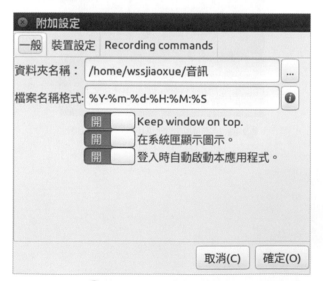

▲ 圖 11-3-6：附加設定選項

可以點選程式視窗的『開始錄音』按鈕，也可以利用系統提示列的錄音圖示，下拉點選『開始錄音』。這二個方式都可以開始同步錄音。

▲ 圖 11-3-7：開始錄音

錄音進行中，可以發現圖示是綠色的。

錄音結束可利用系統提示列的錄音圖示，下拉點選「停止錄音」就會同步停止錄音。也可以按下執行視窗的「停止錄音」按鈕來停止錄音。

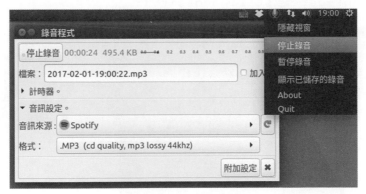

▲ 圖 11-3-8：停止錄音

所有錄下來的檔案，會儲存在家目錄的音訊資料夾裡進行保存。

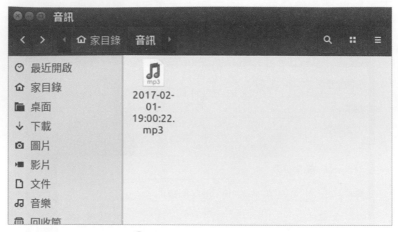

▲ 圖 11-3-9：音訊資料夾

錄下來的聲音當然也可以直接當做來電答鈴，但也可以透過 Audacity 這套相當強大的音軌編輯軟體，進行細部的調整。

打開終端機輸入底下的安裝指令：

```
sudo apt-get install audacity
```

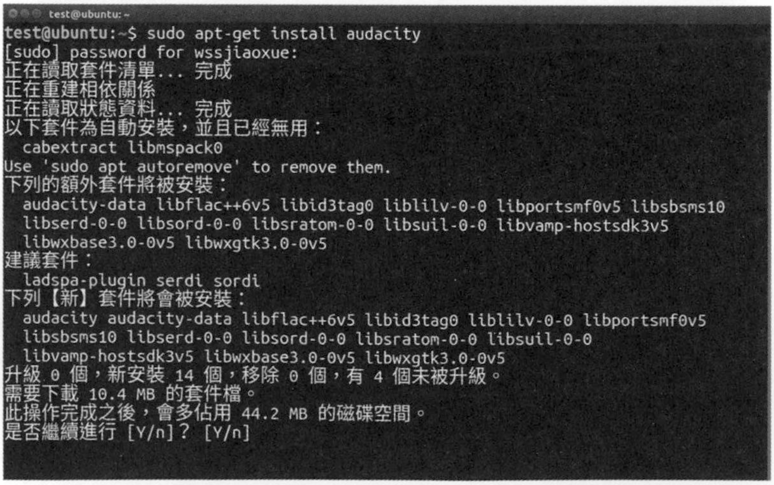

▲ 圖 11-3-10：安裝音軌編輯 Audacity

查詢 Audacity 應用程式並啟動它。

▲ 圖 11-3-10：安裝音軌編輯 Audacity

雖然可以使用檔案的開啟功能表，但是也可以直接把檔案拖曳到視窗上開啟它。

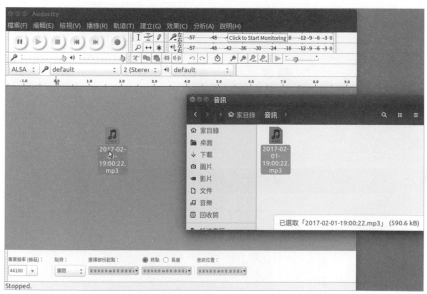

▲ 圖 11-3-12：拖曳音訊檔直接開啟

畫面上出現左右聲道音軌，這時可以按上方的綠色播放按鈕，開始播放音樂，同時在需要剪接的地方，按下 Ctrl + M，進行標注。

有了前後二個標注點之後，在音軌上利用滑鼠拖曳出需要的音軌範圍，如下圖所示。

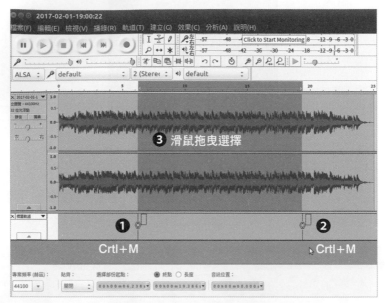

▲ 圖 11-3-13：音軌編輯畫面

點選『檔案』→『匯出選擇的音訊』就可以把剛才拖曳選擇的部份音訊儲存起來。

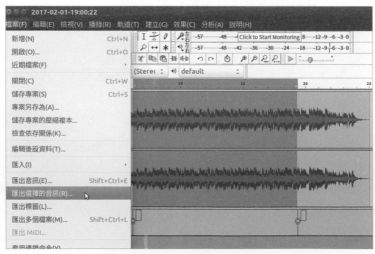

▲ 圖 11-3-14：匯出選擇的音訊

在儲存音訊的對話視窗中，特別注意要儲存的格式，可下拉依據需要選擇，例如下圖為 MP3 格式檔案。

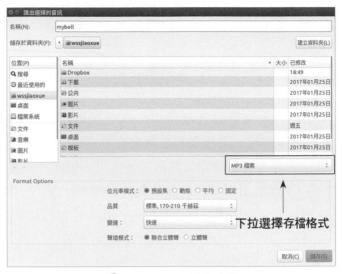

圖 11-3-15：儲存音訊

存檔前詢問相關的後設資料，都不用理它也沒有關係，可直接按『確定』按鈕。

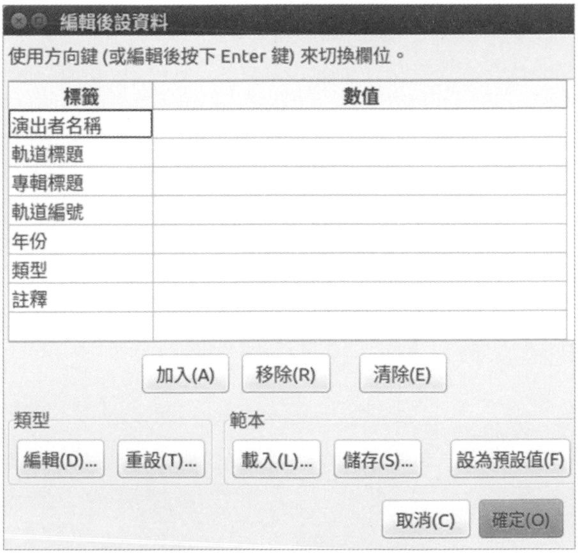

圖 11-3-16：編輯後設資料

經由上述的方法，就可以自製出一小段來電答鈴的檔案，然後利用 Dropbox 雲端硬碟、電子郵件夾檔，甚至是使用手機隨身碟，將檔案轉存到手機上使用。

## 結　語

音樂可以陶冶人心，美好的音樂可以陪伴您渡過許許多多的快樂與悲傷。因此當您聆聽音樂時，別忘了給音樂創作者與歌手等實質的鼓勵，不要購買盜版 CD，更不要下載使用非法取得的音樂，如此才能讓更多更美好的音樂能被創作，我們也才能享受更多美麗的音符。

# 畫面擷取與桌面錄影

## 學習目標

視窗操作界面的興起，透過文字或語言傳遞，經常會雞同鴨講，若能適時的將螢幕執行畫面擷取或是錄影下來，當做與他人溝通的橋梁是再好也不過了。Ubuntu 桌面下也有不少的畫面擷取與錄影工具，本章介紹 Shutter 與 Kazam，讓你可以輕鬆的完成此類工作。

- Shutter
- Kazam
- 結語

## 12-1 Shutter

Shutter 這套畫面擷取工具，除了可以擷取畫面之外，也可以編輯擷取的畫面，加註文字、畫線、步驟數字等，可以說是必備的軟體工具之一。

首先請打開終端機（Ctrl + Alt + T），輸入底下的安裝指令：

```
sudo apt-get install shutter
```

如前幾章所述，接續的章節將直接使用指令式安裝軟體，以達到快速簡潔的目的，也希望能透過實作，盡快的熟悉終端機指令式的操作，為將來更深入的學習 Linux 做好準備。

利用開始按鈕查找 shutter，找到之後點擊執行它。

🔺 圖 12-1-1：啟動 Shutter

❶ Shutter 主畫面如下圖所示。通常來說，要擷取畫面不外乎三大類：擷取選取區域、擷取全螢幕及擷取視窗等。

❷ 擷取時要不要包含滑鼠游標以及要不要延遲幾秒鐘，也可以透過主畫面來設定。為什麼需要延遲呢？當需要用擷取滑鼠點擊某些功能選項或執行某些操作的畫面時，如果沒有延遲就馬上擷取，會無法取得需要的畫面。

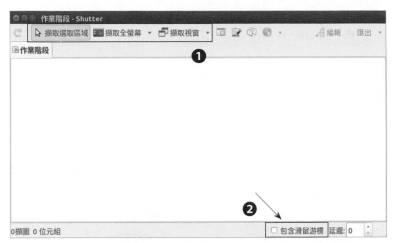

▲ 圖 12-1-2：Shutter 主畫面

要進行視窗或全螢幕擷取，如果桌面上有 Shutter 主視窗畫面，有時會干擾擷取的操作，此時可以縮小主視窗畫面，改用右上角的 Shutter 圖示，點擊下拉選擇需要的功能。這個功能在當你擷取某視窗之後，要在同視窗上再次擷取不同的畫面時非常好用。

▲ 圖 12-1-3：下拉功能表

當需要螢幕中某個區域的畫面時，就是使用擷取選取區域畫面的時機。開始擷取時會出現如下圖的說明畫面。

利用滑鼠拖曳需要的矩形區域之後，按 Enter 就可以將畫面擷取下來。

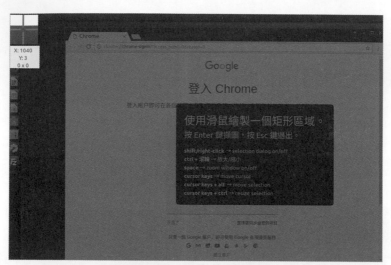

▲ 圖 12-1-4：擷取選取區域

如下圖，利用滑鼠拖曳出要擷取的區域後再按下 Enter 確認擷取。

▲ 圖 12-1-5：擷取區域

畫面擷取後主視窗畫面如下圖。擷取的畫面會出現在作業階段的分頁上，並自動命名。

▲ 圖 12-1-6：擷取後主視窗畫面

　　假設如下圖有三個作業視窗，想要擷取其中一個，這時使用『擷取視窗』的功能。

▲ 圖 12-1-7：擷取視窗

選擇擷取視窗時，可以移動滑鼠在三個視窗上游走，被選擇到的視窗會如下圖出現標示畫面，確定之後按下滑鼠左鍵就會擷取該視窗。

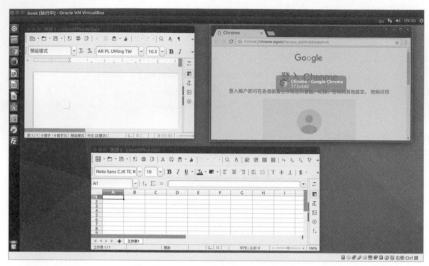

▲ 圖 12-1-8：擷取某個視窗畫面

擷取視窗後主視窗畫面，作業階段增加了另一個剛擷取完畢的分頁，同樣地自動命名。

▲ 圖 12-1-9：擷取視窗後

Shutter 主視窗右下角，假設設定接下來的畫面擷取要在 6 秒後執行。

▲ 圖 12-1-10：延遲設定

按下擷取之後，在螢幕的右方角會出現一個倒數的突現式視窗畫面，這時可以繼續進行各項的視窗操作（如下拉功能表等），等到需要的畫面出現時就暫停動作，等待時間到之後自動擷取當下的操作畫面。

▲ 圖 12-1-11：出現倒數畫面

擷取下來的畫面可以進一步進行編輯，例如在畫面上畫一個指示箭頭、標示特別的區塊及加註文字或是數字…等等，如下圖所示。有了這個編輯功能，可以讓畫面更清楚的展示。

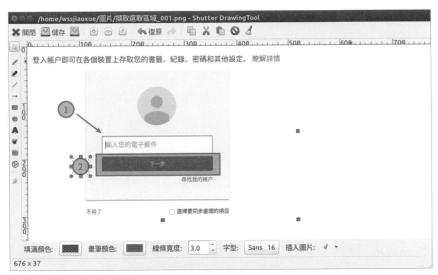

▲ 圖 12-1-12：強大的編輯功能

擷取下來的畫面有時太大或是有太多不需要的畫面，這時可以利用裁剪功能，將需要的畫面裁剪下來，如此更能專注在需要的物件上，避免過多無用的畫面造成分心。

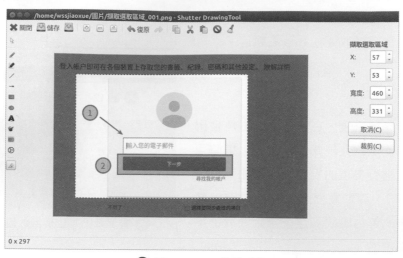

◆ 圖 12-1-13：裁剪功能

　　各項的編輯功能如右圖所示。其中「塗抹」或是「馬賽克」的主要功能，是將擷取下來的畫面進行隱藏，例如重要的帳號、信用卡號、電話號碼等等，就需要這項功能。

　　「加入遞增數字」可以在畫面上畫出數字圈圈，每按一次圈圈裡面的數字就自動加一。

　　Shutter 功能表的『編輯』→『偏好設定』裡，較常用的在「主要」分頁上，「自動儲存檔案」的選項中的「目錄」指的是自動存檔時預設要儲存的資料夾，檔案名稱指的是自動存檔時檔名的命名規則，善用命名規則，可以在擷取檔案之後節省更改檔名的時間，在大量擷圖上，尤其有幫助。

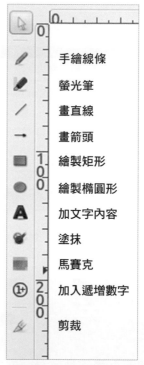

| | |
|---|---|
| | 手繪線條 |
| | 螢光筆 |
| | 畫直線 |
| | 畫箭頭 |
| | 繪製矩形 |
| | 繪製橢圓形 |
| | 加文字內容 |
| | 塗抹 |
| | 馬賽克 |
| | 加入遞增數字 |
| | 剪裁 |

◆ 圖 12-1-14：編輯功能

例如 A-3-%NN，表示第一個擷圖為 A-3-01 第二個為 A-3-02…等等以此類推。

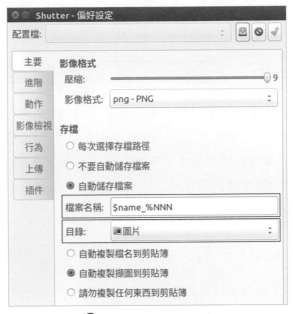

▲ 圖 12-1-15：偏好設定

下圖為 Shutter 命名規則，善用這裡的參數規則，讓擷圖檔案依需要自動依據命名，可達事半功倍之效。

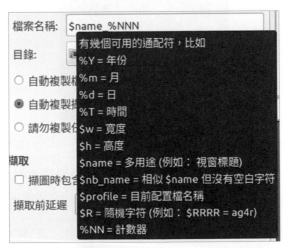

▲ 圖 12-1-16：命名規則

Shutter 確實是一套相當方便且實用的畫面擷取工具，好好善用它，不管是自製教學畫面或製作『求救』畫面（將錯誤畫面擷取下來交給高手除錯），都是很重要的常備工具。本書所有的教學畫面皆是使用 Shutter 完成的。

## 12-2 Kazam

將操作畫面擷取下來，除了第一節介紹的 Shutter 之外，另一個常用的工具就是 Kazam，二者的差異是，Shutter 擷取下來的是靜態畫面，而 Kazam 卻是將螢幕畫面『錄影』下來成為一個影片，在現今多媒體的時代裡，是非常重要的教學與展示工具之一。

打開終端機輸入底下的安裝指令，快速地把它安裝起來。

```
sudo apt-get install kazam
```

這套桌面錄影工具其實沒有太多的設定，操作上非常簡單。

利用左上角的開始按鈕，查詢 kazam，找到之後點擊執行它。

▲ 圖 12-2-1：啟動 Kazam

下圖是 Kazam 執行主畫面。在錄影前要決定錄影的對象：全螢幕、視窗或是選定的範圍，通常全螢幕或是某個執行的視窗較常使用。

在錄影時可以包含：滑鼠游標、同時錄下來自喇叭的聲音（Sound from speakers）或是來自麥克風的聲音（Sound from microphone）。

最底下的數字5，是指當按下『Capture』按鈕時，錄影前要倒數幾秒，以免還沒準備好就馬上錄影。

點選功能表『檔案』→『偏好設定』，其中較重要的是『Screencast』分頁，這裡可以設定畫面更新率Framerate以及儲存的影音格式、預設儲存的資料夾目錄。

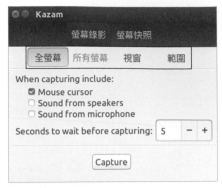

▲ 圖 12-2-2：Kazam 主畫面

下圖是預設的畫面，可自行參考修正。要注意的是，畫面更新率設定越高，則檔案會越來越肥大，要注意一下。

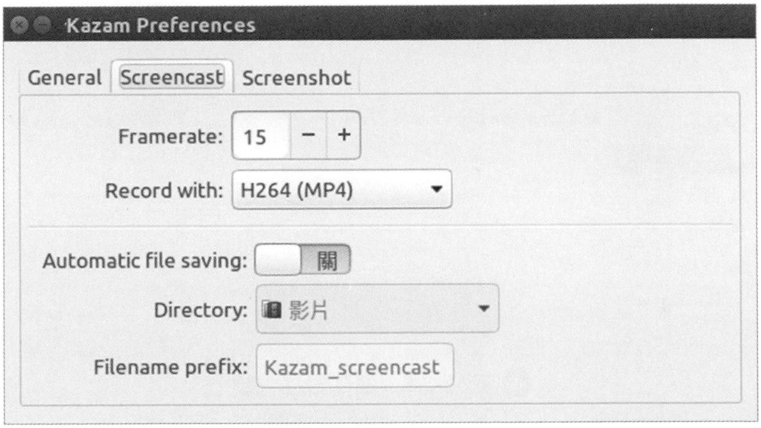

▲ 圖 12-2-3：偏好設定

開始錄影之後，Kazam 會自動縮小。錄完告一段落，點選右上方的攝影機圖示，在下拉功能表選擇『完成錄製』。

錄製完成出現儲存對話視窗，雖然可以直接將錄製下來的影音檔，利用影音編輯器進一步處理，但建議還是先儲存起來，日後還可以進一步使用它。

▲ 圖 12-2-4：完成錄製

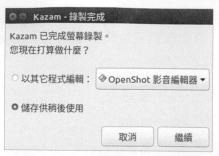

▲ 圖 12-2-5：錄製完成儲存對話視窗

確定好儲存的目錄和檔名之後，就可以正式儲存起來備用。

▲ 圖 12-2-6：儲存對話視窗

## 結　語

經過本章節的學習，讀者應該可以自行將操作的畫面擷取或是錄製下來，再利用各式的社交工具，透過部落格或是 YouTube 將操作教學或心得與他人分享，這也是自由軟體共享互創的精神之一。

# 視訊播放與剪接

網路速度大幅度提昇，加上行動載具的興起，造成電視機這種傳統的影音媒介漸漸勢微，取而代之的是網路多媒體影音的高速成長！透過電腦、手機觀看已成為不可擋的趨勢，而 Ubuntu 在視訊播放上也不落人後。透過本章將學習到 Totem Movie Player 以及 VLC 這二套常用的視訊播放軟體，之後接續學習 OpenShot 這套自由的非線性影音編輯軟體，成為多媒體製作高手。

- 視訊播放
- 非線性剪接 OpenShot
- 結語

## 13-1 視訊播放

　　現今要在 Ubuntu 電腦上播放多媒體視訊，簡單到只要用滑鼠點一點就可以了。首先從 Ubuntu 內建的 Totem Movie Player 開始著手。

　　假設在影片資料夾裡有三個多媒體視訊檔案。想要觀看影片，直接用滑鼠雙擊視訊檔案即可。

▲ 圖 13-1-1：影片資料夾

　　系統自動啟動預裝的 Totem Movie Player 並且開始播放影片。

▲ 圖 13-1-2：Totem Movie Player

點擊左上角的開始按鈕，查詢 totem 就可以找到影片播放器，找到之後點擊執行它。

打開主視窗，可以利用左上角的「＋」按鈕，打開檔案管理員來加入多個視訊檔，不過最簡單的方法，就是將要播放的視訊檔直接拖曳到視窗上。

【提示】在上方的功能按鈕中有一個『頻道』按鈕，可以進去看看一些國外免費視訊。

▲ 圖 13-1-4：多檔播放

　　拖曳完畢會自動出現影片縮圖，此時可以點擊右上角的「勾」符號，確定加入播放列表。

● 圖 13-1-5：視訊確定

　　點擊上方的功能按鈕，在下拉的功能選單上選擇「全部選取」，就可以一次全部選取。

● 圖 13-1-6：全部選取播放

每一個影片縮圖的右下角有一個勾勾，這是雙向開關，點一下選取、再點一下取消選取，可依據需要自行個別處理。等選擇好之後，利用下方的功能按鈕，點選『播放』或『隨機播放』，也可以點選『刪除』，將影片從播放清單上移除。

【提示】這裡的刪除不是刪除原始的視訊檔，只是從播放清單中移除。

▲ 圖 13-1-7：個別選取

　　內建的播放器有點陽春，接下來介紹 VLC 這套跨平台的多媒體影音播放器，功能強大，筆者十分推薦，亦可將它取代內建的播放器。

打開終端機輸入底下的安裝指令：

```
sudo apt-get install vlc
```

點選左上角的開始按鈕，查詢 vlc，找到之後點擊執行它。

▲ 圖 13-1-8：啟動 VLC

首次執行會出現隱私說明，請接受存取方針並點擊『繼續』按鈕。

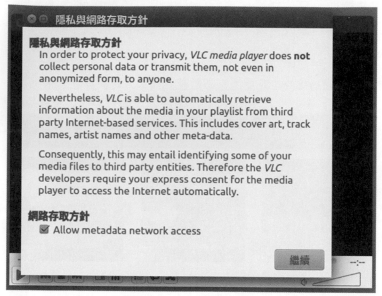

△ 圖 13-1-9：首次執行

在要播放的影片上用滑鼠右鍵，打開右鍵功能表，選擇『以其它應用程式開啟』。

△ 圖 13-1-10：以其他應用程式開啟

在選擇應用程式視窗裡，選擇 VLC media player，就可以用 VLC 這套播放軟體來播放影片。

▲ 圖 13-1-11：選擇 VLC media player

但每次都要這樣修改，或是要利用 VLC 的功能表來選擇播放檔案，確實有些不方便，這時可利用預設播放應用程式來解決，如下所示。

利用影片的右鍵功能選單，選擇『屬性』。

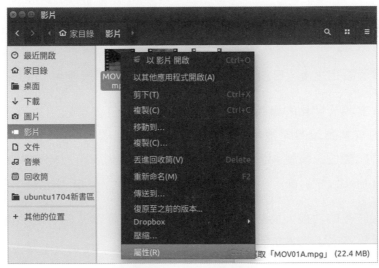

▲ 圖 13-1-12：更改屬性

❶點選『以此開啟』分頁。

❷點選 VLC media player。

❸點選『設為預設值』。

▲ 圖 13-1-13：設定開啟應用程式

經過這個設定之後，日後所有的 MPEG 視訊都會預設使用 VLC 來播放。

這個改變預設開啟的應用程式技巧非常實用，日後可以用來改變其它不同類型的檔案預設的開啟程式。之後只要看到副檔名為 mpg 的視訊格式檔，用滑鼠雙按之後就會直接使用 VLC 播放，如此就可以用它來取代內建的 Totem Media Player。

VLC 有許多的功能，抽空點選上方的功能表，可以發現它的功能遠超過內建的播放器，這些功能就有待讀者自行研究。

▲ 圖 13-1-14：VLC 播放影片

　　基本上播放器是播放視訊檔的，但是視訊檔哪裡來呢？尤其是院線片、電視劇等，早年大家都會想方設法盜取非法的視訊檔來播放，這種行為實不可取，如果確有這個需要，建議付費購買網路視訊電台，合法的收看電影及電視節目。如下列二個影音網站，都有不少的免費電影或電視劇，加入月費會員可以收看更多，同時這些影音網站免安裝應用軟體，直接使用瀏覽器就可以觀賞。

▲ 圖 13-1-15：friday 影音網站

▲ 圖 13-1-16：愛奇藝

## 13-2 非線性剪接 OpenShot

　　OpenShot 是一套非常簡易使用的非線性視訊剪接編輯軟體，相比於專業剪接功能強大的 Kdenlive 而言，OpenShot 直覺式的操作適合對於非線性剪接初上手的初學者，話雖如此，OpenShot 依然提供許多剪接必備的功能，諸如轉場特效、簡易字幕、影片剪接等，讓新手也可以輕易製作出一定水準的影片。

▲ 圖 13-2-1：OpenShot 官方網站

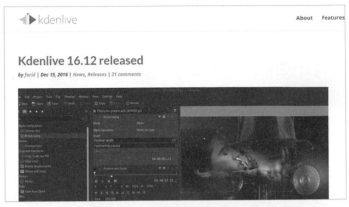

▲ 圖 13-2-2：Kdenlive 官方網站

目前 OpenShot 和 Kdenlive 都是屬於跨平台的非線性剪接編輯軟體，對於非 Linux 的使用者來說，也是一大利多。Ubuntu 的軟體中心雖有提供 OpenShot，但卻是 1.4.3 的舊版本，目前是 2.2 版，因此將採用官方套件來安裝新版本。

請打開終端機，分別執行底下的三行指令：

```
sudo add-apt-repository ppa:openshot.developers/ppa
sudo apt-get update
sudo apt-get install openshot-qt
```

它的套件來源是直接取自 OpenShot 官方網站，這也意味著未來可以更快取得更新的版本。安裝完畢之後如同往常操作方式，查詢到它之後點擊啟動即可。

▲ 圖 13-2-3：啟動 OpenShot

要剪接一定要有影片素材，可以點選上方的「＋」圖示，加入影片素材，或是如圖直接把影片拖曳到素材庫裡。

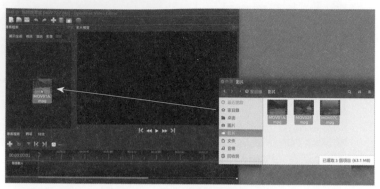

△ 圖 13-2-4：直接拖曳視訊素材

點選想要預覽的檔案，使用滑鼠右鍵在功能表選擇『預覽檔案』即可在右邊的預覽視窗框中播放影片內容。

△ 圖 13-2-5：預覽檔案

外拍時常無法一鏡到底，影片前、後通常有許多鏡頭是不想要用到的，這時就可以點選影片後，使用右鍵在功能表選擇『拆分剪輯』（如圖 13-2-5），依據需要將前、後不需要的部份剪掉。

▲ 圖 13-2-6：拆分剪輯

　　預設有 5 條影音軌，如果覺得太多影響操作，可以適時的移除影音軌。在影音軌上使用滑鼠右鍵，選擇『移除影音軌』就會將該條影音軌移除。日後若覺得音軌不夠用，也可以用相同方法在上方或下方增加影音軌。

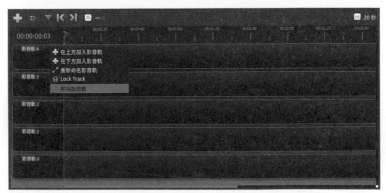

▲ 圖 13-2-7：移除影音軌

視需要選擇一個或數個視訊檔（操作提示：先點選一個視訊檔，如果要再加入一個，可先按下 Ctrl 鍵再用滑鼠點選；也可以先點選第一個之後，按下 Shift 鍵再用滑鼠點選最後一個，則第一個和最後一個之間的所有視訊檔都會被選取），選擇好之後，使用滑鼠右鍵功能，點選『加入時間軸』。

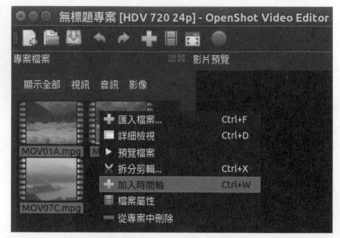

▲ 圖 13-2-8：加入時間軸

在加入到時間軸對話視窗中，可以利用左下的按鈕調整影片播放次序，也可以在這時預設影片要不要淡入淡出、要不要縮放、影片和影片之間要不要有轉場效果等等，這裡的設定會適用在準備加入的影片中，也就是說，假設設定了一種轉場效果，如下圖三個影片都會是同一種轉場效果。

這些設定之後都可以依需要更改，為了讓影片轉場更豐富，不一定要在這裡預先設定，唯一要注意的是要加入的影音軌位置，如下圖是要把這三個影片加入到影音軌 1。

▲ 圖 13-2-9：加入到時間軸對話視窗

一次加入三個影片片段在影音軌 1，加入之後如下圖所示。

▲ 圖 13-2-10：加入之後的影音軌 1

在影片上加入轉場特效：

❶ 點選『轉場』分頁。

❷ 任意選擇一個需要的特效。

❸ 拖曳特效到需要的影片縮圖上。

⚠ 圖 13-2-11：加入轉場特效

可以試播看看轉場特效，如下圖所示。

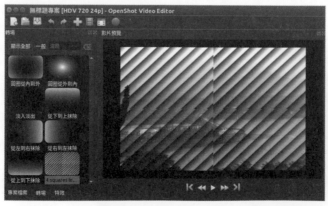

⚠ 圖 13-2-12：轉場特效

如果不滿意轉場效果，可以在轉場圖示上按滑鼠右鍵，下拉右鍵功能表選擇「移除轉場」即可將轉場特效移除。

▲ 圖 13-2-13：轉場右鍵功能表

在縮圖上按滑鼠右鍵，或點擊縮圖左上角的向下剪頭（如圖標示），可以呼叫出更多的特效設定。例如下圖會讓影片產生從左側到中央的開場效果。

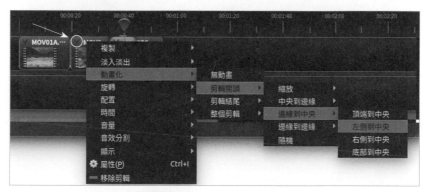

▲ 圖 13-2-14：更多特效

設定完成之後可試播檢視成果。注意，影片縮圖的左下角如有綠色的特效標註，即表示這段影片有更多的效果。

　　OpenShot 擁有非常多的效果，值得一一嘗試，例如『配置效果』配合其它影音軌，可以做出類似子母畫面的效果（就是畫面中的某個角落有另一個畫面，許多新聞播報就有這種特效）。

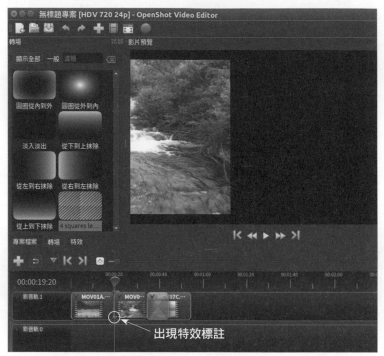

▲ 圖 13-2-15：開場動畫

點選功能表『字幕』→『字幕』功能，啟動字幕製作對話視窗。

【提示】動畫標題須配合 Blender 動畫製作軟體。

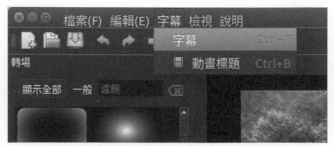

▲ 圖 13-2-16：字幕功能

字幕編輯器對話視窗，可以從下拉樣本中選擇需要的字幕類型樣本，輸入需要的文字內容後，自行調整字型、文字顏色及背景顏色等等，確定好之後按下『Save』按鈕。

▲ 圖 13-2-17：字幕編輯器

選擇需要儲存的資料夾和標名。

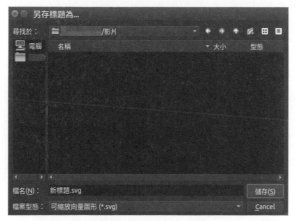

▲ 圖 13-2-18：存檔

把剛才製作的新標題字幕，拖曳到影音軌 0，嘗試播放，結果發現字幕會被蓋掉，為什麼會這樣？

原來不同的影音軌具有重疊的效果，影音軌 1 是疊在 0 的上面，所以字幕會被蓋掉，這個概念在未來進行多影音軌編輯時，會影響最後成果的展示效果。

要解決這個問題，需要將字幕放在最上面，如下圖的狀況，可以增加影音軌2，將字幕放在1的上面。

▲ 圖 13-2-19：字幕被蓋掉

新增一個影音軌2，並且把字幕縮圖拖曳到影音軌2，如下圖所示，字幕在影音軌1之上，所以字幕不會被蓋掉了。

▲ 圖 13-2-20：讓字幕在最上層

經過一番努力，要將剪接完成的影片匯出，點擊上方工具列的紅色按鈕。

OpenShot 支援許多種的影音格式，一般來說只要使用預設值即可。確定好匯出的目錄和檔名，就可以按下『匯出影片』。

這裡要注意一下，匯出所需時間和影片的時間長度成正比，如果是一部長時間的影片，會花很多時間，要耐心等候。

## 結　語

　　早期影音的支援，一直是 Linux 的痛，更是一般人不使用的重大理由之一。但是近年來，各式各樣的剪接軟體、播放工具越來越多，功能也越來越強大。例如 KODI 就是款強大艷麗並結合音樂、影片、照片的多媒體播放軟體，電腦搖身一變成為多媒體影音中心。相信有了本章節介紹的軟體操作經驗為基礎，您也可以成為影音達人。

🔺 圖 13-2-23：跨平台及行動裝置的自由開源媒體中心 https://kodi.tv/

# 14

# 相片編輯與管理

## 學習目標

本章將初步學習使用 Gimp 進行簡易的相片編輯，透過簡單的操作，了解 Gimp 相片編輯功能的強大；當相片越來越多時，學習內建的 Shutwell 相片管理程式來組織和管理電腦裡的所有相片。

- Gimp 初探
- 相片管理 Shotwell
- 實用小工具
- 結語

## 14-1 Gimp 初探

Gimp 是一套功能強大的影像編輯軟體,它可以繪畫出美麗的數位影像,也可以將相片後製,讓不出色的相片經過後製功能變成令人驚嘆的作品。首先打開終端機輸入安裝指令,這種指令在各章節中層出不窮,相信已了然於胸。

```
sudo apt-get install gimp
```

安裝完畢就開始進行第一次的初體驗吧。

查詢 Gimp 並啟動它。如果它是經常使用的軟體,別忘了可以拖曳到工具列上。

Gimp 初次啟動是出現如下圖分散式的視窗,這種分散式的操作對於初學者很不習慣,因此請點選主視窗功能表『視窗』→『單一視窗模式』。

▲ 圖 14-1-1:啟動 Gimp

▲ 圖 14-1-2:分散的功能視窗

啟動單一視窗模式之後,變成一般常見的視窗應用程式,方便使用各項工具圖示,不需要在三個視窗中尋找切換。

◆ 圖 14-1-3：單一視窗模式

　　初學者經常會將工具箱、圖示、停駐式工具分頁等拉來拉去，常會把視窗搞亂，所以知道如何還原到初始值是很重要的一項工作。

　　點選主視窗功能表『編輯』→『偏好設定』會出現如下圖的偏好設定視窗，這裡的偏好設定可以設定 Gimp 的各項界面與預設值，特別注意『視窗管理』。

　　如果把視窗搞亂了，只要點擊『將視窗位置設定為程式本身的預設值』按鈕，一切都會恢復原樣，所以可以放心的練習各項操作，不用擔心把視窗搞亂。

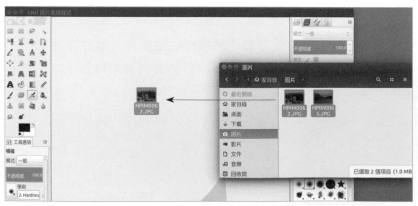

▲ 圖 14-1-4：還原視窗

　要開啟相片可以使用功能表的檔案開啟，但最直覺的方式就是把要編輯的相片拖曳過去即可。

▲ 圖 14-1-5：將要編輯的相片拖曳到主視窗

如上例，將二張相片拖曳到主視窗，Gimp 會自動將二張相片載入並開啟二個分頁。

如下圖，假設要把屋頂剪掉：

❶點擊剪裁工具。

❷在相片上拖曳要剪下來的區域後，按下 Enter 就會將區域剪下來。

在下方會出現依據不同工具的不同說明，所以操作過程中可以看一下提示說明。

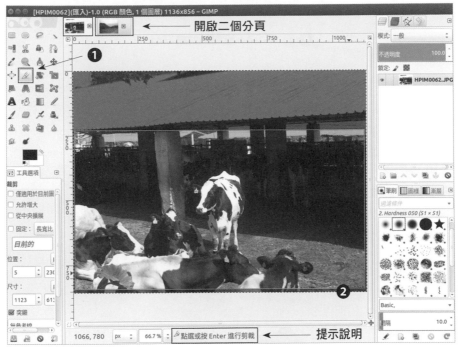

▲ 圖 14-1-6：剪裁

按下 Enter 之後，拖曳的選擇區域會被留下來，所以屋頂就不見了，結果如下圖所示。

拍回來的相片，四周邊邊角角常會有不需的畫面，透過剪裁就可以將不要的畫面剪掉。

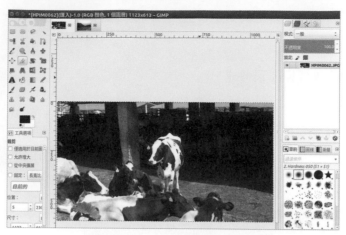

▲ 圖 14-1-7：剪完後的結果圖

　　拍回來的相片太暗或是太亮都可以進行調整。功能表點選『顏色』→『色階…』會出現如下圖的調整色階對話視窗。最簡單的做法就是點選『自動』按鈕，讓 Gimp 自動去調整亮度，如果覺得不滿意還可以自行調整。

　　顏色功能表裡還有更多更多的調整，色相、飽和度、對比等等，提供進階高手更多的後製效果。

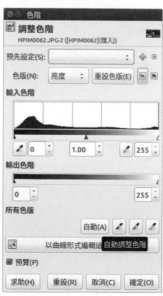

▲ 圖 14-1-8：調整色階

使用底下的方法把牛剪下來：

❶點擊『自由選取工具』（套索功能）。

❷沿著牛的周圍拖曳，拖曳的線條越靠近牛，剪下來的牛會更完整。

拖曳完畢，點選功能表『編輯』→『複製』功能，將牛複製到剪貼簿（記憶體）裡。

> 【提示】拖曳選取後，可以嘗試使用功能表『選取』→『羽化…』功能，
> 讓選取的周圍（此例為牛）可以更貼近未來要貼上的背景。

▲ 圖 14-1-9：自由選取工具（套索）

當把牛複製之後：

❶點選第二張相片。

❷功能表『編輯』→『貼上』。

將牛貼到大草原上，這種相片合成的技巧是不是很實用，網路上有很多 Kuso 的相片就是利用此類的技巧完成的。

圖 14-1-10：貼到新相片上

為讓初學者可以更快上手，筆者自製 Gimp 十招闖天下的教學影音檔，放置在 YouTube 上供參。

圖 14-1-11：自製 Gimp 影音教學

播放網址不易輸入，最方便的方法就是利用 YouTube 查詢，輸入 wss 教學即可找到。

▲ 圖 14-1-12：YouTube 查找

本節所介紹 Gimp 的功能不達百分之一，要做出絕美的影像作品，其實絕非僅學會 Gimp 的操作即可，Gimp 只是數位工具，在令人驚艷的作品後面，是豐富的美學背景，舉凡構圖、光線、筆觸、色調等等，多吸收更多的美學知識是必備的基本功。

## 14-2 相片管理 Shotwell

近年來，由於數位相機及數位攝影機大行其道，這些數位設備已普及到一般的家庭裡，舉凡生活照、活動記錄等等，大家都採用這些設備將影像、影音資料利用數位相機、數位攝影機保存下來，善用電腦強大的運算能力進行後續處理是必備的電腦使用能力。

不過，由於手機、平板等行動裝置大行其道，使用這些設備拍照、攝影，拍攝下來的作品和雲端服務結合，直接透過網路上傳到雲端硬碟裡，如 Google 相片、Facebook 相片、Instagram 以及各式雲端硬碟等，隨拍隨傳隨分享，方便性即時性都大於電腦後續的處理，連帶的這些電腦的相片編輯與管理功能也漸漸勢微，話雖如此，對於單眼相機攝影愛好者而言，一套簡易方便使用的相片管理也是必須的。接下來介紹 Ubuntu 內建的 Shotwell 相片管理程式。

當把相機的記憶卡插入電腦之後，系統檢查發現內含數位相片，會自動出現執行對話視窗，這時可以下拉選擇 Shotwell 來進行自動處理。

▲ 圖 14-2-1：自動執行

系統自動啟動 Shotwell：

❶表示目前您所看到的相片是相機記憶卡裡的相片。

❷點選匯入全部，把相片匯入到電腦的硬碟裡。

▲ 圖 14-2-2：匯入相片

當所有的照片匯入電腦之後，Shotwell 會詢問是否要保留相機記憶卡的相片！建議保留記憶卡的相片，不要急著刪除，未來確定不需要時再刪除較為保險。

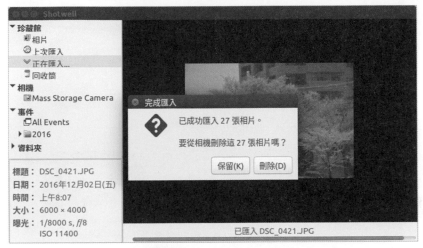

▲ 圖 14-2-3：匯入之後

　　匯入之後預設是以日期分類，點選年份可以看到當年的日期縮圖照片。

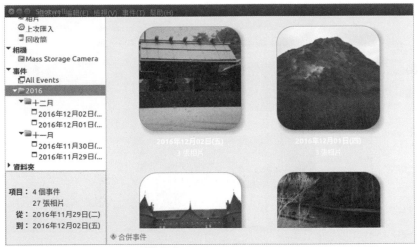

▲ 圖 14-2-4：以日期分類

為了能很輕易的知道相簿裡的照片是什麼，按滑鼠右鍵選擇「重新命名事件」。

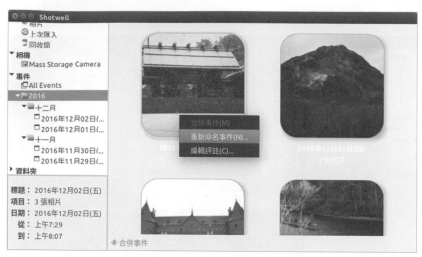

<svg>▲</svg> 圖 14-2-5：重新命名

例如將事件重新命名為北海道神社，用一個容易識別的名稱會比用日期來得好。

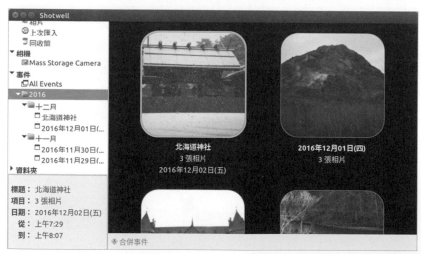

<svg>▲</svg> 圖 14-2-6：重新命名

雙按某張相片縮圖可以讀取該張相片，進入簡易編修模式，如下圖下方可以進行簡單的相片編修功能，旋轉、裁切、拉直、消除紅眼、色調調整及自動優化等功能。

點選左邊的北海道神社，會出現剛才匯入的照片，我們可以選擇照片做進一步的處理。

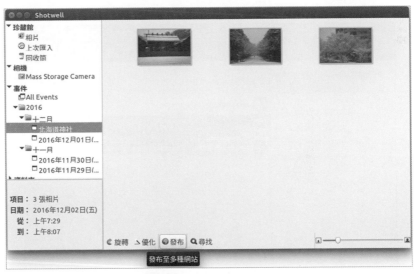

◬ 圖 14-2-8：發佈相片

假設我們要把照片上傳到網路相簿裡，這時可先按著 Ctrl 鍵不放，再用滑鼠點選所需要的照片。

【補充說明】Ctrl+A 是全部選取，也可以用滑鼠拖曳框選需要的照片。
選好之後，點選下方的「發布」按鈕。

預設 Piwigo 相片珍藏館，右上角下拉選擇新增更多帳戶。

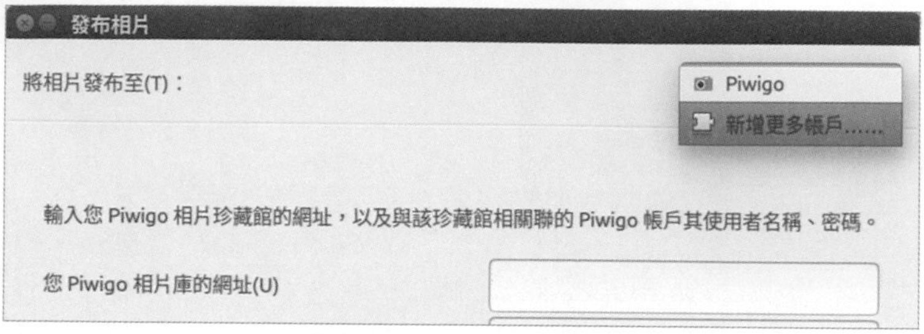

▲ 圖 14-2-9：發佈相片

自動啟動線上帳號對話視窗，Ubuntu 提供應用程式和帳號整合的功能，請依需要設定對應的帳號和密碼。

以下圖為例，將進行與 Flickr 帳號整合，其它 Facebook 以及 Google 的操作方式大同小異。

▲ 圖 14-2-10：啟動線上帳號對話視窗

依據畫面需要，登入帳號和密碼！如果沒有 Flickr 登入帳號，請自行上網註冊。

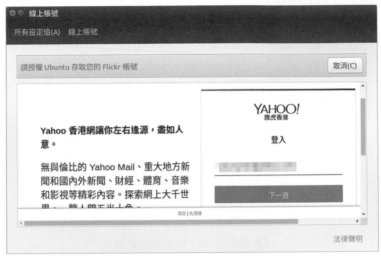

⬆ 圖 14-2-11：登入帳號和密碼

輸入帳號和密碼後，出現要求第三方服務的授權畫面，請點選『好的，我授權』接受讓 Ubuntu 可以在程式中利用這個帳號與雲端服務互動。

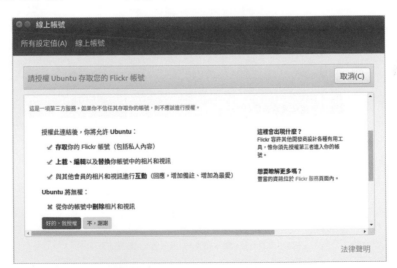

⬆ 圖 14-2-12：登入成功要求授權

如下圖所示，設定 Shotwell 應用程式與 Flickr 帳號整合。

▲ 圖 14-2-13：設定整合帳號

　整合帳號設定完畢（只要設定一次，日後不用再設定）回到發佈相片對話視窗，下拉右上角下拉選單，此時可選擇 Flickr，設定瀏覽相片權限及大小等基本資料，完成後點選『發佈』按鈕，將剛才選擇的相片上傳至 Flickr 網站。

▲ 圖 14-2-14：發佈至 Flickr

相片上傳中，如下圖。

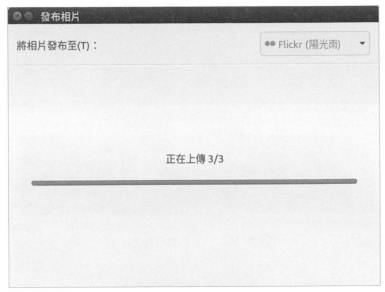

△ 圖 14-2-15：上傳中

上傳完畢之後可前往 Flickr 網站檢視是否正確上傳。執行正確應可看到
剛才選擇的相片成功的出現在網站上。

△ 圖 14-2-16：前往 Flickr 網站

檢視網站個人所有相片，如下圖所示。

▲ 圖 14-2-17：檢視所有相片

當您選好照片之後，可以按「F5」進行投影片播放。

但是只是投影片播放實在沒什麼了不起，這時請點選『檔案』→『設為桌面投影秀』。

▲ 圖 14-2-18：桌面投影秀

請設定更換桌布的時間，例如 10 分鐘，按確定之後，每隔 10 分就會自動幫您更換您的電腦桌布，真是太神奇了。

▲ 圖 14-2-19：設定間隔時間

在『編輯』→『偏好設定』，可以自行修改要匯入相片的資料夾位置以及匯入的目錄結構。

▲ 圖 14-2-20：偏好設定

從剛才到現在，Shotwell 是插入記憶卡時自動啟動的，那日後要如何手動啟動呢？

點選左上角的開始按鈕,檢視相片就是 Shotwell。

當照片越來越多,如果光是靠事件的分類法已經不能滿足您的需要,或是想要按一個按鈕,就可以看到不同的事件相簿裡的某些照片時,您可以將照片設定標籤。加上標籤的目的,就是將照片依自己設定的特性進行分類。比如只要有媽媽出現的照片,您都給那張照片一個「媽媽」標籤,日後,只要點

▲ 圖 14-2-21:啟動 Shotwell

選媽媽這個標籤名稱,就可以看到所有具有這個標籤的照片了。為了更完備的分類,一張照片也可以同時擁有數個標籤。

對著照片按右鍵就可以從右鍵功能表裡,選擇加入標籤或是修改標籤。當然如何分類、如何設定標籤名稱,這就要靠您的分類與組織能力了。

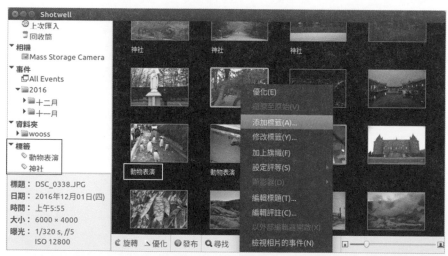

▲ 圖 14-2-22:標籤功能

Ubuntu 也提供許多實用的小工具，底下分別簡單介紹：

1. Variety：這是自動更換桌面背景圖的小工具，可自動從背景圖網站取得相片更換桌面上的背景。

2. PhotoCollage：簡易實用的相片拚貼工具。

3. nautilus-image-converter：和檔案管理員整合的變更影像大小的實用工具打開終端機，輸入底下的指令，一次全部把這三套軟體安裝起來。

```
sudo apt install variety photocollage nautilus-image-converter
```

執行畫面如下圖，它的設定不少，重點在第一分頁「General」：

❶ 設定每幾分鐘更換桌面底圖。

❷ 區塊裡有許多可自動下載的網站，可自行選用。也可以將電腦某一個目錄裡的相片當做是底圖圖庫，依第一項設定的時間，隨機從圖庫中取得相片做為桌面底圖。如下圖所示。

其它分頁的設定基本上依據預設值即可。設定好之後程式會常駐在系統裡，每隔設定的時間就會更換美美的底圖。

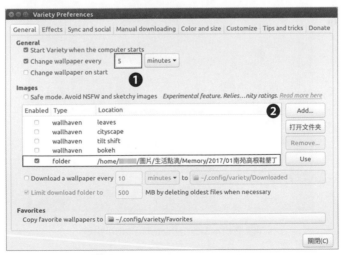

▲ 圖 14-3-1：Variety 執行畫面

　　首次執行 PhotoCollage 必須加入要拚貼的相片，最簡單的方法就是使用檔案管理員，選擇需要的相片之後，用滑鼠直接拖曳到拚貼視窗裡，如下圖所示。

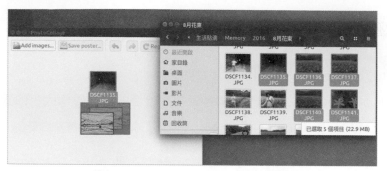

▲ 圖 14-3-2：PhotoCollage 執行畫面

　　如果對於拚貼結果不滿意，可以點擊上方『Regenerate』，每點一次，畫面會自動更換一次。也可以隨意拖曳照片，手動更換出現的位置。

　　點擊右上角的設定工具圖示，可以設定產出相片大小及邊框顏色。

▲ 圖 14-3-3：PhotoCollage 拚貼

nautilus-image-converter 這個套件安裝完畢，必須要讓檔案管理員重新啟動，可以利用登出再登入的方式完成，也可以打開終端機，輸入底下的重啟指令：

```
nautilus -q
```

這樣就可以重新啟動 nautilus，這個套件才可以使用。沒經過重啟，右鍵功能表會無法出現更改大小的功能選項。

手機、相機解析度越來越高，單眼相機拍出來的相片檔甚至有可能一張就高達 10MB，高解析度的相片如果只是用在一般網站或是部落格，會讓網站瀏覽者花費太多時間下載，因此適度的縮小相片是有必要的。

nautilus-image-converter 將更改相片大小的功能整合在檔案管理員裡，只要對著要改大小的相片按右鍵，選擇『Resize Images』。

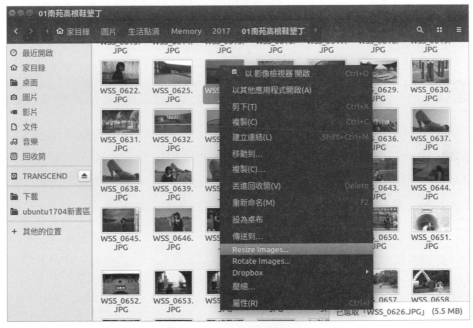

▲ 圖 14-3-4：改變圖檔大小

在更改大小的視窗裡，可以設定新相片需要的大小，它不會更動原始檔案，會另外新增一個 xxxxxx.resized 的檔案。

◬ 圖 14-3-5：設定新圖形大小

## 結　語

經過本章的學習，相信對於相片的編輯及管理將具有一定的基礎概念與能力，但任何工具就只是工具，要拍攝出或繪製出驚人的作品，背後的美學素養及拍攝技巧、相機的原理及知識才是讓作品擁有生命力的重點，在學習此類工具時，也別忘了適時閱讀專業書籍充實基本知能。

# 文書處理 Writer

## 學習目標

本章不會詳細介紹 Writer 文書處理的操作，學習者看完本章之後，將會學習到 Writer 的基本調校，讓它更能符合實際需要。接著學習樣式與格式的操作，了解真正文書處理的意義，讓以後編輯大量文章可以有一致性的文章格式。

- LibreOffice 二三事
- 記憶體調整與預設字型的調校
- 段落與縮排
- 樣式與格式
- 編輯 PDF 檔
- 結語

## 15-1 LibreOffice 二三事

說起文書處理軟體，許多人只認識微軟公司出的 MS Office，其實，早在 Windows 3.1 的年代，文書處理首推 Ami Pro 這套，但是微軟公司厲害的地方就是利用它作業系統的優勢，逐步的打擊對手，最後以三合一分進合擊之勢（文書、試算表及簡報），終於把對手打得無招架之力；再加上 IBM 這個大老哥，總是認為這種個人電腦上的辦公室軟體搬不上抬面，沒有盡力去宣傳、廣告及研發，終於使得微軟成為辦公室軟體的霸主。

其實目前辦公室軟體有許多種，並非僅有微軟公司出品的 MS Office，同時現在雲端服務跨裝置的特性，隨處辦公的需求也越來越多，單機版的辦公軟體或許在不久的將來也會被雲端辦公軟體所取代，目前常見的辦公室應用如下表。

| 軟體名稱 | 出品公司 | 網址 | 備註 |
|---|---|---|---|
| Lotus Symphony | IBM | www.ibm.com/software/collaboration/lotus-symphony/ | 停止開發 |
| KOffice | KDE | www.kde.org | |
| OpenOffice | Apache | www.openoffice.org | |
| LibreOffice | The Document Foundation | zh-tw.libreoffice.org | 可提供雲端服務 |
| Google DOC | Google | docs.google.com | 雲端服務 |
| Office 365 | MS Office | www.office.com/ | 雲端服務 |

以 OpenOffice 來說，它的功能在 2.4 版之後，已非吳下阿蒙，在製作一般的文件上早已足夠，直至 3.2 版，不管是功能上、操作上、圖示美觀上，早就具有大將之風；更重要的是它遵循開放文件格式，也就是它的檔案格式是公開可取得的，任何人都可以根據它的格式文件說明來讀取或是開發更好的軟體來編輯寫好的文件。

但自從昇陽公司被甲骨文公司收購之後，開發社群自行另起爐灶成立 The Document Foundation，並將 OpenOffice 改為 LibreOffice 重新出發，緊接著並發表 LibreOffice 3.3 版，經過幾年的開發成長，目前已推出 5.3 版，也是 Ubuntu 內建支援的版本。因此本書也採用 LibreOffice 來做介紹。

## 15-2 記憶體調整與預設字型的調校

　　如果您的電腦安裝的記憶體容量不是很大，可以調整 LibreOffice 預設使用的記憶體，並修改預設的字型大小，讓它更能符合中文語系的使用習慣。

　　LibreOffice 是系統預設安裝的辦公室軟體，直接點選啟動即可。

【注意事項】如果想要啟動第二個 Writer 同時做二件不同的文件，這時請用滑鼠中鍵點選就會啟動第二個 Writer，如果只是用滑鼠左鍵點選，只是會顯示已開啟的 Writer。其他有需要第二個應用程式的也是一樣的操作。

▲ 圖 15-2-1：啟動 Writer

點選功能表「工具」→「選項」：

❶ 點選記憶體。

❷ 依據個人喜好調整，例如步驟數、圖形快取記憶體等，可酌量縮小。

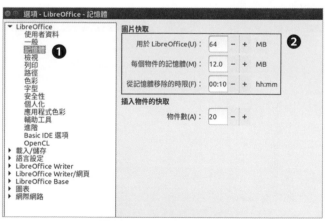

▲ 圖 15-2-2：調整記憶體

　　為了日後打開他人使用微軟系統製作出的文件，有相對的字型對應，因此我們使用取代清單來處理字型不同的問題。

❶點選字型。

❷勾選「套用取代表單」。

❸鍵盤輸入「新細明體」。

❹下拉選擇「AR PL UMing TW」。

❺點按小勾勾表示確定輸入。

▲ 圖 15-2-3：字型取代

繼續操作。「標楷體」對應「AR PL UKai TW」。

▲ 圖 15-2-4：字型取代

最後別忘了把前面的框框勾選。

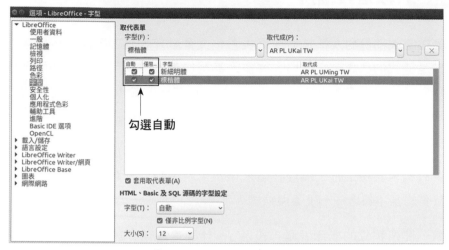

▲ 圖 15-2-5：字型自動取代

設定當一開啟 Writer 時，打入文字時預設的字型和大小：

❶點選打開 LibreOffice Writer。

❷點選「標準字型（亞洲語言）」。

❸自行調整所想要的預設字型和大小。

❹按「確定」結束之前的各項設定。

【備註】 UMing 指的是明體、UKai 指的是楷體。

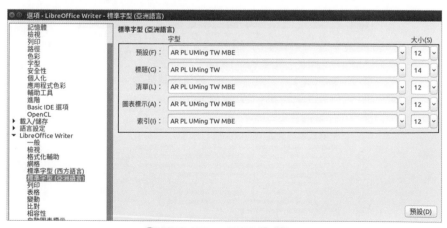

▲ 圖 15-2-6：預設字型和大小

## 15-3 段落與縮排

　　現在絕大部份的人都是從使用視窗化文書處理著手，因此對於段落、格式或是樣式的概念非常薄弱，許多人甚至從來沒有使用過這個功能，他們打開文書軟體後就開始打字，有人是打一行按一下 Enter，有人是一段打完按 Enter，至於每段前面要空二個中文字，大部份人都是按空白鍵⋯

　　如果您從沒聽過格式、樣式，使用文書處理許多年也是使用上述的方法用空白鍵來製造空格，那現在還來得及，就讓我們一起從新學習文書處理應該有的基本概念──段落與縮排。

　　第一個要建立的概念就是「段落」。什麼是段落？說簡單一些，就是按 Enter 之前的那一堆文字就是一個段落。Enter 就是段落的控制符號，可以打開控制符號來看。

　　如下圖，當打開控制符號之後，會發現每一段之後都有一個長得有點怪的符號在最後面，一篇文章就是一段段組合起來的。基本上那個符號很礙眼，不習慣還會以為自己打錯字，所以一般來說，非必要是很少人一直打開著，只要須要檢查段落狀態時才會使用此功能。

　　好了，有了段落的概念了吧？所以，當編寫文章時一定要記得，不要在打字打到最右邊要換行時按 Enter 換行，這是一個錯誤的舉動。

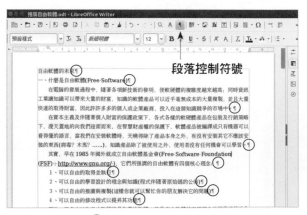

🔺 圖 15-3-1：段落符號

為什麼要有段落的概念呢？因為接下來的格式就會依據段落來進行文字位置的修正了。要修正文字的位置，例如這一段要距離頁面左邊有多遠、這一段距離頁面右邊有多遠，是首行縮排（例如每段前面空二個中文字）、還是要凸排，段落和段落之間要空多少行，這些都是格式要做的修正。要做縮排、凸排最簡單的方法，就是直接使用文書處理上方的尺標來進行。細心的人會發現尺標上有 3 個三角型，左方上面的三角型是控制這一段的第一行第一個文字的位置起點，左方下面的三角型是控制整段文字距離左邊界的位置；再細心看，右邊還有一個三角型，那是控制這一段文字距離右邊界的位置。適當的利用這 3 個三角型，就可以隨心所慾的控制這一個段落和頁面的相對位置。

　　細心的人可能會發現，怎麼都是提到「這一段」？是的，如果還記得之前提到的段落概念，一篇文章可以有許多的段落，如果您喜歡，每一個段落都可以有不同的相對位置，它的彈性是非常大的，如此就可以編排出美美的文章（是畫面美不是文章內容美）。如下圖，就有許多不同的格式。

　　利用上方的尺標及拖曳 3 個三角型的位置，產生出不同的段落格式，例如縮排、凸排、改變左或右距離邊界的距離等。

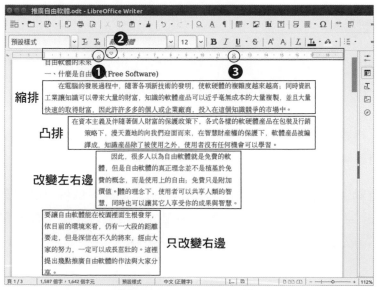

▲ 圖 15-3-2：基本排版概念

點選功能表「格式」→「段落」可出現詳細的設定畫面。

前述的格式只是調整單一段的位置，如果要調整更多的內容時，諸如與前段、後段的距離，是否首字放大，字型要如何等等，這時就要開啟格式的設定對話視窗了。

在這裡可以設定的地方很多，除了之前介紹的文字之前、後造成縮排或凸排的方法之外，還有段落間隔、行距、對齊方式、首字放大、邊框設定，是否要加個背景顏色等等，這些設定就留待自己慢慢的測試一下。

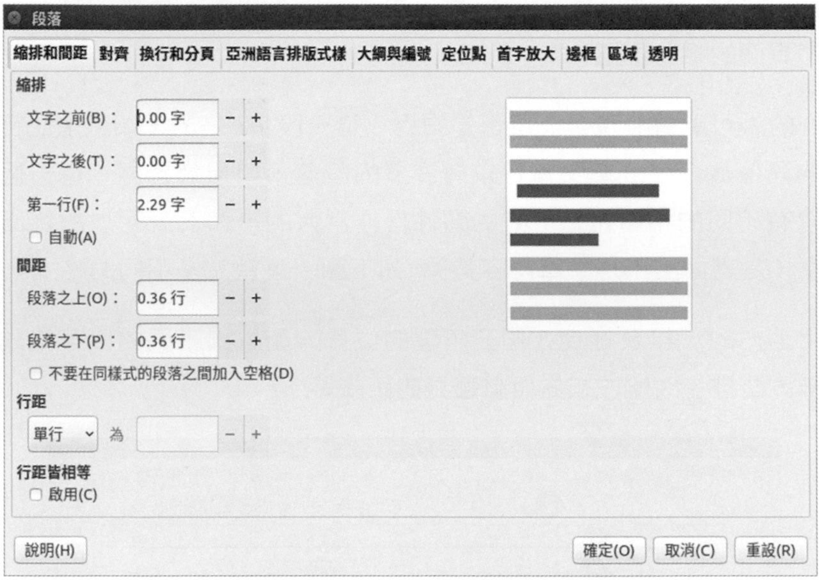

▲ 圖 15-3-3：段落的詳細設定

點選「格式」→「頁面」會出現如下圖的詳細設定畫面。如紙張大小、頁面邊距等等。

如果拉動上方尺標左或右邊灰色和白色的交接線，也可以改變頁面距離紙張的左、右距離，但是要注意如果使用的是噴墨印表機，頁面和紙張的距離太小，尤其是下邊界，可能會導致印不出來。

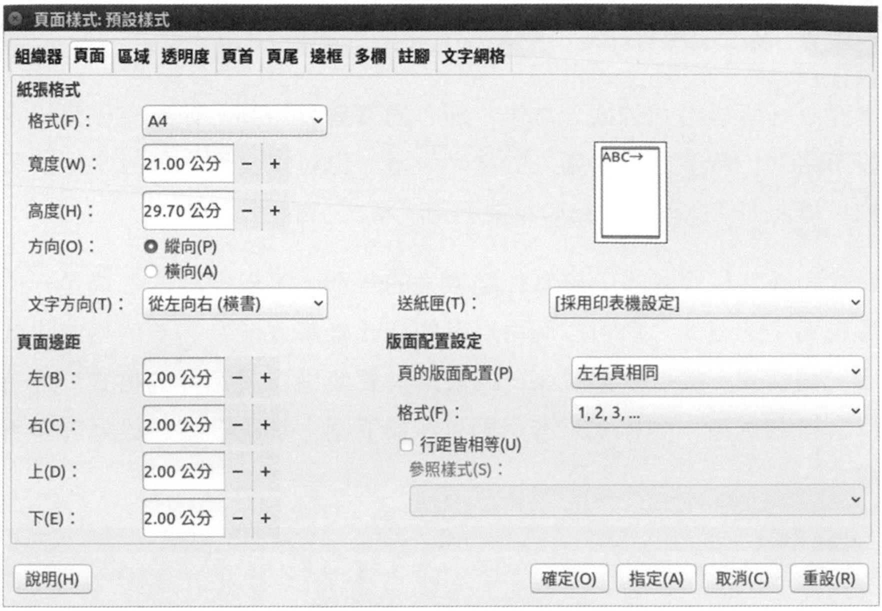

▲ 圖 15-3-4：頁面樣式

如要預設以後都是使用公釐來標示的話，可以點選「工具」→「選項」
→「LibreOffice Writer」→「一般」，直接設定「定量單位」為「公釐」。
（預設是以「公分」為單位）

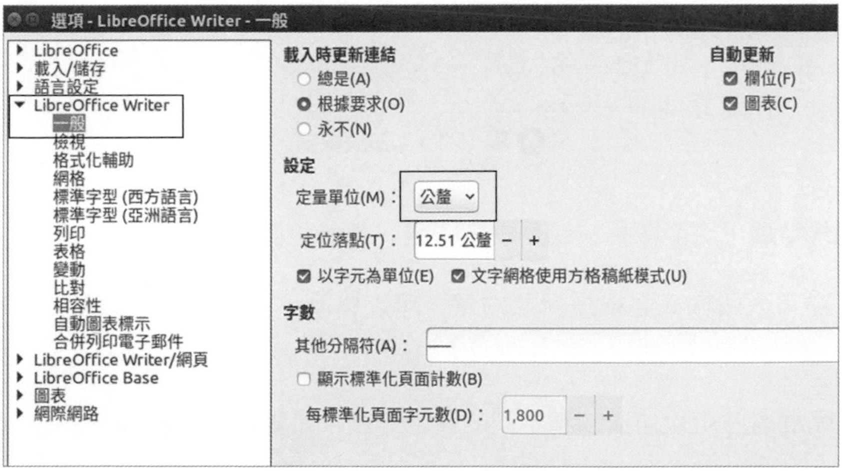

▲ 圖 15-3-5：設定公釐為單位

## 15-4 樣式與格式

　當建立好段落格式的觀念之後，細心的讀者會想到，如果有一段設定好的段落格式，希望之後所輸入的文字段落，也可以套用之前設定好的段落格式，那要如何處理呢？這時就要利用「樣式」的功能了。

　樣式和段落格式基本上沒有什麼太大的差別，可以把樣式想成是一個具有專屬名字的格式。您可以利用現有的樣式來修改成為需要的格式，或是新增一個樣式，接下來如果某一個段落需要使用曾設定好的格式，這時就可以直接點選某一個樣式來套用即可。如下圖，系統已經預設好許多不同的樣式。

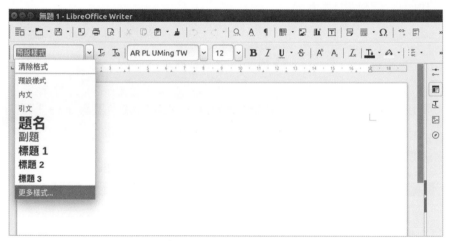

▲ 圖 15-4-1：預設樣式

　如果點選「更多樣式」或是按 F11 鍵，都會打開樣式和格式的視窗。

　點選某一個樣式之後按滑鼠右鍵，可以修改該樣式。也可以新增一個樣式。

　下圖框選處可以切換四種不同的設定分頁，如屬性、畫廊等。

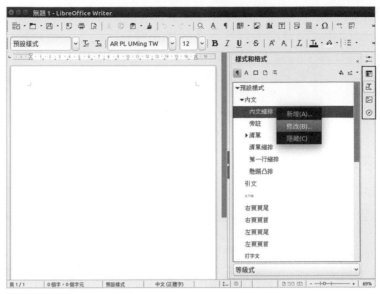

● 圖 15-4-2：樣式和格式

　　不管是修改或是新增，都會開啟一個樣式對話視窗，如果細心去看這個對話視窗裡的內容會發現，它幾乎和之前「格式」→「段落」裡的設定一模一樣。只是多增加了「組織器」、「字型」和「字型效果」。

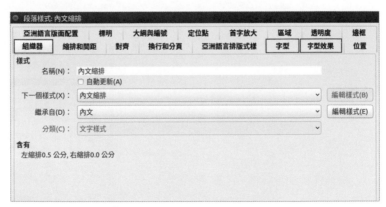

● 圖 15-4-3：段落樣式設定視窗

了解了樣式的概念之後，使用它就很容易了。只要下拉選擇左上的樣式或是在打開的樣式視窗裡，對著需要的樣式滑鼠按二下，這時游標所在的段落就會依照指定的樣式做修改，可以節省很多修改段落格式的時間。

或許也有人會認為，樣式實在是很煩人的工具，其實那是使用的角度不同而言。如果所處理的文件只有一、二頁，那樣式實在是派不上用場，而且感覺上用樣式來處理是多餘的，因為還要修改樣式以符合需要。但是如果編寫的文件是十幾頁，這時樣式就可以派上大用場了，只要定義好樣式，不管編寫到第幾頁，也不用管前面設定的段落格式是什麼，只要套用統一的樣式，就可以保證整篇文章有一致性的段落格式設定。

更棒的功能是，假設寫了十幾頁文章之後，發現文章的內文格式要修改或是標題要改大一些、段落要增加或字型要改變或是行距要改變，不管如何只要去更動樣式，這時全篇文章使用該樣式的段落都會一次全部改變，不用手動一段段的改，這才是文章編排的不二手法。

在撰寫文章時適時的佐以插圖，可以讓文章生色不少，可以點選功能表「插入」→「媒體」→「畫廊」，裡面有許多預設的插圖可以自由運用。

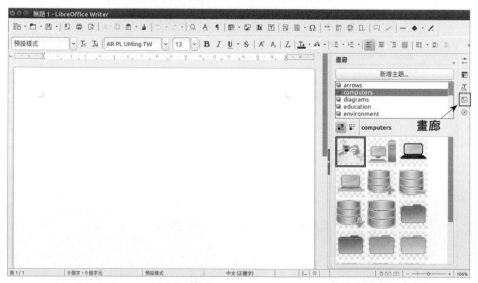

▲ 圖 15-4-4：畫廊

若覺得內建的插圖不太夠用，推薦一個開放的圖庫：https://openclipart.org/，這裡提供成千上萬的插圖可自由運用，需要時不妨到這裡查找。

圖 15-4-5：openclipart

## 15-5 編輯 PDF 檔

經過十餘年來的發展，時至今日，PDF 應用在電子書、文件、工程圖、表單等已相當普及，再加上任何作業系統平台，手機與平板等行動裝置，都可以免費取得閱讀 PDF 的閱讀軟體，使得它可以在各項裝置間流通。但 PDF 並不是編輯文書格式，它無法使用一般的文書編輯軟體進行編輯修改，大部份的專業 PDF 編輯器都需要付費購買，其中最為常用的 Adobe Acrobat DC。但是如果僅是需要編輯一小區塊，例如對方傳過來的 PDF 文件需要填寫個人地址等基本表格，這時使用 LibreOffice 的 Draw 軟體是最恰當不過的了。

在 Writer 工具列的最左邊有一個新增按鈕，點選下拉可以選擇『繪圖』。

▲ 圖 15-5-1：利用 Writer 功能表新增繪圖

　　繪圖應用程式執行情形如下圖所示，顧名思義，繪圖指的就是利用內建的各式圖形，畫出需要的內容，畫圓、畫框、畫線、畫基本圖等，如下圖笑臉和十字就是內建的基本圖形。

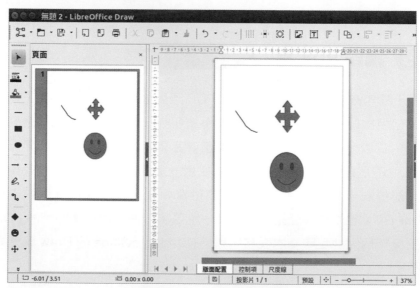

▲ 圖 15-5-2：繪圖應用程式

利用 Draw 去開啟一個 PDF 檔，可以擁有簡單的文字編修的功能，要注意它不是文書處理器，細心的您可以發現，它已經不是一般的文字段落的方式，而是一行行的「圖形文字」，利用它進行一般簡易的 PDF 編輯是相當實用的。

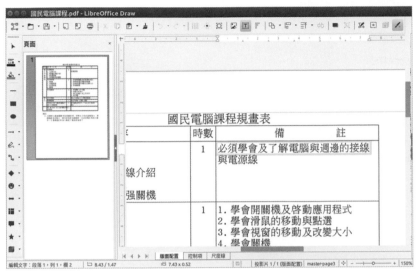

▲ 圖 15-5-3：編輯 PDF 檔

## 結　語

Writer 是一個優質的文書處理軟體，雖然它的預設副檔名是 odt，但是它仍然可以讀取 MS Office 做出來的 doc 檔案，但由於 doc 是屬於封閉格式的檔案，所以無法達到百分之百的相容，但就基本的處理而言已經足夠。

除了讀取之外，它也可以寫出 doc 的檔案格式提供給 MS Office 來讀取使用。雖然如此，我們仍應改採用開放文件格式 odt。其實只要改變一下習慣，您會發現，使用 Writer 寫文章擬計畫，它依然可以如實的完成我們的文書工作，如果大家都採用 Writer 來撰寫，又怎麼會有 doc 轉 odt 的問題呢？推開那一扇心靈的窗，才可以看見更廣闊的藍天、白雲、陽光與綠地。

*Note*

# 16

# 簡報軟體 Impress

## 學習目標

本章將學習使用 Impress 簡報軟體製作一份簡易的簡報,透過範例認識簡報版型、樣版、轉場動畫及自訂動畫等基本技巧。

- 簡報大綱
- 調整版面配置
- 轉場與動畫
- 套用母片
- 結語

## 16-1 簡報大綱

　　要製作一份簡報很容易，但要製作一份好的簡報卻很困難。好的簡報版面美觀大方、架構清晰、文字簡潔、關鍵圖片、清爽圖表、合宜轉場與動畫等等，這些都必須要有相當足夠的實務經驗方得以畢竟其功！當製作好簡報站在台上，面對一群觀眾之際，『說』好一份簡報的能力，更遠超過『製作』一份簡報的能力，運用動人的故事帶動觀眾的情緒，逐步說明想要表達的意念，沒有十足的口才訓練與充足的學識涵養，是無法真正完成一份感動人心的簡報的。在學習之前，不妨到 TED 網站觀摩他人的簡報。

　　TED 是 Technology, Entertainment, Design 三個英文字取第一個字母的縮寫，意思是技術、娛樂及設計。TED 大會每年都會有各地的專業人士前往分享，因此它的網站（https://www.ted.com/talks）非常值得前往觀看及學習。

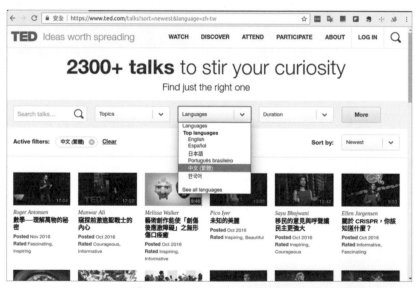

▲ 圖 16-1-1：TED 官方網站

在製作簡報之前，冷靜分析這份簡報的重點及內容是必要的，因此從簡報大綱著手，可以讓自己的思緒清楚並且能快速的將重點整理出來。

點擊螢幕左邊應用程式啟動列的 Impress 圖示，下圖是 Impress 執行畫面。

系統預設工具列除了最上方的一般工具圖示之外，由於做簡報經常需要畫線畫框之類的，所以多了一列繪圖工具列。注意右方有一個小小的灰色區塊，點擊它可以打開側邊欄，有很多屬性工具可以調整。做簡報時會經常需要打開 / 關閉。

圖 16-1-2：Impress 執行畫面

打開側邊欄之後，最右邊可以切換不同的側邊頁面，每個頁面可以提供不同的特性調整，如轉場、動畫等。

如果螢幕顯示範圍夠大，當然可以一直打開側邊欄，但如果像下圖所示，會擠壓投影片的預覽結果，所以可依據需要適時的打開 / 關閉。

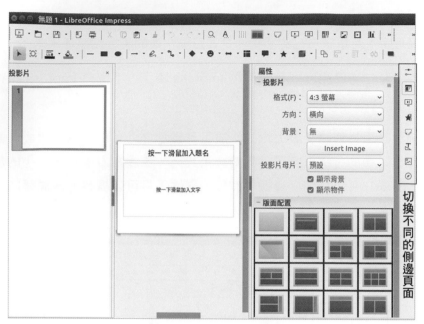

▲ 圖 16-1-3：打開側邊欄

點選下拉上方顯示模式按鈕，選擇大綱模式。（也可以利用功能表「檢視」→「大綱」）

▲ 圖 16-1-4：切換大綱模式

透過大綱模式，繕打簡報的內容大綱，適時的使用升降級 / 向上向下按鈕，將大綱依據需要調整位階，如下圖所示。

善用大綱模式可以很清楚的了解簡報的內容，也可以快速的架構出清晰的輪廓。

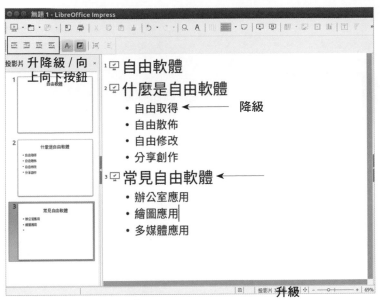

▲ 圖 16-1-5：大綱模式

先有了整體的方向之後，接下來準備幫每一頁進行調校與美化。請利用顯示模式切換回一般模式，開始逐頁美化編輯。

## 16-2 調整版面配置

有了大綱之後，接下來的工作就是依需要調校每個頁面的版型，加入更多的元素。

從大綱模式切換回一般模式，點選投影片第一頁，中間的投影片編輯區按一下滑鼠，加入適當的文字敘述。

通常第一頁會展示簡報主題、簡報人、時間地點、單位公司行號等基本資料。

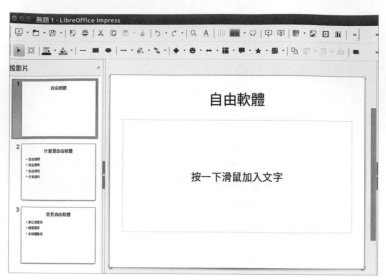

▲ 圖 16-2-1：一般模式

如下圖自行加入需要的文字敘述。

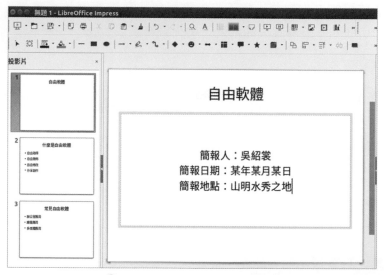

▲ 圖 16-2-2：加入適當文字敘述

❶用滑鼠拖曳框選需要改變的文字。

❷打開側邊欄。

❸調整需要的字型與字體大小。

❹依需要調整位置，如靠左置中靠右、間距等等。

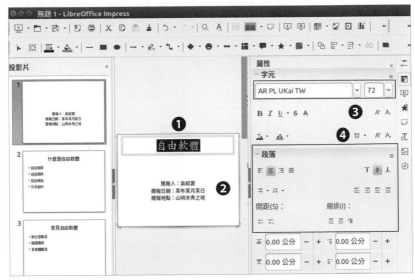

▲ 圖 16-2-3：調整字型與位置

如下圖點選區塊，可利用四周綠色的點來拖曳調整大小；也可以拖曳整個區塊移至需要的位置，例如標題通常會置放在中間位置。

不用拖曳方式，亦可以使用側邊欄「位置和大小」來進行調整。

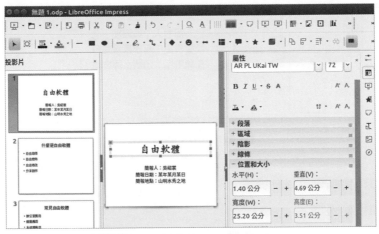

▲ 圖 16-2-4：調整區塊位置和大小

如下圖點選區塊，側邊欄打開「陰影」功能區塊，可以啟用陰影功能，自行依需要調整角度、間隔、透明度及色彩等。

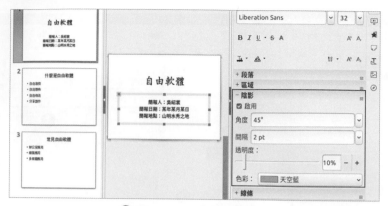

▲ 圖 16-2-5：啟用陰影效果

調整好位置及增加陰影效果之後的結果如下圖所示。

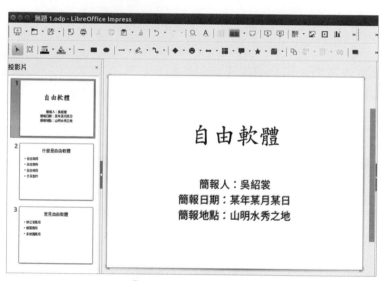

▲ 圖 16-2-6：陰影效果

打開側邊欄點選第二頁後：

❶點選屬性側邊欄。

❷下方版面配置選擇需要的版型。下圖為二個文字框的版型配置。

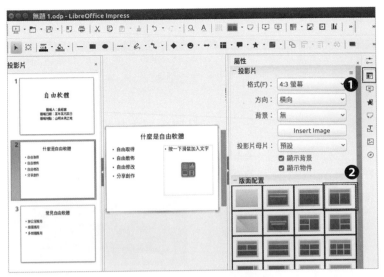

▲ 圖 16-2-7：調整版面配置

　　在新增的空白文字框中，可直接點選「按一下滑鼠加入文字」，然後輸入需要的文字敘述。

　　若無需輸入補充文字敘述，底下有四個灰色的按鈕，可視需要插入表格、圖表、圖像或是多媒體影音。一圖勝千文，適當的圖形與影音，可以讓簡報更吸引目光，更動人！

▲ 圖 16-2-8：四選一

下圖為插入相片之後的展示畫面。

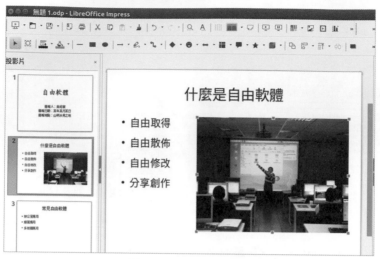

▲ 圖 16-2-9：插入相片

點選第三張投影片，打開側邊欄：

❶ 點選畫廊。

❷ 從主題中選擇，本例為 computers。

❸ 將需要的插圖拖曳到投影片上。

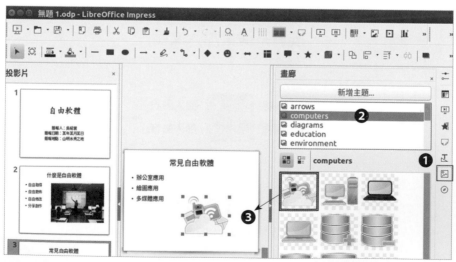

▲ 圖 16-2-10：畫廊插圖

## 16-3 轉場與動畫

　　投影片轉場指的是切換投影片時需要的顯示效果，作法其實非常容易。而動畫則是指投影片上的元素，要展示（或消失）時的移動效果。

　　先選擇需要做轉場效果的投影片：

❶ 點選投影片轉場。

❷ 從轉場效果中挑選一個需要的效果，點選後會出現轉場效果預視。

❸ 投影片左下角會有一個星星符號，表示這張投影片有轉場效果。

❹ 如果要將這個效果套用到所有投影片上，則點選「將轉場套用到所有投影片」按鈕。

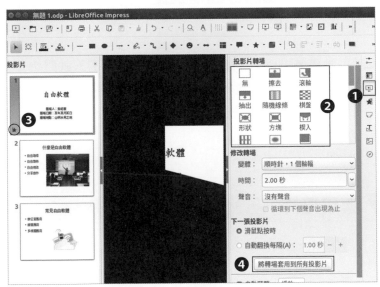

▲ 圖 16-3-1：投影片轉場效果

如下圖設定相片進入時使用棋盤式的動畫方式顯示。有自訂動畫的投影片，左下角出現的圖示和轉場特效不一樣。

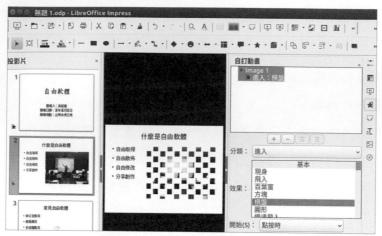

▲ 圖 16-3-2：進入時使用棋盤動畫

轉場和自定動畫還可以細部設定，例如是滑鼠按下去就開始還是接續前動畫，它的方向和時間要持續多久等等，這些就留待自行體驗。不過要強調的是，不論是轉場效果或是自訂動畫，都要適可而止，太多太亂的效果和動畫有時會適得其反。

## 16-4 套用母片

讓投影片有不同的背景，可以讓投影片能夠更賞心悅目：

❶點選母片頁面。

❷從中挑選喜歡的頁面，點選後會套用到所有的投影片上。

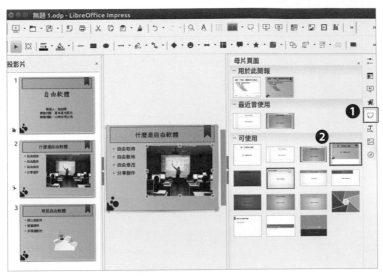

▲ 圖 16-4-1：套用母片

完成了美美的簡報之後，可以按下 F5 開始從第一張投影片放映，檢視一下內容和效果。如果是非常重要的場合，甚至需要排練計時，以免時間到了簡報還沒結束。

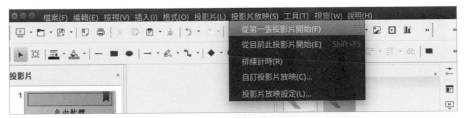

▲ 圖 16-4-2：投影片放映

## 結　語

本章簡單的操作帶領，期許有個好的開始，Impress 還有許多的功能沒有介紹，在讀完本章之後才是另一深入學習階段的開始。

# Note

# 試算表 Calc

## 學習目標

本章採用最簡單的薪資範例,指導初學者學會試算表的最基礎操作技巧與概念,包含儲存格資料輸入、公式計算、絕對與相對儲存格及簡易圖表等,初學者可以在最輕鬆的情境下打好基礎,為未來更深入的學習做好準備。

- 儲存格與公式
- 相對與絕對儲存格
- 加總函式
- 圖表
- 結語

## 17-1 儲存格與公式

　　情境假設：有一家公司裡有四個員工，老闆想要知道如果替員工加薪百分之三，共會增加多少人事成本；在加薪的同時，各項的勞保費用又會是如何？如果加薪百分之五之後，整個情況又是如何的改變呢？

　　在以上的情境中，或許會認為只有四個員工，計算機拿出來按一按就可以知道結果了，但是如果有四百個員工呢？又萬一要改變加薪幅度，是不是又要全部重算一次？諸如此類的問題，就是試算表上場的時候了。只要將基本資料輸入並且設定好計算方式，試算表就可以幫忙算出結果，更重要的是，一旦其中某些數值改變，計算表會重新計算出新的結果，以上述的情境中，可以很快的知道不同的加薪幅度會有哪些結果。當然這只是一個最初階的情境，試算表對於更複雜具有因果關係的試算，才是它發揮最大效益的時候。接下來就來認識這個 Calc 試算表。

　　系統預裝好 Calc 試算表這套辦公室應用軟體，所以直接點選右邊應用程式啟動列的 Calc 啟動圖示。

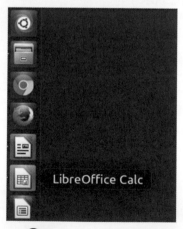

▲ 圖 17-1-1：啟動 Calc

試算表不同於文書處理，如下圖，它由一格一格的儲存格所組成，每一個儲存格位置都是「直行橫列」的組合名稱。

　　以下圖為例，畫面中被點選的儲存格，它的名稱出現在左上角「C4」，這個儲存格位置名稱很重要，未來試算時的計算公式，都要依據這個參考名稱來進行數值的計算。

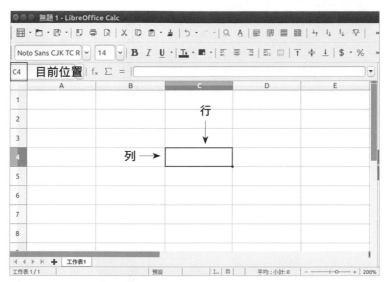

🔺 圖 17-1-2：試算表由儲存格所組成

　　這個試算表非常龐大，試著按下「Ctrl + >」（鍵盤的向右箭頭按鈕）可以移動到最右邊一行，再按下「 Ctrl + ↓」（鍵盤的向下箭頭按鈕）可以移動到最底下一列，檢視一下它一共有多少的儲存格！接下來請按下鍵盤「Ctrl + Home」按鍵，回到第一行第一列 A1 位置。

　　要在儲存格輸入資料，首先用滑鼠點選移動到該儲存格（本例為 A1），底下三種方法都可以在該儲存格輸入資料：

❶ 直接按下鍵盤開始輸入。

❷ 雙擊該儲存格，進入儲存格開始輸入。

❸ 滑鼠點擊上方的輸入編輯區開始輸入。

以第一種方法，點擊儲存格後，直接按鍵盤輸入的方式最快。輸入完畢按下 Enter 鍵，或是在輸入編輯區用滑鼠按下打勾的符號按鍵。

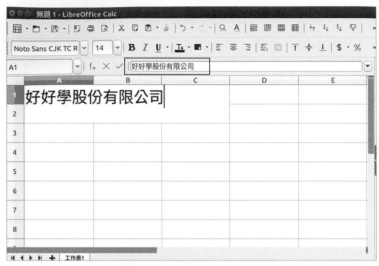

▲ 圖 17-1-3：輸入文字資料

用滑鼠拖曳出需要的範圍，然後點擊上方「合併與置中儲存格」按鈕，就可以把標題進行跨欄置中處理。

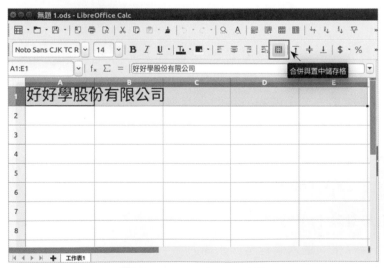

▲ 圖 17-1-4：標題置中處理

下圖為置中處理完畢之結果畫面。文字跨越了好多欄。

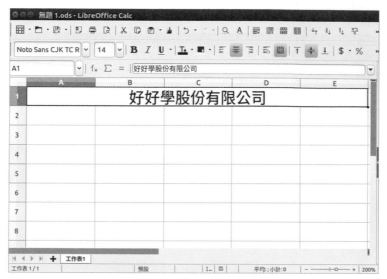

▲ 圖 17-1-5：置中處理完畢

滑鼠移至 A 和 B 之間的線條上，如下圖，注意滑鼠的形狀會改變，這時可拖曳線條改變欄寬，也可以直接雙按滑鼠，電腦會自動設定最適欄寬。

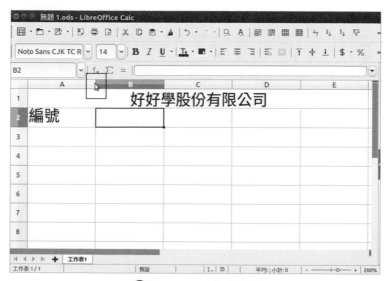

▲ 圖 17-1-6：最適欄寬

　　請依照下圖輸入測試資料。儲存格內容顯示位置可以靠左、置中、靠右，請自行設定。

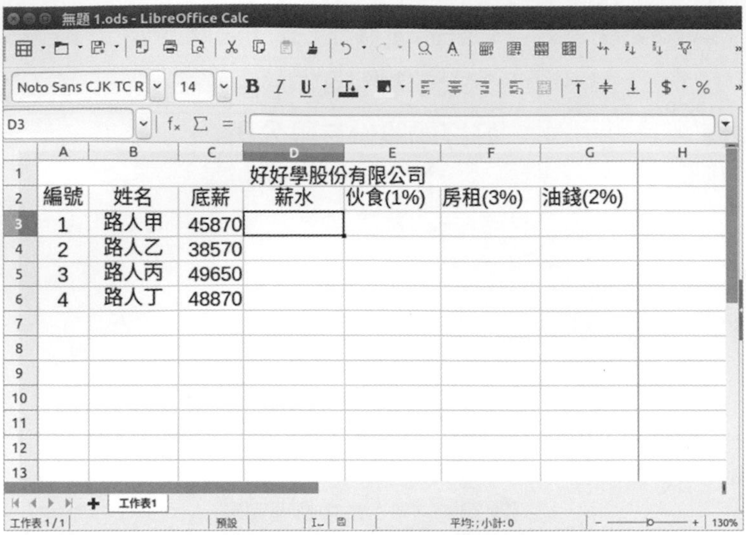

▲ 圖 17-1-7：輸入測試資料

　　設定加薪因子，初始值為 1。特別注意它的儲存格位置，以下圖為例，儲存格位置為 C10。

▲ 圖 17-1-8：設定加薪因子

計算薪水的步驟如下：

❶ 滑鼠先點選 D3 儲存格，也就是路人甲的薪水儲存格。

❷ 按下「＝」鍵，這是很重要的步驟，按下「＝」鍵表示，接下來要輸入的是計算公式，而不是一般文字或數字資料，初學者常忽略這點。

❸ 滑鼠直接點選 C10 儲存格，如下圖。

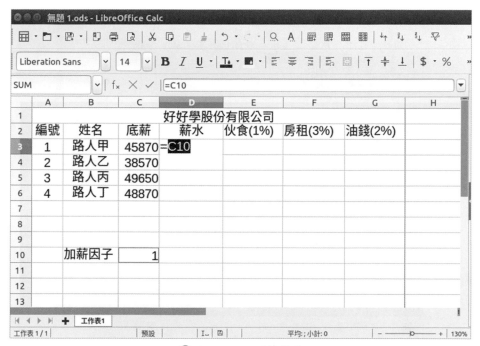

▲ 圖 17-1-9：計算薪水

❶ 鍵盤先按下「*」。

❷ 用滑鼠按 C3 儲存格，也就是路人甲的底薪儲存格。

❸ 按下 Enter 就會開始計算。

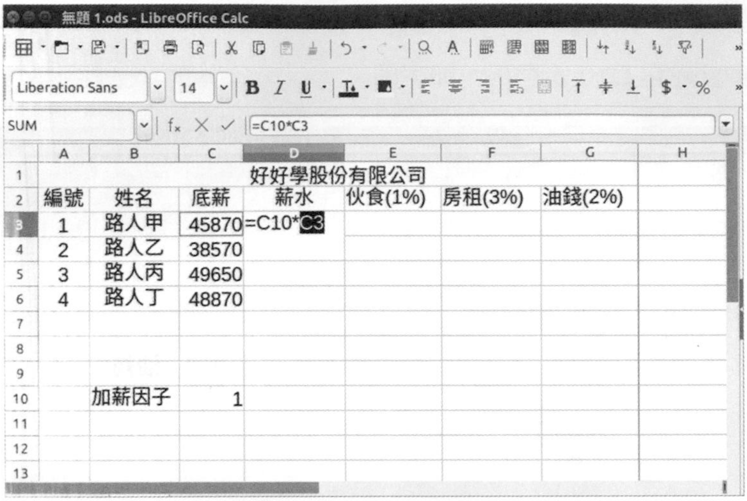

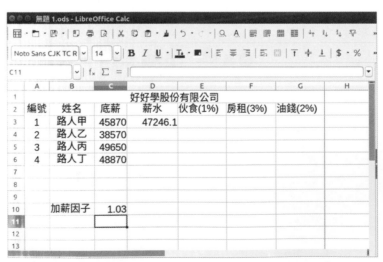

△ 圖 17-1-10：計算薪水

依上例做完之後，如果將加薪因子改為 1.03，表示準備加 3% 薪水，電腦會自動計算出加了 3% 之後的結果。

△ 圖 17-1-11：改變加薪因子

這一家公司福利相當不錯，有伙食補助、房租補助及油錢補助，現在依照薪水分別乘上補助百分比。

伙食（E3）= 薪水（D3）*0.01

房租（F3）= 薪水（D3）*0.03

油錢（G3）= 薪水（D3）*0.02

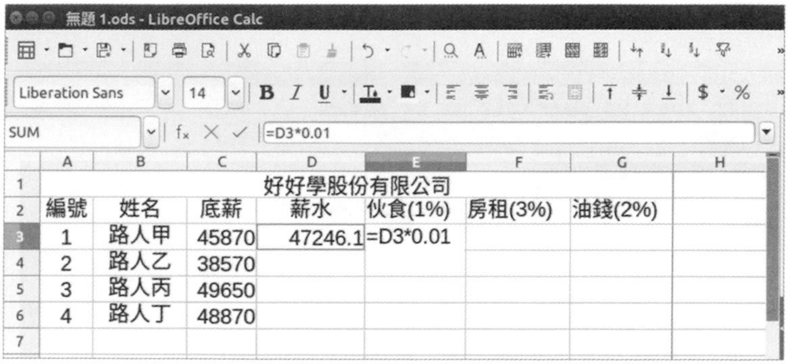

▲ 圖 17-1-12：伙食補助

計算出來的結果有小數點，利用格式化儲存格的功能，修改顯示結果。用滑鼠拖曳出要改變的範圍，啟動滑鼠右鍵功能表，選擇「格式化儲存格」。

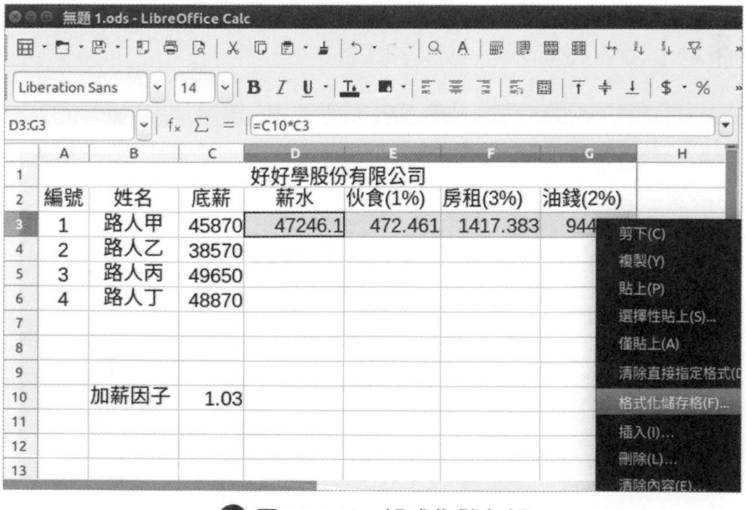

▲ 圖 17-1-13：格式化儲存格

儲存格格式化對話視窗如下圖：

❶ 點選數字分頁。

❷ 在分類欄裡選擇數目。

❸ 選擇需要的顯示格式。

選擇好之後即可按下「確定」鈕。在分類裡有很多不同的分類格式，如百分比、日期、分數等等，未來可依據不同的資料修改不同的顯示格式。

▲ 圖 17-1-14：儲存格格式化對話視窗

如下圖是以千分位格式來顯示數字資料。

▲ 圖 17-1-15：千分位格式

把路人甲的公式計算好了之後，接下來是不是要分別輸入路人乙、丙、丁？其實不用這麼麻煩一一輸入，直接拖曳複製即可。可是這裡面有些地方要注意，我們來操作一下。

❶ 首先滑鼠先拖曳出要複製的來源範圍，如下圖 D3 到 G3。

❷ 滑鼠移到 G3 的左下角，此時滑鼠游標會變成十字符號。

❸ 向下拖曳拉出要複製的區域。

❹ 放開滑鼠就完成資料公式的複製。

▲ 圖 17-2-1：資料與公式複製

複製完畢，底下的結果都是 0，是哪裡錯了呢？為什麼會這樣呢？讓我們來觀察一下。

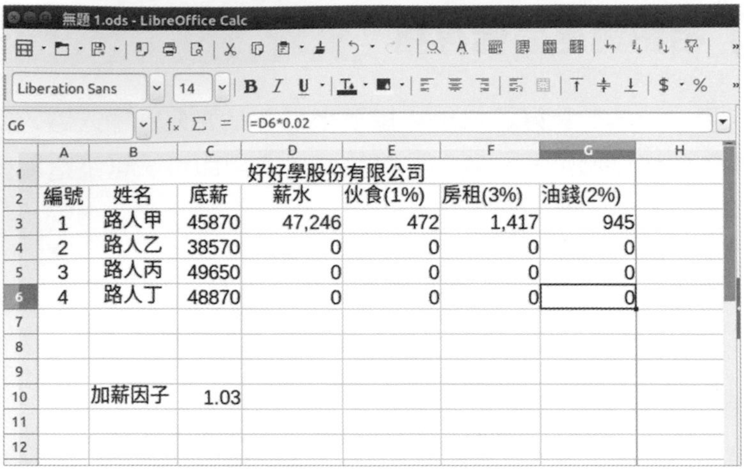

▲ 圖 17-2-2：哪裡錯了呢？

先點選 D3 儲存格，內容為 C10*C3，也就是 1.03*45870，所以結果是正確的，這個計算公式是第一節手工輸入的。

接下來點選 D4 儲存格，內容為 C11*C4，可是 C11 儲存格是空的，0 * 38570 = 0。

原來，當複製資料時，是採相對位置的概念，也就是向下複製時，列數會依據來源自動加 1，所以 C10 變成 C11，C3 變成 C4。

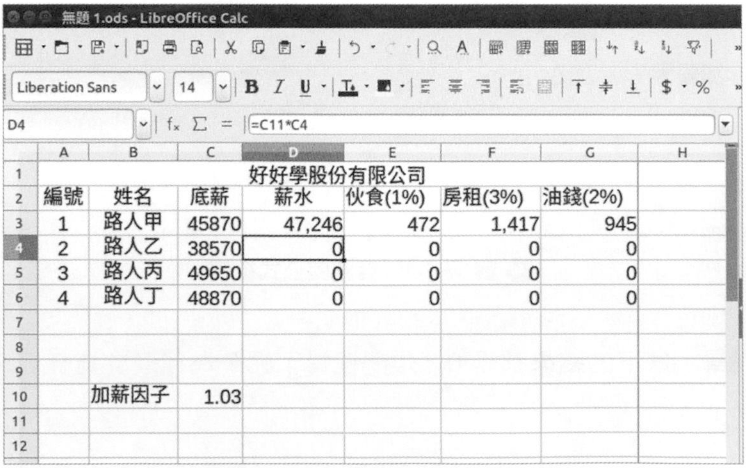

▲ 圖 17-2-3：觀察 D4 儲存格內容

E3 的內容為 D3*0.01

E4 的內容為 D4*0.01

因為 D4＝0，所以結果依然是 0

從相對位置來看是沒錯，請繼續觀察其它儲存格，包含房租、油錢等。

所以找出問題所在，那就是必須要將 C10 固定下來，不管薪水儲存格如何複製，它都必須要依 C10 來計算。

像這種要固定位置的儲存格，稱為絕對位置。

▲ 圖 17-2-4：觀察 E4 儲存格內容

滑鼠點選 D3 儲存格，修改 C10 為 C$10，符號 $ 表示鎖定的意思，所以 $10 就是不管如何向下複製，都固定使用 $10 這個儲存格的資料。

這裡的例子僅只是向下複製，也就是僅只於列的移動，未來如果遇到更複雜的情境，例如向右複製（行的移動），這時可能就要使用 $C10，鎖定為 C 行，更有可能是 $C$10，將行列全部鎖定，絕對的絕對位置。

● 圖 17-2-5：絕對位置

　將 D3 改好之後，細心看一下，D3 的右下角有一個黑點，滑鼠移到黑點上，滑鼠游標會改成複製的十字型游標，此時向下拖曳要複製的區域，如下圖所示。

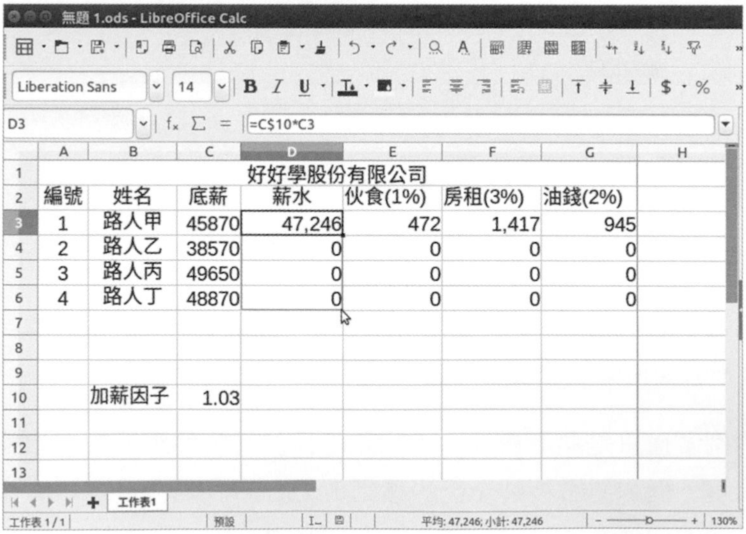

● 圖 17-2-6：修正薪水

修正完畢如下圖。這時可試著改變加薪因子，例如從 1.03 改為 1.05，觀察加薪 5% 之後的結果。

▲ 圖 17-2-7：正確結果

## 17-3 加總函式

如果要知道每個人的月實領薪資，就必須要把薪水及各項補助加總起來，這時就需要使用加總函式。

❶在 H2 儲存格裡輸入實領薪資。

❷移動到儲存格 H3。

❸按下 ∑ 加總運算符號按鈕。

▲ 圖 17-3-1：實領薪資

Calc 自動以左邊各欄位的數字為加總依據。

＝SUM（C3:G3）

是指將 C3 到 G3 欄位的數字拿出來進行 SUM 函示加總運算。

不過等等，底薪不可以列入加總。

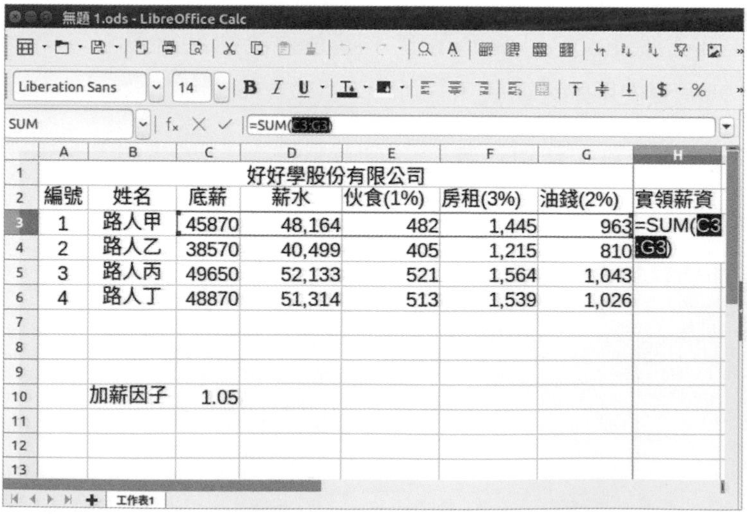

▲ 圖 17-3-2：SUM 函式

滑鼠移到底薪 C3 欄位上的左上或是左下角（藍色點上），滑鼠游標改為十字圖示，向右拖曳，讓藍色包圍的範圍不包含底薪，函式也改為 ＝SUM（D3:G3），確定之後按下 Enter。

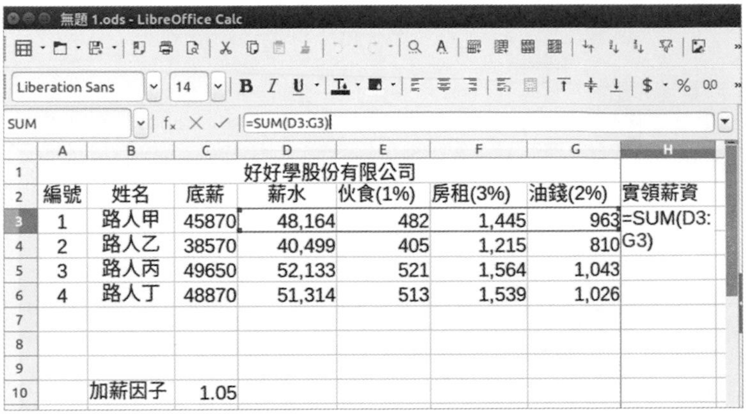

▲ 圖 17-3-3：減少加總範圍

接下來就請逐一利用之前學習到的技巧，進行儲存格計算公式複製。

複製完畢會發現有小數點，此時使用儲存格格式化功能，將數字顯示改為千分位顯示。完成後如下圖。

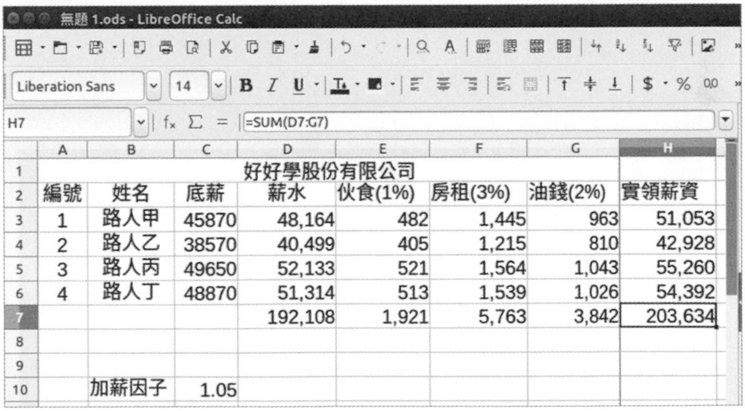

▲ 圖 17-3-4：完成各項加總及顯示格式化

當在進行函式加總時，如果點選「函式精靈」，會呼叫出函式精靈視窗。

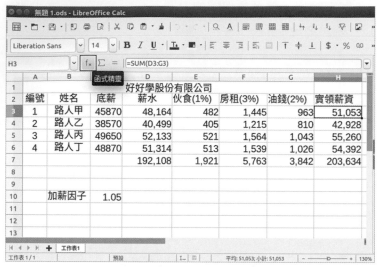

▲ 圖 17-3-5：函式精靈

Calc 有數百個不同的函式，分別針對各式各樣的計算、統計，如果要成為 Calc 高手，就必須要有充足且豐富的數學計算知識，才能將這些函式運用自如。

▲ 圖 17-3-6：函式精靈

## 17-4 圖表

進行簡報或是資料分析呈現時，「一圖勝千文」的技巧是很重要的，Calc 要製作圖表也是非常容易的。

首先將要呈現在圖表上的資料範圍用滑鼠拖曳出來，如下圖所示。

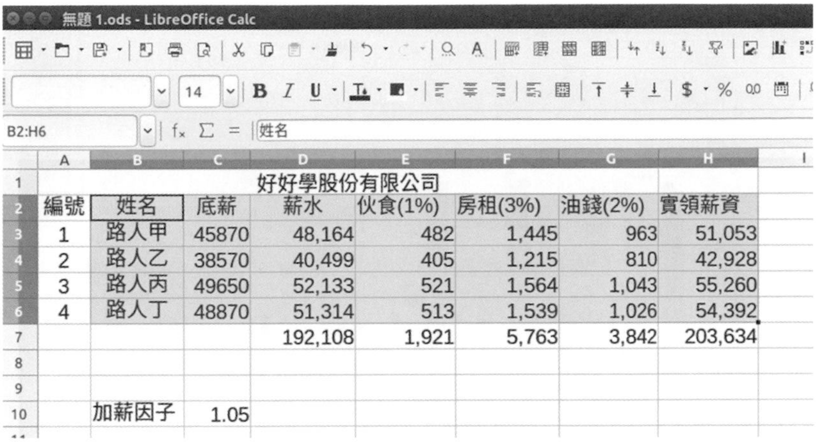


▲ 圖 17-4-1：拖曳圖表資料範圍

利用功能表「插入」→「圖表」功能，呼叫圖表精靈。

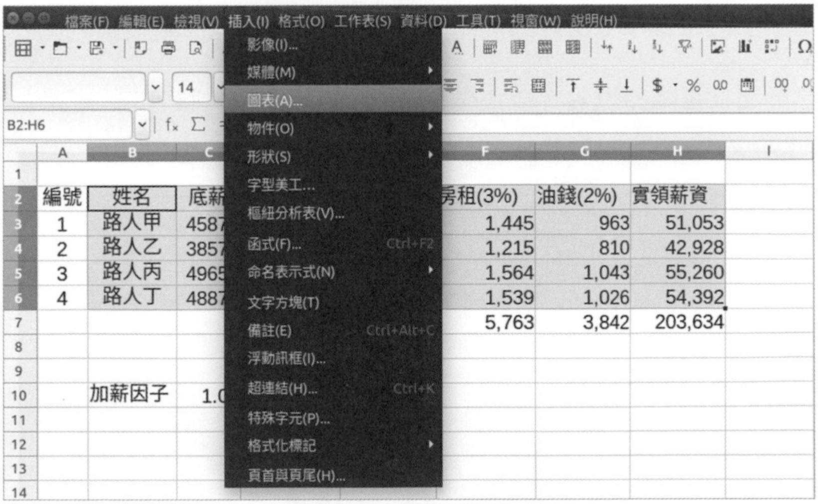


▲ 圖 17-4-2：插入圖表

Calc 會依據拖曳範圍，以預設值畫出長條圖表，並同時打開圖表精靈視窗，進行圖表的細部調整。

首先決定圖表類型，Calc 提供許多的圖表類型，可一一點選檢視看看，每種圖表其實都有適用的場合，這部份就留待深入研究。

每步驟完成，請按下「繼續」按鈕進行下一步驟。

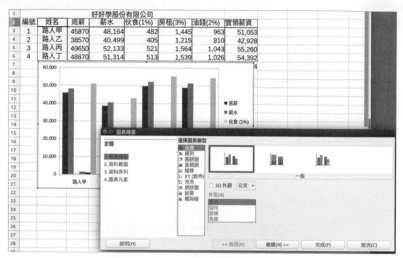

▲ 圖 17-4-3：預設圖表和圖表精靈

在第一步驟時就拖曳出資料範圍，若要修正也可以在這裡修改。

注意下圖框選處的說明，以免做出來的圖 XY 座標錯誤。

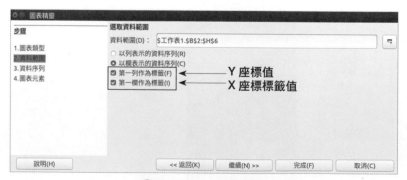

▲ 圖 17-4-4：資料範圍

在資料序列視窗裡，可以加入 / 移除要呈現的資料序列，也可以改變顏色等。

❶ 選擇某資料序列。

❷ 可以按移除將它從圖表中移去。

❸ 也可以按上下箭頭改變呈現的次序。

底薪和薪水不需要呈現在圖表上，請移除。

▲ 圖 17-4-5：資料序列

圖表元素視窗可以改變圖例位置，加入標題名稱等。

四個步驟都完成後，可按下「完成」按鈕，如果還想要回頭修改，直接選擇左邊需要修改的步驟即可進行修改。

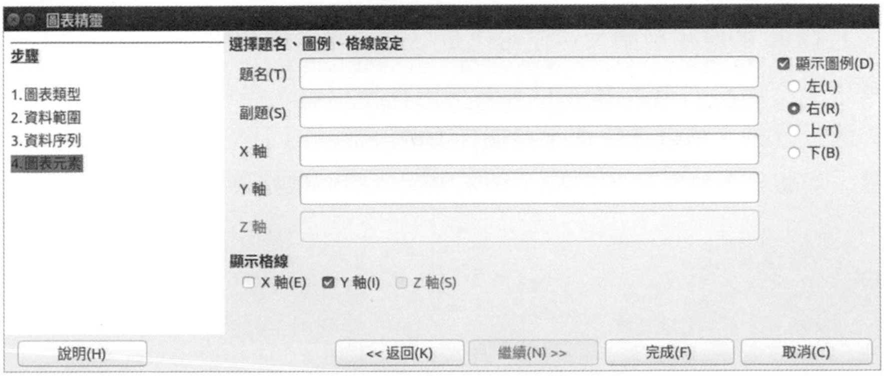

▲ 圖 17-4-6：圖表元素

完成後的圖表如下圖所示。X 軸是四個路人，Y 軸是伙食、房租、油錢和實領薪資。

圖表完成後也可以雙擊圖表或利用滑鼠右鍵功能表，改變圖表的各項細部設定。

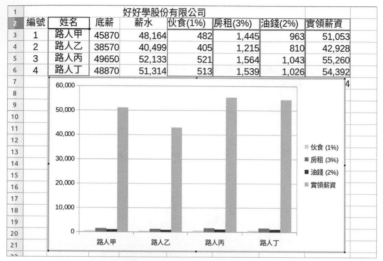

| | 編號 | 姓名 | 底薪 | 薪水 | 伙食(1%) | 房租(3%) | 油錢(2%) | 實領薪資 |
|---|---|---|---|---|---|---|---|---|
| 1 | | | 好好學股份有限公司 | | | | | |
| 2 | 編號 | 姓名 | 底薪 | 薪水 | 伙食(1%) | 房租(3%) | 油錢(2%) | 實領薪資 |
| 3 | 1 | 路人甲 | 45870 | 48,164 | 482 | 1,445 | 963 | 51,053 |
| 4 | 2 | 路人乙 | 38570 | 40,499 | 405 | 1,215 | 810 | 42,928 |
| 5 | 3 | 路人丙 | 49650 | 52,133 | 521 | 1,564 | 1,043 | 55,260 |
| 6 | 4 | 路人丁 | 48870 | 51,314 | 513 | 1,539 | 1,026 | 54,392 |

▲ 圖 17-4-7：完成後的圖表

## 結　語

本章僅透過非常簡單的範例，讓您學會最基本的 Calc 概念與操作技巧，事實上 Calc 的應用範圍及操作可以是相當複雜，例如股票分析，它不光是把資料輸入，如何運用豐富的股票專業背景知識，再配合運用各式的統計函式進行分析，這些課題都不是僅僅 Calc 的操作而已。期許能透過本章的學習，體驗一下試算表的精神，替未來深入探究做好準備工作。

# 18

# 運算思維
# 與 Python 基礎

## 學習目標

本章透過簡單的範例介紹 Python 語言的基本語法、條件、迴圈、函數等初階概念,透過本章的學習可習得程式語言的運作概念及編寫 Python 程式語言簡易工具的使用法。

- 運算思維
- Python 基礎
- 結語

## 18-1 運算思維

　　拜網路與資訊科技之賜，各式行動資訊設備與物聯網正如火如荼的展開另一波的世紀革命，國外也體悟此科技浪潮，為了維持國家整體的競爭力優勢，開創更多的可能性，因此除了全力發展 STEM 教學策略之外，值此當時，更將程式設計的學習課程，向下延伸到國小基礎教育階段，由國家制定相關教育推廣方案與應用教學，讓學童能從小學習如何與資訊設備溝通，掌握未來的生存與話語權！

　　學習程式語言是不是教學生熟記硬背下各式語法！相信這個答案是否定的。教育部在 107 年度課綱中，將程式語言的學習課程列入國中的正式課程中，國小則強調以培養學生運算思維之能力為主軸！藉由運算思維的培養，打好國中學習程式設計時的基礎！接踵而來的問題是，什麼是運算思維？它和程式設計與程式語言學習有什麼關連？如果在現行的國中小課程中再加入這些課程，會不會更增加學生之學習負擔並排擠其它課程之學習！在不變動現有的國小課程中，是不是可以將運算思維的概念融入來進行教學，讓學生在學習完即有的課程之後，就可以建立好相關的基礎能力，讓國中進行正式的電腦與程式設計課程時，能事半功倍學好程式設計？運算思維又和現在的電腦學習以及程式學習有什麼關連？它是不是另一種資訊融入教學？國中小非資訊本科系的教師，如何在此浪潮下掌握運算思維之概念與技巧進行課程教學？許多非資訊科系的教師，在閱讀目前許多指導運算思維的文章時，發現將原本已經夠抽象的運算思維，變得更抽象了，能不能用非常簡單淺顯的說法來學習運算思維的概念呢？在此提出最基本的六大法則，讓非資訊科系的教師和學生能在最短的時間內，具體的習得基礎的概念並將其轉換運用在一般日常生活課程上！

### 第一招：可預測性與邏輯性

　　這是運算思維與程式設計裡最核心也是最基礎的概念與訓練，在國小自然領域裡，能形成預測式的假設，相同的操作會有相同的結果，透過可預測性建立電腦邏輯概念。例如國小三四年級自然科技領域中力與運動，能

力指標定義知道要表達物體的「位置」，應包括座標、距離、方向等資料。這種透過位置的預測來進行可預測性與邏輯性是容易且可行的，code.org 網站就有許多的學習範例是以這種遊戲人物位置的改變來學習基礎觀念。事實上這些案例都可以在日常生活中舉手可得，諸如天上一堆烏雲就表示可能要下雨了，出門就要帶把傘；把手放在火的上方，越靠近會越熱，甚至會燒燙傷等等。

## 第二招：演算法

在這裡指的，不是僅針對資訊科系學的那種複雜的二元樹排序法、加解密演算法等等，請特別注意，它不是指某個計算公式，而是完成某件事的一系列有序的方法，可以說是廣義的演算法，例如做餅乾的方法、汽車導航系統（最短或是最快路徑）、各式實驗的步驟方法等，其實在現有課程中，各種的自然實驗就是廣義的演算法，它早就存在了。

## 第三招：解構

處理大型專案必備良藥，也就是將演算法程序再度細分，讓工作更細緻化精確化，這樣可以確保合作與分工，這種解構的訓練，例如語文領域將故事利用 5W1H 法細分，透過誰？何時？何地？何事？何物？做什麼？指導學習者將故事解構！也可以把自然科實驗過程解構，再解構！透過這個過程更了解完成事物的有序方法（演算法）。

## 第四招：歸納模組化

說白一些，解構的目的就是找尋相似性的事物給予重構，也就是進行模組化的作業！模組化的主要目的，就是利用電腦的可快速可重複執行的特性，將執行的過程給予函數模組化，讓它達到可重用性！這是正式的程式設計中很重要的一環！很抽象？以節奏教學為例，我們可以利用節拍讓尋找同樣的節拍，再將節拍重組產生更多且不同的節奏！再例如透過 5W1H 法解構出來的物件進行重組，就可以產出無數的新故事出來！事實上，未來就是要將這些化為程式物件的方法或函數，達到快速且重複執行的優勢！

## 第五招：抽象化

這是最難的部份，必須能具有模組化（概念化）的觀念之後，才能更進一步的指導！例如麵包機就是一種抽象化之後的具體機器！市面上有很多種不同廠牌的麵包機，只要把原料放進去，啟動電源，就會做出麵包！程式設計也是類似的抽象化概念，例如將一個圖檔傳入一個壓縮類別的函數中，它就會產出一個壓縮好的檔案，這個壓縮就是一個抽象化的函數庫！

## 第六招：評價

評價是一門藝術，並不是正確完成即可，它其實可以考慮的因素非常的多，諸如價格、效能、投入產出比、最快、最少資源、最節能等等，通常它不會有一個唯一答案，而是依需要會有不同的最佳解決方案。

以上這六招，雖然並不是非常嚴謹的程式設計運算思維，但它卻可以讓你用簡單輕鬆的角度來認識這個概念，做為日後學習的基礎！也期許你可以將這些招式隨時隨地的運用在日常生活中，預到問題時，馬上嘗試使用這六招來試著想想看，或許你就會產生不同的觀念與想法，可以在不久的將來，遇到問題時適時的添加運算思維的概念進去！

## 18-2 Python 基礎

在了解程式語言之前，應先了解直譯式與編譯式語言的差異性。編譯式語言是指程式撰寫完畢之後，利用該程式語言的專屬編譯軟體，將寫好的程式編譯轉換成一個標準的可執行應用程式，這個應用程式就可以在電腦上直接執行，例如常見的 Ms Office 辦公室軟體、Photoshop 美工軟體等，編譯式的好處是編譯完畢就可以獨立運作執行，但缺點是，如果執行錯誤或是程式語法錯誤，又要全部再編譯乙次。

而直譯式程式語言和編譯式語言的差異就在這裡，直譯式程式語言是一行行的執行，也就是不需要等待程式全部完成，就可以逐步執行，如果有錯誤也可以馬上修改，不用全部重新編譯乙次。同樣的，有優點也有缺

點，直譯式語言的缺點是無法獨立運作，必須有該語言的程式核心執行環境才行，再者，因為是一行行逐一執行，也就是說它是一邊解譯一邊執行，因此執行的效能會比編譯式的差。

有了這二種概念之後，要學習哪種語言較合適呢？其實它沒有所謂的標準答案！直譯式的易學易用，讓學習較為無痛，再加上電腦效能與速度越來越快，在一般的應用場合之下，與編譯式的執行結果差異其實不明顯（例如 1 秒和 0.1 秒差了十倍，但對於一般電腦使用者是無感的！）但在較特殊應用場合，如與系統相關的趨動程式或要求快速運算的分析軟體等等，就需要編譯式語言了。

目前常見的編譯式語言如 java、c++ 等，直譯式語言常見的有 Python、Perl、bash shell 等等。Python 語言近年來由於易學易用且功能也逐步強大，2016 的 IEEE 的程式語言排名位居第三（http://spectrum.ieee.org/static/interactive-the-top-programming-languages-2016）如下圖。

下圖取自 IEEE 官方網站，從排名上看，直譯式的 Python 排名第三，是非常值得初學者第一次學習程式語言時的入門語言，但千萬不要因為它是入門語言就覺得它能力薄弱。

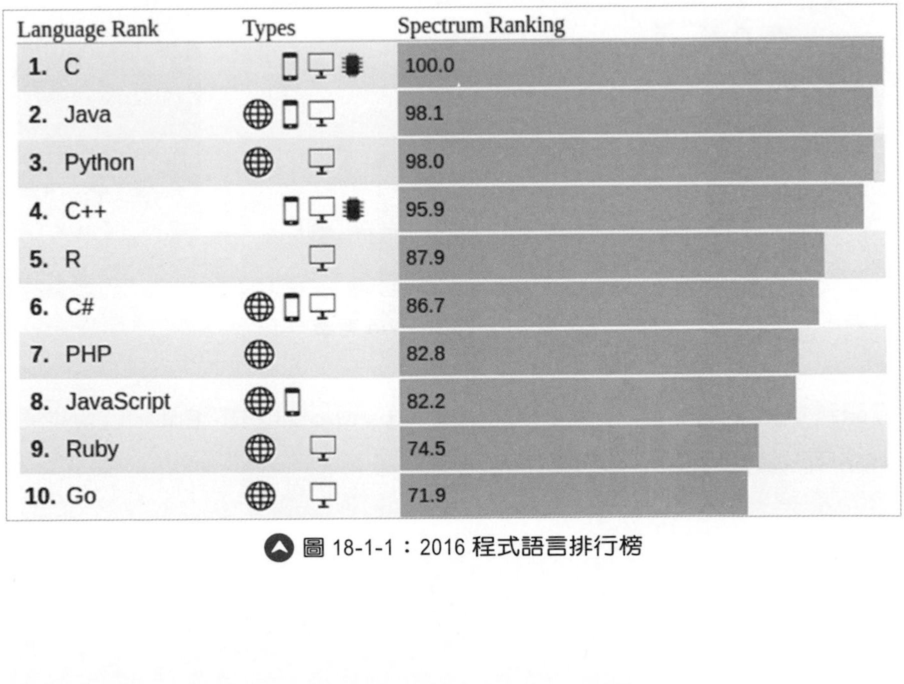

| Language Rank | Types | Spectrum Ranking | |
|---|---|---|---|
| 1. C | 📱 🖥 🔲 | 100.0 | |
| 2. Java | 🌐 📱 🖥 | 98.1 | |
| 3. Python | 🌐 🖥 | 98.0 | |
| 4. C++ | 📱 🖥 🔲 | 95.9 | |
| 5. R | 🖥 | 87.9 | |
| 6. C# | 🌐 📱 🖥 | 86.7 | |
| 7. PHP | 🌐 | 82.8 | |
| 8. JavaScript | 🌐 📱 | 82.2 | |
| 9. Ruby | 🌐 🖥 | 74.5 | |
| 10. Go | 🌐 🖥 | 71.9 | |

▲ 圖 18-1-1：2016 程式語言排行榜

在接下來的小節裡，將介紹一些基本的 Python 語言基礎，稍稍進入程式語言的殿堂。在此先說明底下不是完整的 Python 程式語言教學，僅是透過一些基本的語法帶領大家認識這個語言。

## 一、一般敘述

程式基本上都是由一行行有步驟的特定語法所組成，這個特定語法就是各程式語言所定義的語法，C++ 與 Java 與 Python 各有不同，但只要精熟其中一種，學習其它語言就如倒吃甘蔗越吃越甜。

如前所提，python 是直譯式語言，所以必須要先安裝 Python 語言的核心環境平台，說明白一些，就是要安裝讓電腦可以認識 Python 語言的環境。

使用 Windows 和 Mac OS X 的電腦可以到官網（https://www.python.org/）下載。使用 Ubuntu 系統預裝 python 執行環境，免下載安裝，直接可以使用。

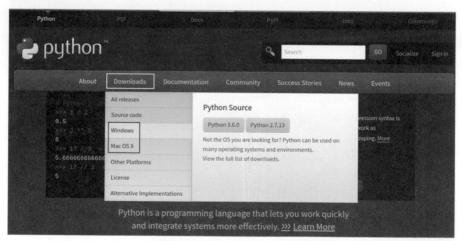

▲ 圖 18-2-1：python 官網

打開終端機（Ctrl + Alt + T）後，輸入 `python3` 按下 Enter 就會進入與 Python 互動的世界裡，如下圖所示。

下圖說明了目前使用的 python 版本，游標前變成了「＞＞＞」三個小箭頭。

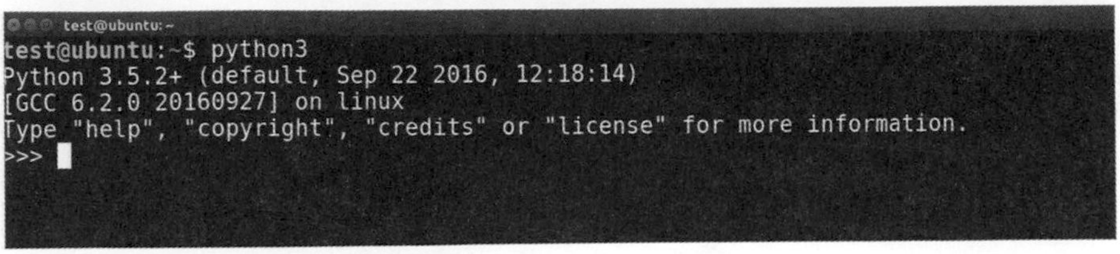

▲ 圖 18-2-2：進入 python 環境

輸入 print（'我愛 Ubuntu'）後按下 Enter，電腦立刻解譯並執行，然後把結果顯示出來，print 就是顯示的意思。我愛 Ubuntu 是文字串，所以用左右各一個單引號把它框起來。

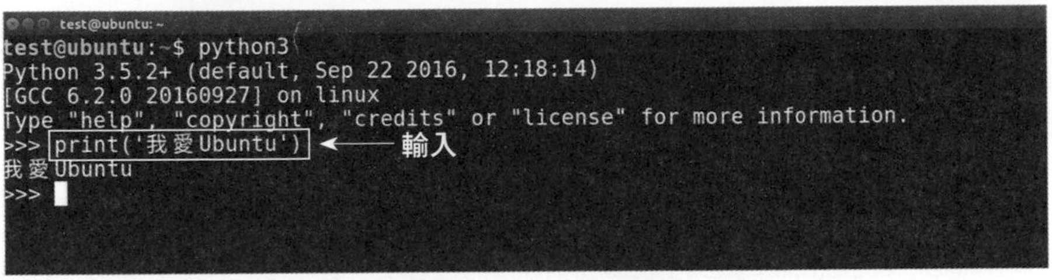

▲ 圖 18-2-3：一行敘述

輸入底下的內容：

a = 2

b = 5

print (a+b)

a,b 是使用者自行命名的 python 變數名稱，a 指定為 2，b 指定為 5，顯示 a+b 的結果，所以電腦如預期般顯示 7 這個數字。

這些敘述式都是 Python 的語言基礎。

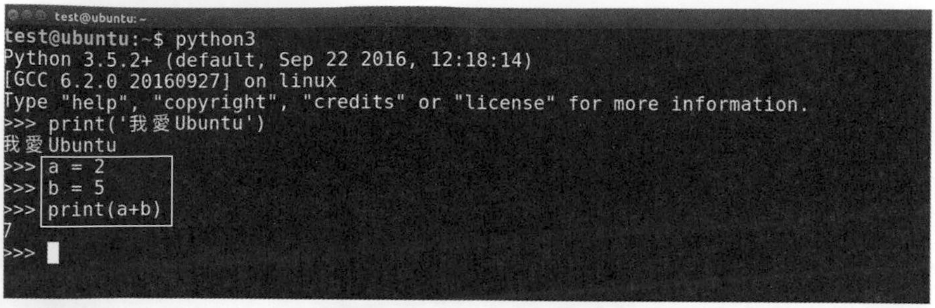

△ 圖 18-2-4：更多的敘述

繼續輸入

```
a = 9
```

```
print (a+b)
```

得到的結果是 14。

這次沒有設定 b 的值，為什麼會出現結果呢？還記得之前有設定 b=5 嗎？

9 + 5 = 14

如果我要直接將上面的敘述 b=5 改為 b=12，這時會發現不管是滑鼠或是游標，都無法移動到上面的敘述去更改。

這種執行環境其實不適合開發程式，因為它無法像一般的文字編輯器來進行修改。

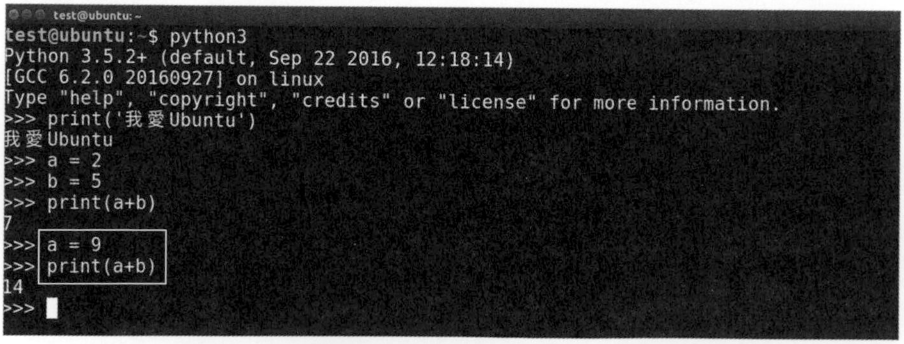

△ 圖 18-2-5：改變 a 的值

可以使用 Geany 文字編輯器來撰寫程式，這個程式支援 Python 語法，如下圖對於保留字等會有不同的顏色區別，在 Ubuntu 系統下可以輕易安裝起來使用。

```
sudo apt-get install -y geany
```

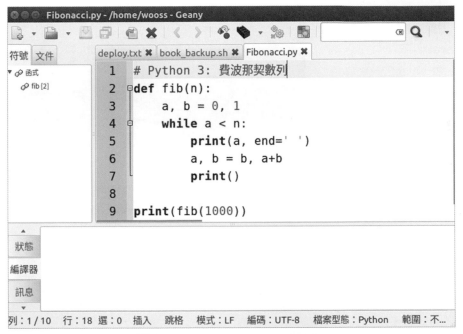

● 圖 18-2-6：使用 Geany 編寫程式

如果要更專業的 Python 編輯器，建議使用 PyCharm 這套專業級的軟體，它是付費的軟體，但是可以下載功能較少的免費教育版來使用。這套軟體要熟練上手也須要一段時間的學習。

▲ 圖 18-2-7：PyCharm

　　除了上述介紹的程式編輯器之外，其實還有很多知名的程式設計編輯器，例如 Sublime Text（https://www.sublimetext.com/）、Visual Studio（https://code.visualstudio.com/）和 Eclipse（https://eclipse.org/）等，但是這些編輯器功能強大的另一面就是須要花時間學習軟體界面的使用，對於初入門的初學者是另一個負擔。

　　對於初學者而言，最好無痛免安裝，就可以像一般文字編輯器一樣修改程式，更不用特別學習軟體操作，這時 Trinkets（https://trinket.io/features/python3）就是首選。

　　它是網頁版的 Python 學習工具，非常適合剛入門的初學者。接下來的範例都會是這個網頁上執行和測試。

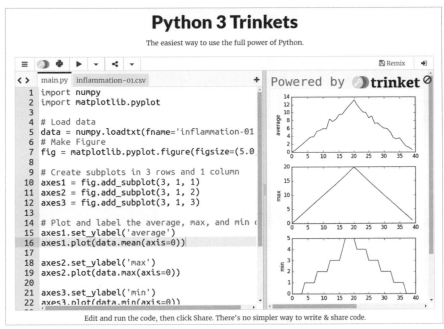

圖 18-2-8：Trinkets 官方網站

## 二、條件判斷

條件判斷是訓練邏輯的重要元素，也是程式設計相當重要的基礎。條件判斷是指：當某事件發生時要做的事情，否則就做另一件事。以日常生活為例：

如果明天下雨就去看電影，否則就去爬山。

如果溫度超過 80 度就啟動降溫冷氣，否則就繼續加熱。

如果我有一百元就去吃肉圓，否則就只能喝水。

從上述的情境得知，日常生活中經常需要依據某些條件進行某些不同情境的事情，而電腦程式設計也是如此，那在 Python 中是如何使用條件判斷的敘述呢？

前往 trinket 官網（https://trinket.io/）註冊一個帳號。

圖 18-2-9：註冊帳號

　　輸入電子信箱和設定要登入 trinket 的密碼，這裡強調一下，它不是要你的信箱登入密碼，而是設定要登入 trinket 的密碼，建議不要和信箱密碼一樣，增加安全性。

　　【提示】也可以直接用 Google 帳號，如下圖框起的按鈕圖示。

圖 18-2-10：信箱和密碼資料

登入之後點選 python 按鈕，如下圖所示。

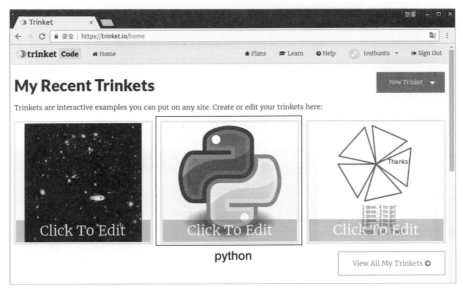

▲ 圖 18-2-11：進入 python 編輯器

下圖是 trinket python 網頁編輯器主畫面，左邊的 main.py 就是寫主程式的地方。

▲ 圖 18-2-12：主畫面

有沒有看到一個像錄音機的播放按鈕,那個就是程式的執行按鈕,試著按一下,看看右邊的 Result 執行結果。

首先將原畫面的程式碼全部清除,然後輸入 a,此時會將與 a 有關的函數或是保留字展示出來,提供參考使用。

這種會依據輸入的字母跳出相關訊息的編輯器常稱做智慧形編輯器,可以大量減少需要記憶的資料。

▲ 圖 18-2-13:開始輸入程式

當輸入到第 3 行時 if a > b:

按下 Enter 鍵之後,游標跳到第 4 行,特別注意游標會自動縮排,這個縮排並不僅僅是為了美觀,而是 python 在判斷程式區塊的依據。

以下圖為例,如果 a > b,要執行的所有工作就是放在「下一區塊」裡,而要判斷是不是下一區塊,就要依靠縮排。

初學者在這裡經常不是忘了縮就是隨意縮排,就會導致程式錯誤或執行結果錯誤。

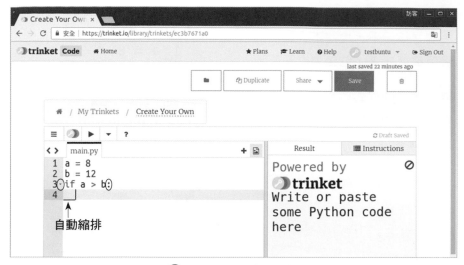

▲ 圖 18-2-14：自動縮排

依下圖完成程式碼後按下執行箭頭按鈕，執行結果會出現在右邊。

8 < 12 所以 a < b

現在可以試著改變 a 和 b 的值，並且執行看看結果是不是如預期。

【提示】左右單引號內的資料都會被視為一般文字。

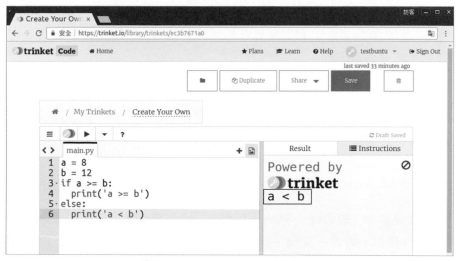

▲ 圖 18-2-15：完成程式碼並執行

在第 3 行和第 5 行有個小小的向下箭頭，如果按一下，會將下一區塊的程式碼折疊聚合起來，結果如右圖所示。

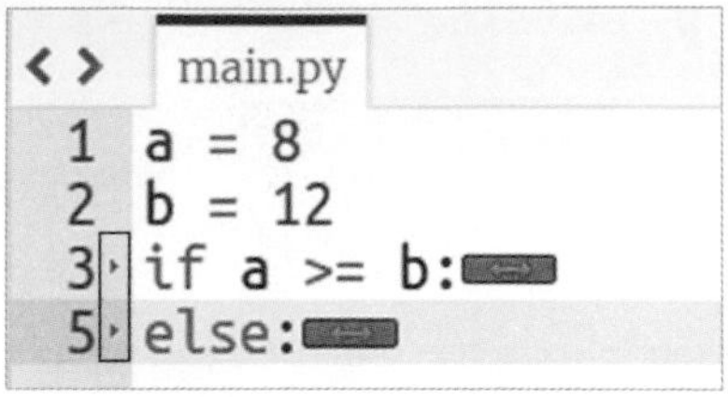

▲ 圖 18-2-16：折疊

當區塊內的程式碼有數十甚至有數百行時，適時的折疊可以讓程式碼邏輯更清楚呈現。

完整程式碼如右圖。說明如下：

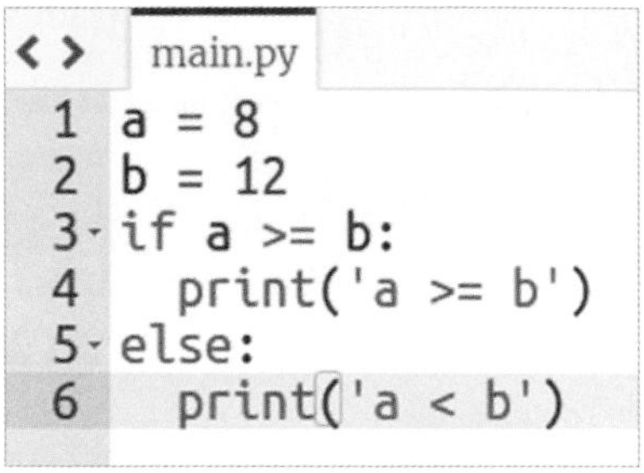

a 設定為 8

b 設定為 12

如果 a 大於等於 b 那麼

　　顯示 a >= b

否則

　　顯示 a < b

▲ 圖 18-2-17：完整程式碼

## 三、迴圈

快速的重覆執行某項工作是電腦的強項，但執行什麼事？執行到什麼時候停止？就是迴圈要做的事！ python 的迴圈有二種類型：

1. while 敘述是「一直做到當某條件到達時停止」，例如：從家裡一直跑到台北 101 時才休息。

2. for 敘述是「執行一定的次數」，例如：做仰臥起坐十次。

這二種敘述各有其用途，底下我們來試做一個九九乘法表。

下圖為九九乘法表的程式碼。

```
for i in range (1,10)
```

這一行是表示 i 的值從 1 開始一直到 9，接下來 j 也是一樣的意思，但特別注意，j 是在 i 的下一區塊，而 print 又是在 j 的下一區塊，所以就共執行 9 * 9 = 81 次。

這是許多語言教學常使用的例子，好好思索一下吧！

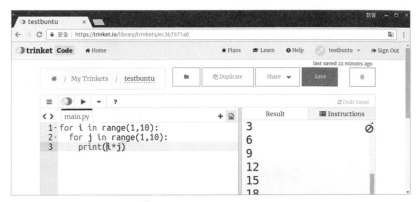

▲ 圖 18-2-18：九九乘法表

## 四、函數

對於一些經常使用的功能，為了減少程式碼以及易維護易開發，常會把這些常用的功能做成函數，方便一再的重覆使用，例如把圖片壓縮的功能做成函數，要壓縮圖片時就把圖片交給這個函數去執行，不用一再的重覆撰寫同樣的程式碼。為方便了解，底下使用最簡單的自製函數 my_math 來體驗一下。

下圖為自製函數的例子，定義如下：

def 自訂函數名稱（傳遞的參數）

所以 def my_math（a,b）表示自定義函數名稱為 my_math，這個函數會接收二個參數，接收到的值就會在函數裡運算，這裡的例子是把接收到的值顯示加、減、乘、除的結果，最後 my_math（10,5）就是把 10 和 5 送到 my_math 函數中去執行。

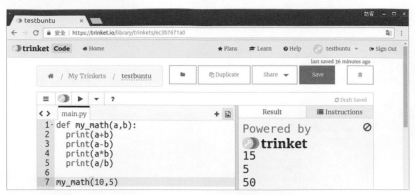

▲ 圖 18-2-19：自製函數 my_math

## 結　語

　　Python 語言絕非僅有本章初淺的介紹內容，事實上 Python 是物件導向語言，除了本章約略的語法之外，它的資料型態、資料結構、內建函數、第三方函數庫、物件類別、物件導向設計等等，這種種的課題才是 Python 的精華所在，要精通這門語言，除了更深入了解它的其它語法之外，更要多寫、多讀、多看他人的程式碼，讓經驗隨著不停的思索與撰寫除錯中成長，期許大家也能成為新一代的程式高手。

# 19

積木式程式設計
Scratch

## 學習目標

繼前一章使用純文字的方式學習程式概念,本章將介紹利用視覺化的圖形積木來組合出一個程式,目前也有不少的積木式程式設計,本章將從一步步實際操作中,指導麻省理工學院所開發的 Scratch 應用程式設計概念,在閱讀實作前,建議要閱讀完前一章「運算思維與Python 程式語言」,將更快進入 Scratch 的殿堂。

- code.org
- Scratch 初體驗
- 踱步走的人
- 結語

## 19-1 code.org

在學習 Scratch 之前，請先打開瀏覽器進入 code.org（https://code.org/），利用這個網站的互動教學功能，學習什麼是積木式的程式設計。

code.org 是一個程式互動教學的網站，可以讓完全沒有程式經驗的學生，快速的建立起程式設計的概念。

▲ 圖 19-1-1：code.org 官方網站

網頁向下拉，找到「一小時玩程式」，點選進入。

▲ 圖 19-1-2：一小時玩程式

進入網頁後向下拉到底，點選「顯示各種語言的活動」。

【提示】網頁裡所有的課程其實都可以體驗，只是大部份是英文說明。

▲ 圖 19-1-3：找到更多課程

找到 Star Wars 這個課程後點選進入，瀏覽器會另開一個新分頁將課程載入。

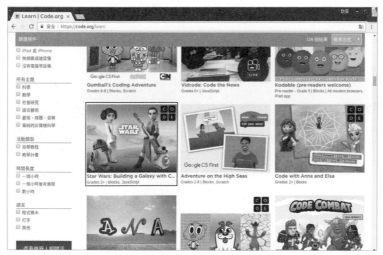

▲ 圖 19-1-4：Star Wars

出現課程的說明畫面，請點選「Start」開始按鈕進入教學課程。

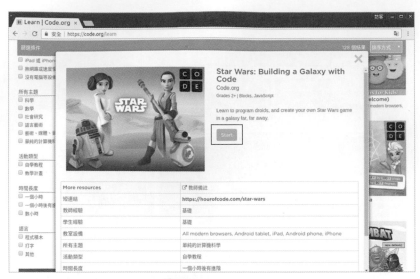

▲ 圖 19-1-5：開始

迫不及待了嗎？趕快點選「快來試試」正式進入教學課程中。

▲ 圖 19-1-6：快來試試

出現介紹教學，聽不懂英文？沒關係，直接按下 X 按鈕關閉它。不用擔心不會用，每個關卡都會有足夠的說明。

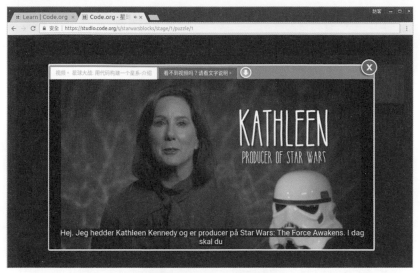

▲ 圖 19-1-7：介紹教學

檢視一下任務說明，了解之後按下「確定」按鈕。

▲ 圖 19-1-8：了解任務

有看到左邊的操作說明嗎？試著照做看看。

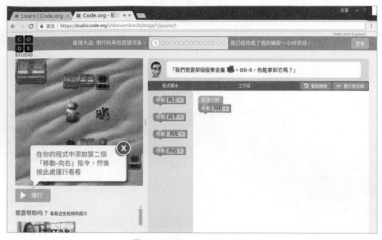

▲ 圖 19-1-9：操作說明

　　現在依照指示，拖曳「移動 - 向右」這個積木式指令到工作區中，然後接到第一個積木的下方，切記，二個要接在一起。

　　【提示】python 的程式是用一行行的指令敘述來組成，這裡是使用一個個的積木式指令來組合成程式，雖然不用打字，但程式的概念是一樣的。

▲ 圖 19-1-10：拖曳程式積木

拖曳另一個「移動 - 向右」指令，確定二個接在一起後，放開滑鼠。這時可以按下「運行」按鈕，觀察一下發生了什麼事。

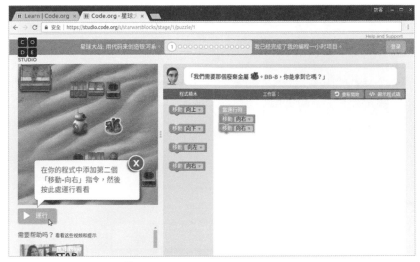

▲ 圖 19-1-11：確定二個按在一起

程式執行時，可以看到機器人向右走了二步拿到了零件。

出現過關畫面，請點選繼續按鈕，向第二關前進。

▲ 圖 19-1-12：過關了

新的任務需要收集所有的金屬，畫面上有二個，要如何移動機器人收集到二個金屬呢？想想看！

▲ 圖 19-1-13：新的任務

檢視一下下圖是不是和你的想法一致呢？放好了積木指令之後，按一下「運行」。

過關了嗎？很好！接下來還有很多的關卡就留給你自己去嘗試了。

放錯了沒關係，撰寫程式嘗試錯誤是必然，未來會發現，面對無數的錯誤，一步步除錯才能成為程式高手！

▲ 圖 19-1-14：試試看能完成任務嗎

## 19-2 Scratch 初體驗

有了 code.org 的教學課程體驗之後，相信對於積木式的程式設計方式應該有所認知了，在不用打字輸入指令之下，即時互動的體驗，不管大人小孩都很容易上手，在這個基礎之下，學習 Scratch 就會變的得心應手。

Scratch 是由麻省理工學院所研製，它提供了線上版（直接用瀏覽器進行設計）以及離線版（將開發程式安裝到電腦上，不需要網路連線也可以操作學習），接下來的操作將直接使用線上版進行體驗。若需要離線版請自行下載安裝。

使用瀏覽器前往 Scratch 官方網站（https://scratch.mit.edu），官方網站提供了許多他人分享的作品，可以試玩也可以觀看程式碼，多看其它人的作品有助於撰寫程式能力的增長。

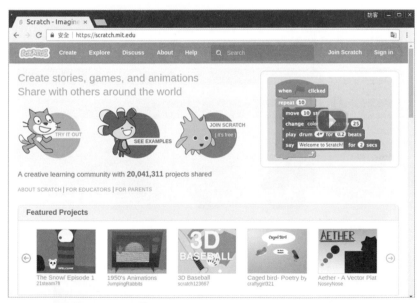

▲ 圖 19-2-1：前往官方網站

網頁下拉到底，將語系切換成「正體中文」畫面。

▲ 圖 19-2-2：切換中文界面

切換成中文之後，網頁上拉回到頂端，左上角有一個「加入 Scratch」連結點，點選它進行註冊動作。

▲ 圖 19-2-3：加入 Scratch

第一步驟：用戶名稱和密碼

請輸入自訂的用戶名稱，建議使用英文名稱，然後輸入自訂的密碼，密碼越安全越好，可以使用第八章的密碼管理的技巧來管理密碼。

第二步驟：基本資料

依照畫面輸入基本資料。

第三步驟：驗證信箱

　　請輸入自己常用的信箱，註冊完畢後 Scratch 會寄一封註冊信給你，收到信之後點擊信裡面附加的連結，即可完成驗證動作。

▲ 圖 19-2-6：驗證信箱

第四步驟：註冊完畢。

註冊完畢可以直接點選「好了，讓我們開始吧！」按鈕。

▲ 圖 19-2-7：註冊完畢

完成之後如下圖。請點選左上角「創造」連結點，進入程式設計畫面。

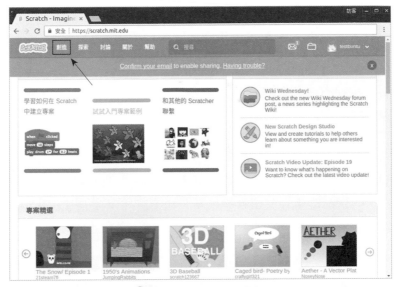

▲ 圖 19-2-8：創造新程式

Scratch 程式設計畫面如下圖：

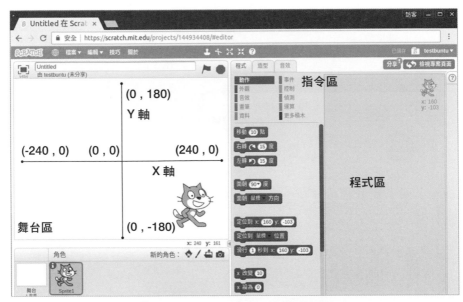

▲ 圖 19-2-9：Scratch 程式設計畫面

- 舞台區:所有動畫角色表演的場所,它的「面積」有 480x360 的大小,原點在中心。

- 角色:左下區域就是所有角色集中放置的地方,可以想像是舞台的「後台演員休息區」。

- 指令區:這裡有各式各樣的積木指令可以使用,雖然不用背誦指令,但是仍要花時間學習這裡的每個指令的功能。

- 程式區:把指令區的積木拖曳過來組合成程式的地方。

Scratch 的「事件」是指「當某件事情發生時要做的動作」,而 Scratch 的程式起點通常都發生在某事件發生時,如下圖「當綠色旗子被點擊」,接下來就是要做的事情。

▲ 圖 19-2-10:事件起點

觀察一下,事件提供了許多觸發的點,如鍵盤事件、角色事件、廣播訊息事件等。

【提示】每個角色都會有不同的事件及程式碼。目前是針對畫面上的貓角色來處理。

點選「動作」，下方出現許多和角色移動動作有關的指令。將「定位到…」指令拖曳到右邊的程式區，接在「當綠色旗被點擊」下方。

　　然後將「定位到…」的 x 和 y 座標改為 0，這時程式一執行，貓就會回到畫面的中央原點。

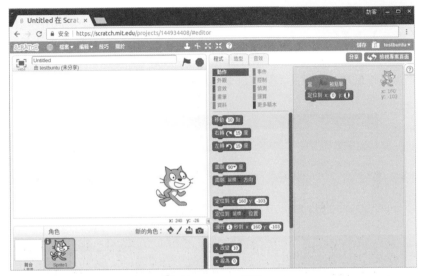

▲ 圖 19-2-11：動作

　　繼續拖曳相關的動作指令如右圖所示。移動的點數和轉動的角度可以自行設定。

　　當完成後，請按下舞台區上方的綠色旗子，綠色旗子代表執行程式；紅色的圓圈代表停止程式執行。

　　按下綠色旗子之後，貓會移動到原點，然後依照指示移動、右轉。

▲ 圖 19-2-12：移動程式碼

接下來讓貓在畫面上移動的同時，將移動的路線畫出來，這時就需要用到「畫筆」程式。

點選「畫筆」，將「筆跡顏色設為 ...」拖曳到如下圖「當綠色旗被點擊」的下方，出現白色線條時放開滑鼠，這時「筆跡顏色設為 ...」就會插入到程式中間。

【提示】滑鼠移到「筆跡顏色設為□」的空隔內後點擊滑鼠，注意滑鼠形狀會改為手的形狀，這時移動滑鼠到畫面上其它顏色的物件上按一下滑鼠，就可以設定顏色為按下去的物件顏色。

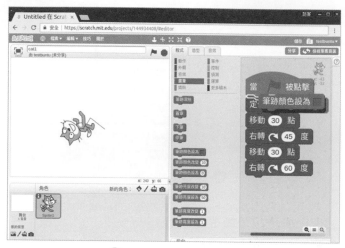

▲ 圖 19-2-13：增加畫筆

接著拖曳「下筆」指令並插入程式碼之間，如右圖所示，這時點擊舞台區上方綠色旗子執行程式，除了貓會移動之外，移動之後同時在舞台區上畫出線條出來。

依照這個技巧，你可不可以設計出畫出一個正方形的程式呢！

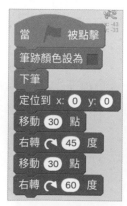

▲ 圖 19-2-14：畫出線條程式碼

接下來撰寫一個在房間裡踱步的人。這個人要從左邊走到右邊，再從右邊走到左邊，一直不停地走來走去，當走到邊時轉向就是必須的判斷點。

假設之前已經關機休息，開機後重新打開瀏覽器進入 Scratch 官網，登入之後的畫面如下圖所示。

點選右上方你的帳號名稱，在下拉的功能表點擊「我的東西」。

▲ 圖 19-3-1：我的東西

這裡會出現曾經存起來的程式列表。要開始新增一個程式，請點選右上方「新增專案」按鈕。

▲ 圖 19-3-2：我的程式列表

創建了一個全新的空白專案程式。接下來就是發揮創意的時刻了。

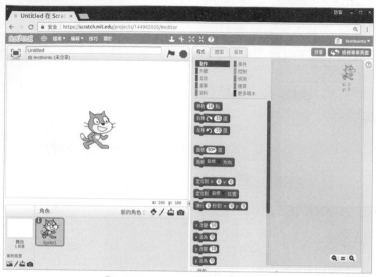

▲ 圖 19-3-3：新的空白專案程式

畫面左下方，舞台的下方有四個按鈕，可以從範例庫中挑選背景、自己動手畫、從電腦中選擇及透過相機拍攝等。

最常用且最簡單的方法當然是最左邊第一個「在範例庫中挑選背景」。

▲ 圖 19-3-4：更換舞台背景

範例庫中有非常多的背景圖可以挑選，我們先從分類中點選「室內」，再從中選擇需要的背景圖。

下圖中將使用「bedroom2」這個背景，選好後滑鼠雙按就可以選用，或是使用右下角的「確定」按鈕。

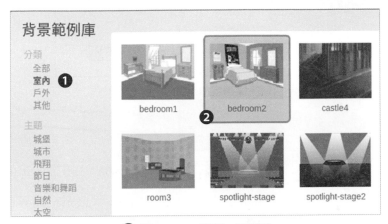

△ 圖 19-3-5：挑選一個背景

中間有一個「背景」分頁，當選擇某一個背景之後，右邊會改變為背景編輯區，此時可以利用編輯區的繪圖工具列的各項工具來美化、修改背景圖。

△ 圖 19-3-6：更換背景及編輯

　　點選「貓角色」，利用滑鼠右鍵功能表的刪除功能，把它刪掉，準備新增不一樣的新角色。

▲ 圖 19-3-7：刪除預設角色

　　和背景圖一樣，點選第一個按鈕「在範例庫中挑選角色」是最容易上手的方法。

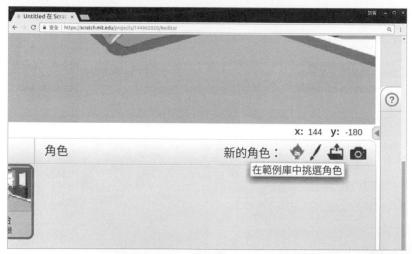

▲ 圖 19-3-8：從範例庫中挑選角色

　　裡面有各式各樣的角色，覺得太多不好選，也可以從分類中選擇。

我們挑選「Avery Walking」這個角色，要選有 Walking 的角色，到時才可以看到人物走路的動作。

▲ 圖 19-3-9：挑選角色

對於角色而言，中間的就是造型分頁，如同背景分頁一樣，此時右邊就是各個造型的角色造型編輯區，同樣地可以使用繪圖工具進行編修。

注意，它有四個不同的走路造型，只要「不停的依序切換造型」，就可以看到走路的動畫效果，其實這就和畫漫畫是一樣的原理。

▲ 圖 19-3-10：造型分頁

預設的角色都可以再調整大小。點選如下圖所示的縮小按鈕，注意點選之後滑鼠的型狀會改變為縮小的圖示，此時點選要縮小的角色，每點一下就會縮小一些，一直點就會一直縮小，請依照需要來調整。

同樣的操作方法也適用在放大角色，只要按下放大按鈕即可。

▲ 圖 19-3-11：縮小角色

如下圖所示，挑好背景和角色，改變好角色需要的大小，再拖曳角色到初始的位置擺好，接下來就是開始撰寫程式碼的時間了。

▲ 圖 19-3-12：調整好的舞台與角色

先從「事件」中拖曳「當綠色旗被點擊」的積木到程式區。

點選「控制」，拖曳「循環無限次」和「等待1秒」的程式積木組合如右圖所示。

這表示一旦程式開始執行，除非按下紅色的停止按鈕，否則程式就會一直執行不會停下來。

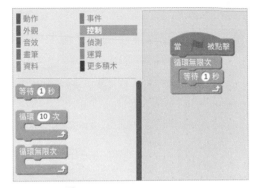

▲ 圖 19-3-13：控制積木

從「動作」中拖曳「移動10點」。

從「控制」中拖曳「如果……那麼」積木，這個就是條件判斷，當發生什麼事情時，要做哪些事情，就放在裡面。

拖曳「碰到鼠標」積木到「如果 ... 那麼」的中間，如下圖所示。

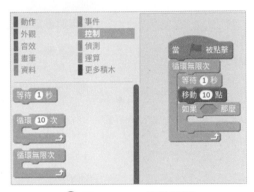

▲ 圖 19-3-14：條件判斷

【提示一】日後也可以從型狀中觀察，積木和積木之間的關係。

【提示二】偵測是很重要的判斷點，例如射擊遊戲就可以利用顏色碰撞來判定有沒有打到怪物。

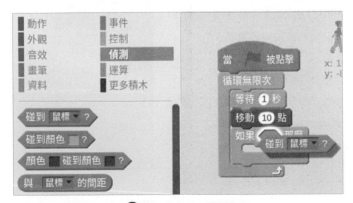

▲ 圖 19-3-15：偵測

如下圖所示，點選下拉將「鼠標」改為邊緣，也就是如果碰到邊緣那麼…。接下來就把碰到邊緣後要做的事情放在裡面。

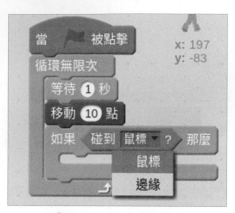

▲ 圖 19-3-16：碰到邊緣

如下圖所示，拖曳適合的外觀積木到條件區塊內，也就是當角色碰到邊緣就會出現「怎麼辦啊」的小視窗。

沒碰到邊緣就將角色造型換成下一個，還記得這個角色有 4 個造型嗎？它就會從 1 ～ 4 不停的切換，就會有走路的動畫效果。

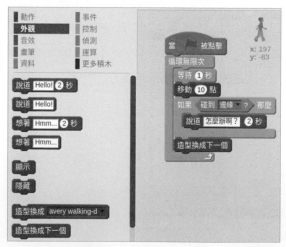

▲ 圖 19-3-17：改變造型

最後從「動作」積木區塊裡拖曳「碰到邊緣就反彈」到條件區內，如下圖所示，這個動作就是讓角色走到邊緣後可以轉身向另一邊走。完整的程式積木區塊如下圖所示。

▲ 圖 19-3-18：碰到邊緣就反彈

按下執行按鈕觀察一下結果吧！

▲ 圖 19-3-19：執行測試

如下圖所示,將專案名稱命為「踱步走」。

▲ 圖 19-3-20:改變專案名稱

下拉「檔案」→「儲存」將這次辛苦的成果儲存起來。

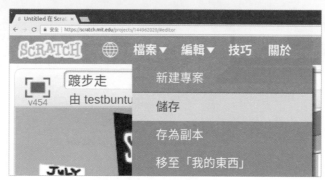

▲ 圖 19-3-21:儲存專案

在「我的東西」頁面裡就可以看到剛才儲存起來的專案，下次要修改或是執行，都可以點選「觀看程式頁面」進入程式編修與執行畫面。

▲ 圖 19-3-22：我的東西

點選「探索」，可以查看非常多的分享範例，透過觀看別人的設計內容與方法，是快速成長的技巧。

▲ 圖 19-3-23：探索

　當點選某個範例之後進入到範例頁面，這時可以直接點按綠色的旗子檢視執行的結果，想要更深入研究，可以點選右上方「觀看程式頁面」按鈕，這時就會進入程式設計畫面，可以好好研究別人是怎麼做出來的。

▲ 圖 19-3-24：某個範例

## 結　語

　本章僅介紹 Scratch 最基礎的程式設計，主要目的是希望可以透過單步簡單的操作，培養程式設計的信心，程式設計是一門藝術，需要不停的練習與學習才可以寫出令人感動的作品，在本章的基礎下，覺得 Scratch 值得更深入學習，這時你需要一本 Scratch 專書和無比的信念，向程式高手邁進。

# 手機程式設計 AI2

## 學習目標

本章介紹由麻省理工學院所開發之視覺化手機程式設計軟體 MIT App Inventor 2，簡稱為 AI2，使用它可以設計出 Android 手機專屬的應用程式，設計方法類似 Scratch，也是使用積木式的程式區塊，不過由於是手機應用程式，難度及學習曲線當然比 Scratch 要高出許多。

AI2 提供相當多的元件，本章僅學習 AI2 的一些基本操作及相關簡易的元件，在無痛的學習情境下為日後更深入的學習打好基礎。

- 虛擬手機
- 簡單的面積計算 App
- 虛擬機測試程式
- 在相片上作畫
- 結語

## 20-1 虛擬手機

開發手機程式當然需要一台手機來測試開發出來的程式是否正確，AI2 僅支援 Android 系統，換句話說，蘋果系列的手機、平板是不可以使用的。要讓 AI2 做出來的應用程式傳送到 Android 手機進行測試，有下列三種方法，如下圖：

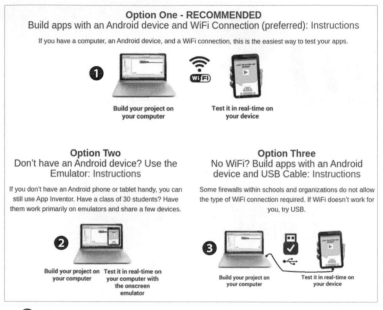

● 圖 20-1-1：AI2 和手機連結的方法（取自 AI2 官方教學網站）

**方式一：直接使用 WiFi 和 AI2 連結。** 這是官方強烈建議的連結方式，因為只要在手機上安裝 MIT AI2 Companion 應用軟體（可從 Google Play 商店裡查詢安裝），這時只要電腦和手機使用同一個 IP 區段（例如家用無線網路分享器），就可以很輕易的讓 AI2 和手機連結，一邊開發一邊測試，隨時了解程式的執行結果。

**方式二：安裝手機模擬器。** 這種方式就是透過軟體的方式，在電腦裡「安裝一台手機」，此時 AI2 所設計的程式就可以在這台虛擬手機上執行測試。但是畢竟這不是一台真實的手機，也就是說它有很多常見手機功能，

如相機、GPS、震動等實體手機才有的功能它都沒有，所以有些程式無法測試；再者由於是虛擬手機，如果電腦是老舊且效能很差的電腦，執行的速度可是相當緩慢的，這點要先有心理準備，以免等到發火。

**方式三：使用 USB 連結線和電腦連結。**這種方式是官方不建議使用的方式，因為手機不像其它周邊可以隨插即用，雖然目前大部份手機看起來使用 USB 線可直接連上電腦，但是那僅只於讀取 / 寫入手機的儲存記憶體，也就是手機像一般的 USB 隨身碟一樣。如果要讓程式可以透過 USB 連結線送到手機去執行，必須安裝手機專屬的驅動程式，各品牌手機又各有自己專屬的驅動程式，這會使得連結工作變得複雜，所以非必要不要使用這種方式進行連結。

本章將採用第二種安裝虛擬手機的方式做為程式測試。請先前往官方網站（http://appinventor.mit.edu/explore/ai2/setup.html）。

如下圖出現三種連結方式的教學，說明如前。請點選 Option Two 的 Instructions 安裝指示，如下圖框選處。

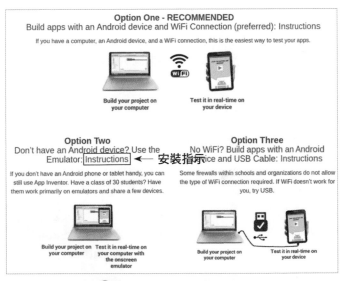

▲ 圖 20-1-1：前往官方網站

待會會依照網頁說明進行安裝動作，較重要的有二點：

❶ 如果是 64 位元的系統，必須安裝 32 位元的相容函數庫，如下圖所標示。通常來說，目前 Ubuntu 幾乎都是 64 位元的作業系統為主，除非下載時有特別要求 i386 的安裝光碟檔。

❷ 請點選「Appinventor Setup installer Debian package」連結點，預先下載安裝檔到電腦裡。

▲ 圖 20-1-2：安裝說明網頁

打開終端機，輸入下列指令：

```
sudo apt-get install lib32z1
```

▲ 圖 20-1-3：安裝 32 位元相容函數庫

打開檔案管理員，前往之前下載的安裝檔所在目錄，找到該檔案後，不要點選檔案，直接在空白處按滑鼠右鍵，下拉功能表中點選「以終端機開啟」。

在現行目錄打開終端機，這樣指令才能直接取得安裝檔案。

輸入底下的指令：

```
sudo dpkg -i appinventor2-setup_2.3_all.deb
```

【提示】有個小技巧，當輸入 sudo dpkg -i app 之後，按下鍵盤的 Tab
　　　　鍵會自動補上後面的檔案名稱，一方面少打很多字，二方面不
　　　　會打錯字。

安裝完畢之後就可以關閉終端機，感覺起來好像什麼事都沒有發生！別急，接下來繼續學習簡單的 Android 程式設計，並適時啟動虛擬手機來進行測試應用程式！

## 20-2 簡單的面積計算 App

凡事起頭難,首先利用 AI2 設計一個非常簡單的長方形面積計算的 App,使用者可以輸入長、寬,手機自動算出它的面積是多少。為讓程式簡化再簡化,這裡不考慮各種單位,假設全部都是同一個公分單位。

打開瀏覽器,輸入下列網址:

http://ai2.appinventor.mit.edu

等等,明明是前往 AI2 的網頁,為什麼出現如下圖登入 Google 的頁面? 發生了什麼事?電腦當機了嗎?

其實,AI2 是直接使用 Google 的帳號,也就是它自己本身不提供身份驗證服務,所以請使用 Google 的信箱帳號登入,登入成功會自動轉向到 AI2 的頁面去。

到現在還沒有 Google 帳號?快申請一個吧!

▲ 圖 20-2-1:前往 AI2

Google 發出有一個應用程式需要存取帳號的要求，請點擊「Allow」允許它。

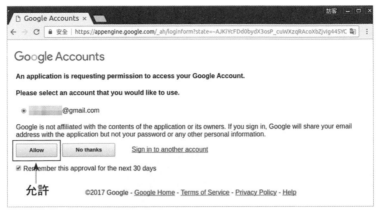

▲ 圖 20-2-2：存取要求

登入後出現如下圖的說明頁面。

它附有二個連結點（中文說明如下圖），可點選進入閱讀如何設定，但都是英文網頁。

點擊「繼續」開始進入程式設計頁面。

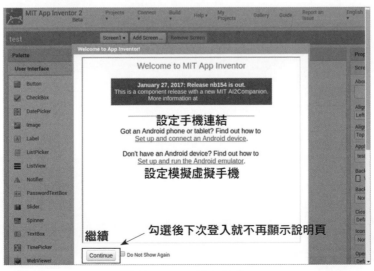

▲ 圖 20-2-3：登入後畫面

預設是英文語系，如下圖請點選下拉「English」，然後改成「繁體中文」。

【提示】如果未來要更深入學習 App 開發，就必須盡早適應英文界面，
　　　　將來轉換成 java 語言開發時，會較輕鬆。

▲ 圖 20-2-4：改變語系

修正為繁體中文之後的全中文界面。

▲ 圖 20-2-5：全中文界面

點選「新建專案」按鈕，在新建專案的對話視窗裡輸入專案名稱 Area。

【提示】專案名稱不接受中文名稱。

▲ 圖 20-2-6：新建專案

設計主頁面如下圖所示，概分為五區：

❶元件面版：這裡有各式各樣的人機界面所使用的元件。

❷工作面版：將需要的元件拖曳到手機顯示頁面，視覺化設計手機程式界面。

❸元件清單：放置在手機顯示頁面（即工作面版）上的元件，會依序排列在這裡，方便選用。

❹素材：這個專案應用程式會用到的多媒體素材，如聲音、相片、影片等。

❺元件屬性：每個元件都有不同的屬性，可以在這裡細部調整。

▲ 圖 20-2-7：AI2 設計主頁面

點選「界面布局」將「垂直布局」拖曳到工作區，如下圖。

▲ 圖 20-2-8：拖曳垂直布局到工作區

觀察元件清單裡出現垂直布局 1，點選「元件屬性」的寬度屬性，出現如下圖畫面，點擊「填滿」，讓垂直布局橫向填滿整個畫面。

△ 圖 20-2-9：改變屬性

點擊「使用者界面」會出現如下圖屬於使用者界面的所有元件，找到「標籤」將它拖曳到垂直布局 1 的裡面。

△ 圖 20-2-10：拖曳標籤元件

下圖為拖曳標籤後之結果畫面。檢視一下元件清單框選處，垂直布局 1 的下方有標籤 1，階層式的結構。

▲ 圖 20-2-11：拖曳標籤後結果

請依下圖繼續拖曳「標籤」、「文字方塊」、「按鈕」，拖曳時要注意不要拖曳到垂直布局 1 的外面，此例中就算拖到外面也感覺不出有什麼差異性，但是在複雜的頁面編排時就有差別。

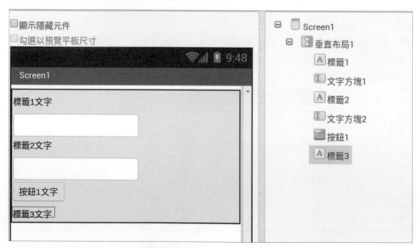

▲ 圖 20-2-12：佈局畫面

❶點選「標籤 3」。

❷點選「重新命名」。

❸在出現的對話視窗中，將新名稱命名為 area。

　　為什麼要重新命名呢？其實每一個元件就是一個變數物件，如果都僅是用相似名稱，如文字方塊 1、文字方塊 2，一旦大量使用，在設計程式時，哪個變數代表是哪個就會混雜不清，所以最好給這些變數物件一個可識別的名稱，變數命名是很重要的概念。

▲ 圖 20-2-13：重新命名

　　文字標籤有一個文字屬性，代表呈現的文字內容。如下圖將文字屬性改為「計算面積結果：」此時手機畫面上就會出現相同的文字敘述，所以文字標籤常用來在畫面上顯示各式各樣的說明內容。

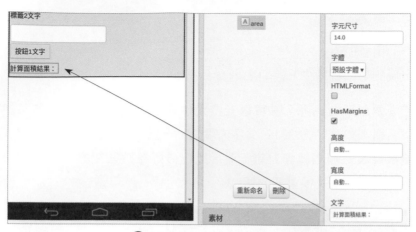

▲ 圖 20-2-14：改變顯示內容

　　修改勾選文字方塊 2 的屬性「僅限數字」，因為長、寬都是數字。別忘了也把文字方塊 1 的僅限數字屬性勾選。

▲ 圖 20-2-15：限定文字方塊只能輸入數字

　　將未來程式會使用到的元件給予可識別名稱，並且修改文字標籤的顯示內容，修改完畢如下圖。

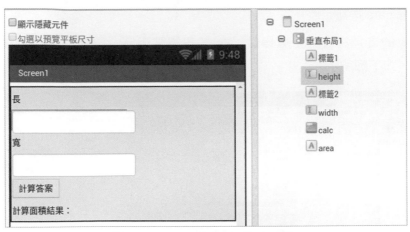

▲ 圖 20-2-16：重新命名後佈局畫面

頁面右上方有一個「程式設計」的按鈕，點擊它就可以進入程式設計的頁面。反之，在程式設計頁面中點擊「外觀編排」又會回到畫面設計的頁面。

▲ 圖 20-2-17：進入程式設計

進入程式設計頁面，左邊上方是內建方塊，這裡大部份是控制執行流程及元件與元件之間的關係設定。

左邊下方有沒有覺得很眼熟？是的，它就是之前拖曳在手機畫面上的元件，發現明確名稱的重要性了嗎？從名稱中就可以知道畫面上的元件是做什麼用的！

❶點選 calc 按鈕元件。

❷出現的選擇視窗中，選擇當 calc 按鈕被點選時，要執行什麼的積木區塊，如下圖所示。

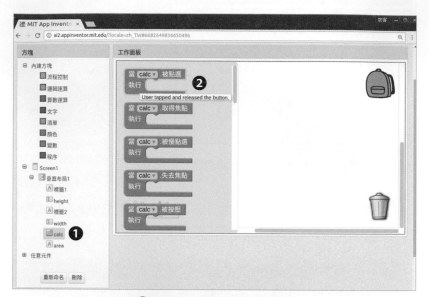

▲ 圖 20-2-18：程式設計頁面

當計算的按鈕被按下去，就是將使用者輸入的長與寬的數值相乘，並將結果顯示出來。

area = height * width

❶點選 area 文字標籤。

❷下拉選擇「設 area 文字為」。

如下圖所示。

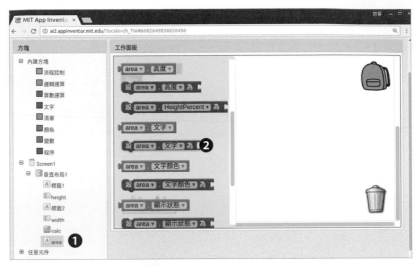

▲ 圖 20-2-19：計算結果

　　把設定文字內容拖曳到按鈕點
選區裡，如右圖所示。

　　計算二數的乘積：

▲ 圖 20-2-20：拖曳相接

❶點選「算數運算」。

❷下拉找到求二數乘積的積木方塊。

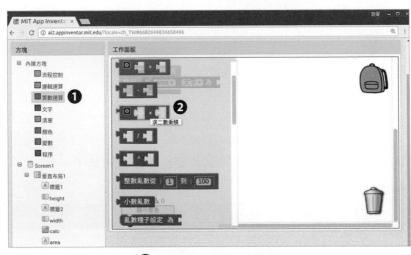

▲ 圖 20-2-21：求二數乘積

把乘積運算接到設定文字之後。

【提示】每個積木是否可以相接，可以從積木的型狀看出一二。

▲ 圖 20-2-22：乘積運算

❶點選 height 文字標籤。

❷下選找到「height. 文字」。

❸做好之後繼續同樣的方法，將 width 的值也取出來。

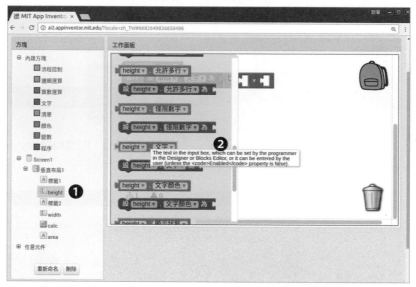

▲ 圖 20-2-23：取出 height 的值

下圖為完成的完整程式碼，接下來就準備進行程式測試了。

▲ 圖 20-2-24：完整程式碼

寫好程式總要經過測試除錯，開發手機程式也不例外。如第一節所述，最簡單的方法就是使用 WiFi 的連結方式，手機安裝好 MIT AI2 Companion 應用軟體，然後 AI2 開啟連線，就可以用手機去掃描 AI2 的 QR Code，馬上就可以在手機上進行測試。但當練習環境不允許，例如電腦教室或 IP 位址無法同區段的行政辦公室等，虛擬機就有其必要了。

要使用虛擬機測試之前，務必依第一節的安裝手續，把相關的應用軟體安裝完畢，才可以執行虛擬機測試。

打開終端機執行下列指令（不要分行）：

```
/usr/google/appinventor/commands-for-Appinventor/aiStarter &
```

執行結果如下圖，注意，不用關掉，這時縮小終端機即可不用理它。

```
test@ubuntu: ~
test@ubuntu:~$ /usr/google/appinventor/commands-for-Appinventor/aiStarter &
[1] 10882
test@ubuntu:~$ Bottle server starting up (using WSGIRefServer())...
Listening on http://127.0.0.1:8004/
Hit Ctrl-C to quit.
```

▲ 圖 20-3-1：執行 aiStarter

點選「連線」→「模擬器」。

【提示】第一個 AI Companion 就是使用 WiFi 的連結方式。

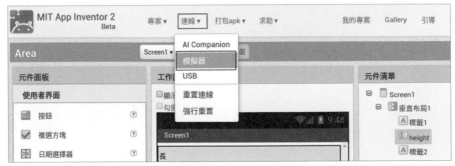

▲ 圖 20-3-2：連線

如果檢查發現虛擬手機的 Companion App 需要更新，就會出現如下圖的畫面，請按下「OK」按鈕。

▲ 圖 20-3-3：更新 Companion App

如果有更新，更新完畢之後，請利用網頁的「連線」→「重置連線」將虛擬手機重置，然後再做一次「連線」→「模擬器」。

【提示】如果發生異常，例如程式死當，除了把虛擬手機關掉之外，適時的「連線」→「重置連線」。

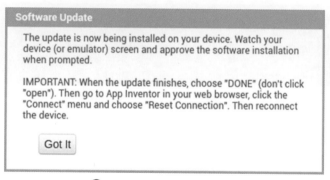

▲ 圖 20-3-4：重新連結提示

▲ 圖 20-3-5：按 OK

▲ 圖 20-3-6：按 Install

▲ 圖 20-3-7：按 Done

▲ 圖 20-3-8

模擬器連結時，如果是老舊電腦，會花不少時間啟動虛擬手機，請務必耐心等候。

程式執行畫面如右圖所示，可以試試輸入不同的數字後，用滑鼠按下計算答案按鈕，檢查看看結果是否正確。

▲ 圖 20-3-9：執行畫面

## 20-4 在相片上作畫

AI 豐富的程式積木，讓原本複雜的 Android 手機程式設計變得易學易用，接下來學習官方網站所提供的範例程式：在相片上作畫，讓學習更進一步。

利用上方功能表「專案」→「新建專案」新建一個專案。

▲ 圖 20-4-1：新建專案

新建專案對話視窗中給定專案名稱：paint。

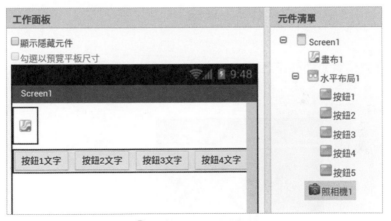

△ 圖 20-4-2：給定專案名稱

依照下圖拖曳需要的各元件到工作面板上。

繪圖動畫→畫布／界面布局→水平布局

使用者界面→按鈕／多媒體→照相機

△ 圖 20-4-3：畫面佈局

請將各元件依照下表重新命名及變更屬性：

| 編號 | 元件名稱 | 命名 | |
|---|---|---|---|
| 1 | 畫布1 | | 高度：填滿<br>寬度：填滿<br>背景圖片：從電腦上傳一張相片 |
| 2 | 水平布局1 | | 寬度：填滿 |
| 3 | 按鈕1 | greenButton | 背景顏色：綠色<br>文字：綠<br>寬度：填滿 |
| 4 | 按鈕2 | blueButton | 背景顏色：藍色<br>文字：綠<br>寬度：填滿 |
| 5 | 按鈕3 | redButton | 背景顏色：紅色<br>文字：紅<br>寬度：填滿 |
| 6 | 按鈕4 | clearButton | 文字：清除<br>寬度：填滿 |
| 7 | 按鈕5 | shotButton | 文字：拍照<br>寬度：填滿 |

調整好的預覽畫面如下圖所示。

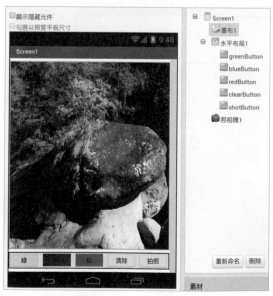

▲ 圖 20-4-4：預覽畫面

點選右上方「程式設計」按鈕，進入程式設計頁面。

▲ 圖 20-4-5：程式設計

　　當各顏色按鈕被按下時，要做的動作就是改變畫布 1 的畫筆顏色，待會就可以用按下的顏色在畫面上作畫。

　　當清除按鈕被按下時，就呼叫畫布 1 清除畫布。程式如下圖所示。

▲ 圖 20-4-6：顏色按鈕程式

　　當畫布被觸碰，在觸碰點上畫一個圓，這時會需要觸碰點的 x 和 y 座標，要取得 / 設定座標值，滑鼠移到 x 座標停留一下，會出現如下圖的選擇框，這時可以依需要選擇是求（取得）還是設（設定）座標值。

這裡需要的是求座標值。

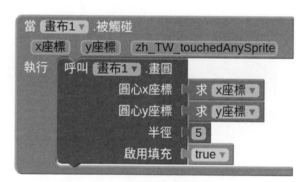

◯ 圖 20-4-7：當畫布被觸碰時

在畫布上點一下畫一個圓，程式碼如下圖所示。其中半徑設定為 5（算數運算中拖曳數值並設定為 5）。

當 畫布1▾ .被觸碰
x座標　y座標　zh_TW_touchedAnySprite
執行　呼叫 畫布1▾ .畫圓
　　　　圓心x座標　求 x座標▾
　　　　圓心y座標　求 y座標▾
　　　　半徑　5
　　　　啟用填充　true▾

◯ 圖 20-4-8：在畫布上點擊畫圓

在畫布上拖曳畫線，從前 x,y 座標一直畫到目前的 x,y 座標。程式區塊如下圖所示。

當 畫布1▾ .被拖動
起點X座標　起點Y座標　前點X座標　前點Y座標　目前X座標　目前Y座標　zh_TW_draggedAnySprite
執行　呼叫 畫布1▾ .畫線
　　　　第一點x座標　求 前點X座標▾
　　　　第一點y座標　求 前點Y座標▾
　　　　第二點x座標　求 目前X座標▾
　　　　第二點Y座標　求 目前Y座標▾

◯ 圖 20-4-9：在畫布上拖曳畫線

當拍照按鈕被點選，呼叫照相機 1 來進行拍照作業，系統會直接呼叫手機內建的拍照功能，不用再另行撰寫程式。

▲ 圖 20-4-10：拍照

拍照完畢，直接設定畫布的背景圖片為拍下來的照片，是不是簡單又直覺！

▲ 圖 20-4-11：改變畫布背景圖

如果還沒有執行 aiStarter（第三節）請先執行它，執行完畢後從功能表「連線」→「模擬器」啟動測試，測試結果如下圖所示。

另外，拍照功能在模擬器上是沒有功能的！

【提示】上傳的圖片約 290x270，受限模擬器，太大及圖檔格式不符，有時會無法呈現在模擬器上，可以直接下載官方教學網站的貓圖檔測試（http://appinventor. mit.edu/explore/sites/all/files/ ai2tutorials/helloPurr/kitty. png）。若可能最好還是使用實體手機進行測試。

▲ 圖 20-4-12：使用模擬器測試

還需要更多的範例？點選「求助」→「教學」會導向到教學頁面。

▲ 圖 20-4-13：教學網頁

　豐富的教學網頁如下圖所示，其中有各式從基礎到進階的教學內容，可以深入研究閱讀。

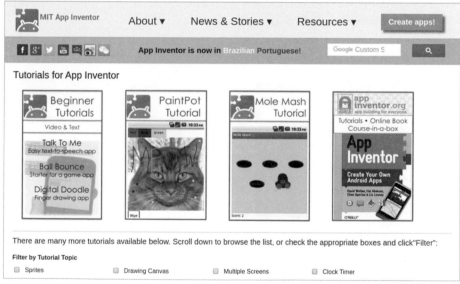

▲ 圖 20-4-14：教學網頁

點選頁面上方的「Gallery」。

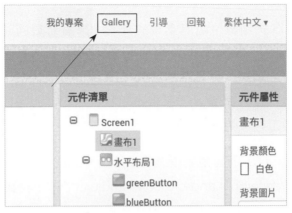

◆ 圖 20-4-15：分享範例

頁面導向到數萬件製作分享的作品，可以開啟到自己的專案頁面中好好研究。

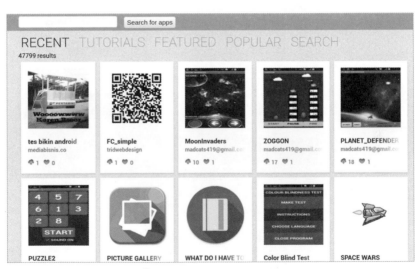

◆ 圖 20-4-16：分享範例庫

## 結 語

　AI2 的功能及各式函數遠超過本章的介紹，讀者必須同時要有個觀念，透過此種方式進行手機程式設計，在快速開發的背後，其實也造成某種犧牲，例如更細部的調整、更彈性的 java 物件導向程式設計、更深入的手機操控等，想要做出市面上專業的手機應用程式，仍然必須研修 java，並且使用合適的開發工具來開發專用程式。

　下圖為 Google 釋出用於開發專業手機應用程式的免費開發工具 Android Studio（https://developer.android.com/studio/），未來行動裝置的使用只會越來越多、越來越廣泛，若有心要往這個方向發展，從這裡開始著手學習也是不錯的起始點。

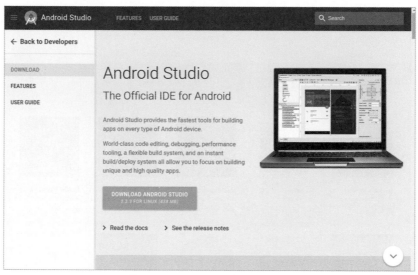

▲ 圖 20-4-17：Android Studio

# Linux 上玩遊戲

## 學習目標

本章介紹數款遊戲提供給您參考，讓您在工作之餘，也能享受自由軟體的遊戲。由於遊戲的操作各有千秋，本章並不會介紹各遊戲的操作方式，這部份就由您自行體驗玩遊戲的樂趣了。要安裝這些遊戲非常簡單，全都是使用軟體中心安裝即可。

此外，在本章的最後介紹一個商業網站 STEAM，這是集各系統平台的遊戲網站，其中亦有上百款的 Linux 遊戲可以試玩或付費購買。

- 軟體中心可安裝的遊戲介紹
- Steam
- 結語

電腦遊戲不管是對大人或小孩都具有某種程度的吸引力，這一點從各大電腦遊戲商的產值可見一斑。除了早期的 Wii、PS 系列及 Kinect 的流行，近年來，手機遊戲隨時可玩的特性，更代表電腦遊戲已經走出傳統界面而更與人互動。不久的將來，虛擬實境與擴增實境也將併隨著軟硬體的發展，走進人們的生活裡。

## 21-1 軟體中心可安裝的遊戲介紹

### 一、SuperTux2

超級瑪琍雖然是老遊戲，但卻陪伴著無數人成長。SuperTux2 就是類似瑪琍遊戲，但主角換成了企鵝。操作簡易，很快就可以上手。

▲ 圖 21-1-1：SuperTux2

## 二、SuperTuxKart

跑跑卡丁車是許多小朋友喜愛的遊戲，這一款可以稱為企鵝卡丁車。這款遊戲安裝給小朋友玩，他們一定是愛不釋手。

△ 圖 20-1-2：SuperTuxKart

## 三、Berusky

這是類似傳統的倉庫番益智遊戲，就是推動箱子找出一條生路。這個遊戲比舊有的倉庫番更有趣，它除了像舊有的遊戲一樣要推箱子找出生路之外，更多了爆炸、特殊門的關卡設計，值得一玩再玩。

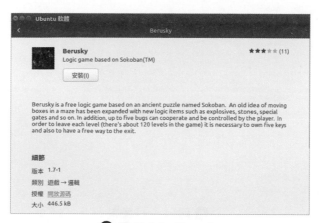

△ 圖 20-1-3：Berusky

## 四、GNOME Chess

休閒時刻可以試試自己的棋藝！

▲ 圖 21-1-4：GNOME Chess

## 五、圍棋

試試看自己的圍棋功力有幾段。

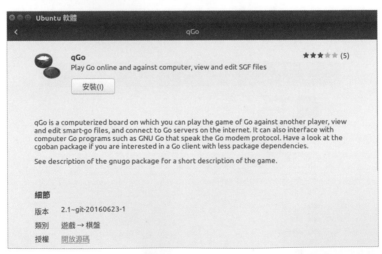

▲ 圖 21-1-5：圍棋

## 六、Chromiun B.S.U.

非常經典的太空射擊遊戲,讓筆者回想起小時候玩的大型機台遊戲,是可以讓人回味和感動的射擊遊戲。

▲ 圖 21-1-6:Chromiun B.S.U.

## 七、Frozen-Bubble

看似簡單但卻不容易的泡泡龍遊戲,您必須把上方的顏色球,利用發射台的顏色球打下來才可過關。

這個遊戲不但可以一人玩,還可以雙人對戰,值得一試。

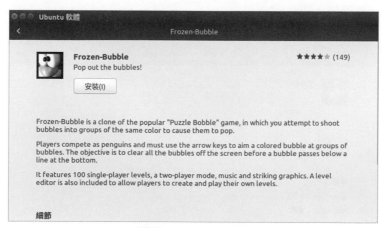

▲ 圖 21-1-7:泡泡龍

## 八、Nexuiz

這是一款第一人稱的 3D 射擊遊戲，不但可以單人玩，也可以網路對戰，是時下年青人的最愛。

但是有些血腥，所以不建議小朋友玩。而且追逐時，3D 畫面轉來轉去，看久了不太舒服。

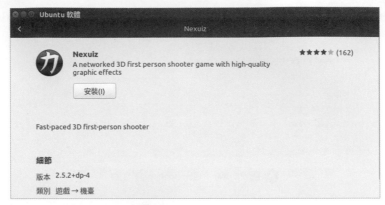

▲ 圖 21-1-8：Nexuiz

## 九、Pingus

企鵝冰原逃生記。您要設法讓每隻企鵝扮演不同的角色，例如礦工、降落傘員、炸彈客等，利用不同的職業特性殺出一條血路。是非常好玩的益智遊戲，不玩就太可惜了。

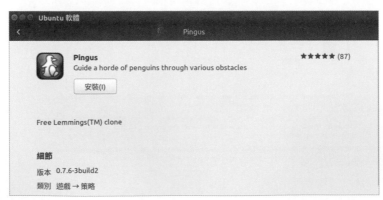

▲ 圖 21-1-9：Pingus

## 十、Ren'py

Ren'Py 是一個類似美少女養成遊戲的遊戲設計工具，它可以利用簡單的圖形、對話去設計一個自己的養成遊戲或是小説式的遊戲。

有點難度，但是學會之後可以發揮的空間相當大。細部説明可以到下列官方網站（https://www.renpy.org/）去學習。

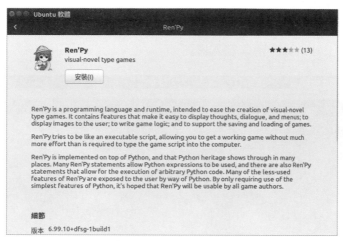

▲ 圖 21-1-10：Ren'py

## 十一、0 A.D.

玩過微軟的世紀帝國嗎！這款遊戲類似世紀帝國，是策略型的戰爭遊戲，具有華麗的畫面與音效，值得試玩。官方網站：https://play0ad.com/

▲ 圖 21-1-11：0 A.D.

## 21-2 Steam

Steam 不是一個遊戲，而是一個集合各類型的遊戲管理網站，透過該公司開發的專屬前端整合性應用軟體，可以很方便的查詢、下載、管理想玩的遊戲，同時也可以直接線上付費購買，說白一些，它就類似 Google Play 或是 App Store 的交易模式。

首先前往 Steam 官方網站（http://store.steampowered.com/），點選右上方「登入」連結點，進入登入畫面。

▲ 圖 21-2-1：Steam 官方網站

沒有帳號的讀者，可以在這裡先行建立一個免費帳戶，之後安裝執行前端的遊戲管理軟體時，會需要一個可以登入的帳號。

註冊時一定要給一個可以使用的信箱，前端首次登入時會需要認證碼，這個認證碼會透過註冊時登記的信箱發送。

▲ 圖 21-2-2：Steam 登入畫面

如下圖：

❶點選「安裝 Steam」按鈕。

❷點選「立即安裝 Steam」按鈕。

　這時會把應用程式安裝檔，下載到電腦裡。

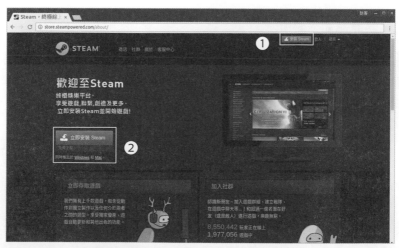

▲ 圖 21-2-3：下載 Steam 前端管理軟體

　使用檔案管理員打開瀏覽器下載的目錄，找到剛才下載的檔案 steam_latest.deb。

在空白處按滑鼠右鍵，啟動右鍵功能表，選擇「以終端機開啟」。

▲ 圖 21-2-4：前往下載目錄

終端機輸入安裝指令：`sudo dpkg -i steam_latest.deb`

```
test@ubuntu: ~/Downloads
test@ubuntu:~/Downloads$ sudo dpkg -i steam_latest.deb
```

▲ 圖 21-2-5：安裝 steam

出現錯誤訊息如下圖所示。

```
test@ubuntu: ~/Downloads
選取了原先未選的套件 steam-launcher。
(讀取資料庫 ... 目前共安裝了 223887 個檔案和目錄。)
準備解開 steam_latest.deb ...
解開 steam-launcher (1.0.0.54) 中...
dpkg: 因相依問題，無法設定 steam-launcher：
 steam-launcher 相依於 python-apt；然而：
  套件 python-apt 未安裝。

dpkg: error processing package steam-launcher (--install):
 相依問題 - 保留未設定
Processing triggers for bamfdaemon (0.5.3+16.10.20160929-0ubuntu1) .
Rebuilding /usr/share/applications/bamf-2.index...
Processing triggers for gnome-menus (3.13.3-6ubuntu4) ...
Processing triggers for desktop-file-utils (0.23-1ubuntu1) ...
Processing triggers for mime-support (3.60ubuntu1) ...
Processing triggers for hicolor-icon-theme (0.15-1) ...
Processing triggers for man-db (2.7.5-1) ...
處理時發生錯誤：
 steam-launcher
test@ubuntu:~/Downloads$
```

▲ 圖 21-2-6：安裝發生錯誤

原來是相依性問題，它需要 python-apt 這個套件，但是這個套件沒有安裝。使用 .deb 安裝，遇到相依問題是很常見的。

輸入底下的指令修正相依性的問題：

```
sudo apt-get install -f
```

它會將應安裝未安裝的套件安裝起來。

```
test@ubuntu: ~/Downloads
Rebuilding /usr/share/applications/bamf-2.index...
Processing triggers for gnome-menus (3.13.3-6ubuntu4) ...
Processing triggers for desktop-file-utils (0.23-1ubuntu1) ...
Processing triggers for mime-support (3.60ubuntu1) ...
Processing triggers for hicolor-icon-theme (0.15-1) ...
Processing triggers for man-db (2.7.5-1) ...
處理時發生錯誤：
 steam-launcher
test@ubuntu:~/Downloads$ sudo apt-get install -f
```

⬆ 圖 21-2-7：修正相依性問題

如下圖所示，剛才缺少的套件 python-apt 需要安裝，按下 Enter 繼續進行！

```
test@ubuntu: ~/Downloads
建議套件：
 python-apt-dbg python-apt-doc
下列【新】套件將會被安裝：
 python-apt
升級 0 個，新安裝 1 個，移除 0 個，有 51 個未被升級。
1 個沒有完整得安裝或移除。
需要下載 142 kB 的套件檔。
此操作完成之後，會多佔用 644 kB 的磁碟空間。
是否繼續進行 [Y/n]？ [Y/n]
```

⬆ 圖 21-2-8：是否繼續進行

安裝完畢跳出開始執行視窗，按下「Start Steam」即可啟動 Steam。

【提問】還記得如何利用開始按鈕找到 Steam 來執行嗎？

⬆ 圖 21-2-9：開始 Steam

版權聲明如下圖所示。左下勾選接受聲明之後,按下「確定」按鈕。

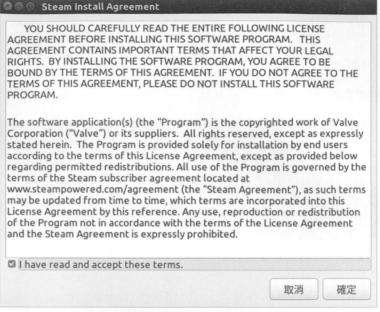

▲ 圖 21-2-10：版權聲明

Steam 自我檢查並下載需要更新的資料。

▲ 圖 21-2-11：自動更新 Steam

如果之前沒有帳號，這時可以在這裡新建一個。若已依前步驟新建了帳號，這裡直接點選登入帳號即可。

▲ 圖 21-2-12：新建 / 登入帳號

登入帳號畫面，請輸入帳號和密碼。

▲ 圖 21-2-13：登入帳號畫面

Steam 安全守衛發現使用者是從一個新的電腦登入帳號，因此發出認證畫面如右圖所示。當認證完畢，下次登入不會再次出現。

▲ 圖 21-2-14：在新電腦上登入

Steam 會把存取碼寄到註冊時使用的信箱中，請打開信箱取得存取碼之後，在這裡輸入存取碼。

▲ 圖 21-2-15：輸入存取碼

輸入正確的存取碼才可以正式進入遊戲！

或許讀者會覺得，為什麼要這麼麻煩呢？其實這是保護措施，如果已付費購買許多遊戲，沒有人會想要被偷吧！

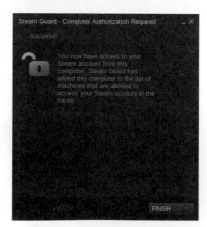

▲ 圖 21-2-16：驗證成功畫面

可以選擇使用手機號碼
或 是 安 裝 Steam 手 機 程
式，利用其中一個來取得
認證碼，保護帳號安全。

▲ 圖 21-2-17：雙重認證

到目前為止都是英文，對於英文能力不佳
的人實在是一種痛苦，所以安裝進入完畢之
後，第一個動作就是讓它中文化。（希望在不
久的將來，Steam 可以自行判斷系統語系，
自動啟用中文）

▲ 圖 21-2-18：Steam 設定

點選功能表「View」→
「Settings」，

❶ 點選「Interface」。

❷ 下拉選擇「繁體中文」。

設定好之後按下「OK」按鈕。

▲ 圖 21-2-19：設定繁體中文

Steam 提示重新啟動視窗。按下「RESTART STEAM」按鈕。

▲ 圖 21-2-20：重新啟動

Steam 自動重新啟動，這時出現全中文的登入畫面了。請輸入帳號和密碼重新登入 Stream。

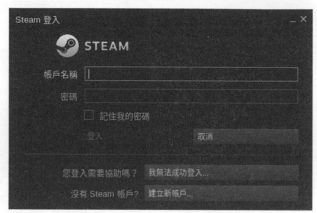

▲ 圖 21-2-21：中文的登入畫面

剛才英文的說明頁面變成中文的說明頁面了！同樣的，如頁面所提醒，可設定手機號碼、安裝手機應用程式來保護帳戶。

圖 21-2-22：中文的說明

點選上方功能表「商店」之後出現下圖畫面。

裡面成千上百個遊戲，有些僅支援微軟、蘋果，為了方便找到支援 Linux 的遊戲，請點選「遊戲」→「SteamOS + Linux」。

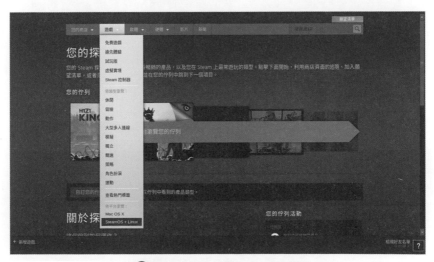

圖 21-2-23：尋找 Linux 遊戲

底下操作僅是示範，因為 Steam 遊戲庫更新很快，進入的第一個畫面不一定會和下圖一致，請特別注意。

先試玩免費遊戲，點選如下圖第一個 Wander No More 免費遊戲。

🔺 圖 21-2-24：免費 VS 付費

點選想要的遊戲之後，出現介紹畫面，例如下圖說明這個遊戲不支援繁體中文。

確定要玩之後，點選綠色的「進行遊戲」按鈕。

🔺 圖 21-2-25：遊戲介紹畫面

準備下載安裝頁面。如果不想要預設的安裝位置，可以下拉選擇另一個目錄資料夾，保存下載的遊戲檔案。

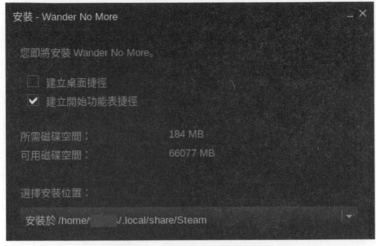

出現下載中的提示畫面。有些遊戲有好幾 G 的資料，會有很長的下載時間，所以並不是馬上就可以玩，要全部下載完畢之後才行。

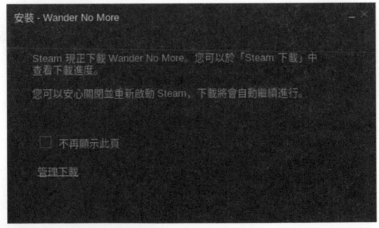

點選「收藏庫」，了解目前下載的進度和下載的速度。當下載完畢 100% 之後就可以按下「執行」按鈕，開始進行遊戲。

圖 21-2-28：收藏庫

下圖為 Wander No More 遊戲執行畫面。

圖 21-2-29：遊戲執行畫面

目前大型液晶電視支援 VGA 以及 HDMI
模式，也就是可以直接把電腦的輸出送到
液晶電視上，把電視機當做是電腦螢幕，
如此一來，可以讓 Steam 搖身一變成為大
型的遊戲機，玩起遊戲來更刺激。

請點選「檢視」→「Big Picture」模式。

圖 21-2-30：Big Picture 模式

下圖為 Big Picture 大螢幕模式。點選「收藏庫」。

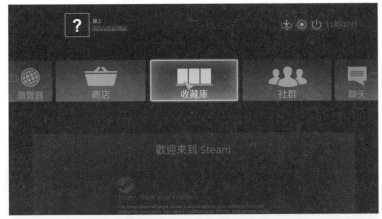

▲ 圖 21-2-31：大螢幕模式

曾經下載玩過的遊戲都在收藏庫裡，點選想玩的遊戲執行它，讓電腦結合大型液晶螢幕，成為專屬的遊戲機。

▲ 圖 21-2-32：收藏庫畫面

如果要退出 Big Picture 大螢幕模式：

❶如下圖點選關機電源圖示。

❷出現關機功能表，選擇「退出 Big Picture」就會回到一般的視窗模式。

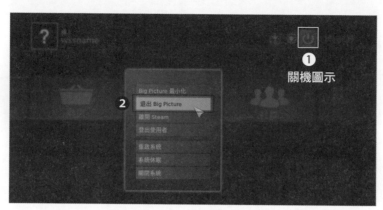

▲ 圖 21-2-33：退出 Big Picture

## 結　語

　　Steam 除了單機版的電腦遊戲之外，也支援大型多人的線上遊戲，可以透過社群結交好友，一起上線玩線上遊戲。但不管是小型的益智遊戲或是聲光畫面一級棒的大型遊戲，遊戲就僅只是遊戲，不要沉迷其中，適時的休閒及運動才能維護身體健康。

# 用 Ubuntu 玩 Android 手機遊戲

## 學習目標

本章介紹 Genymotion 這套 Android 模擬器,將它安裝在 Ubuntu 上就可以透過它來執行 Andriod 相關應用軟體。由於是模擬器,並非所有的 Android 應用軟體都可以正確使用。

- 安裝 Genymotion
- Google Play 商店
- 結語

## 22-1 安裝 Genymotion

在個人電腦上有不少 Android 模擬器可以安裝,前一章在介紹 AI2 時,aiStarter 其實也是模擬器的一種,另外 Google Android Studio 安裝之後也提供一個虛擬 Android,作為開發時測試應用程式 App 之用,這裡介紹其它模擬器,主要用來執行軟體及遊戲,常見的有 Andy(http://andyroid.net/)、BlueStacks(http://www.bluestacks.com)、KoPlayer(http://www.koplayer.com/)等,但是大部份的模擬器僅支援 Windows 平台,要達到跨平台的模擬器,只有 Genymotion 莫屬!不過在安裝之前,一定要先安裝 VirtualBox,因為它是使用 VirtualBox 做為虛擬手機的核心。

VirtualBox 可以直接使用軟體中心來安裝,所以啟動軟體中心後查找到這套軟體後點選安裝即可。

【提示】如果讀者到目前為止都是利用第一章介紹的方法在 Windows 平台裡的 VirtualBox 虛擬機器裡執行 Ubuntu,建議找台電腦安裝 Ubuntu 系統以提高執行效能,或直接使用上述的 Windows 模擬器來執行 Android 遊戲。

▲ 圖 22-1-1:直接使用軟體中心安裝

前往官方網站(https://www.genymotion.com/),準備下載 Genymotion。進入官網之後,請點選右上方「Sign In」的登入連結。

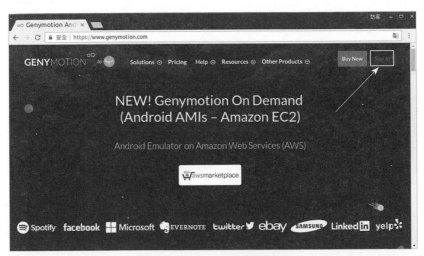

▲ 圖 22-1-2：前往官方網站

首次使用一定要建立一個帳號才可以下載安裝，所以請點選「Create an account」按鈕，新建一個帳號。

▲ 圖 22-1-3：建立一個帳號

註冊畫面如下圖所示，請依據欄位需要輸入帳號、信箱和密碼等基本資料。

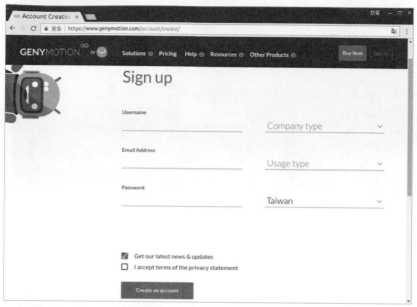

△ 圖 22-1-4：註冊畫面

註冊完畢重新登入之後，右上角才會出現「Download」的下載按鈕，請點選下載按鈕。

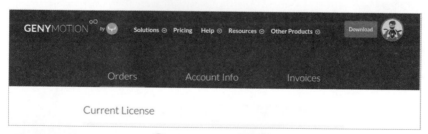

△ 圖 22-1-5：下載按鈕

它有二種版本，完整版是付費版，未來視需要付費購買。

網頁下拉選擇個人使用版，如下圖所示。

▲ 圖 22-1-6：取得個人使用版

出現個人使用版説明畫面，請點選中間下載按鈕，開始下載 Genymotion。

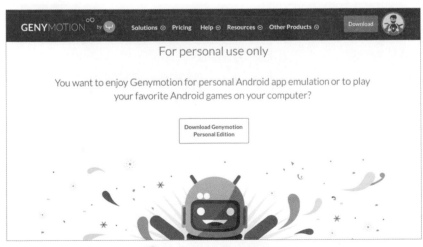

▲ 圖 22-1-7：個人使用版

出現 Genymotion 安裝需求系統畫面如下圖所示。點選紅色按鈕開始下載。

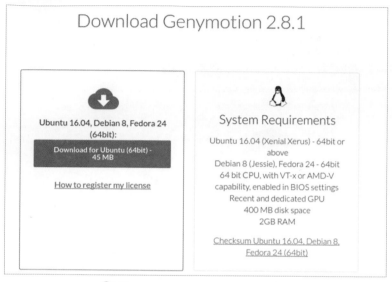

▲ 圖 22-1-8：下載 Linux Ubuntu 版

下載完畢，使用檔案管理員找到下載的檔案，在空白處按滑鼠右鍵，在右鍵功能表裡點選「以終端機開啟」。

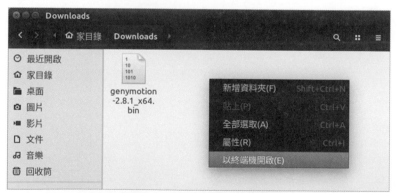

▲ 圖 22-1-9：以終端機開啟

輸入下列指令，將檔案指定為可執行檔：

```
chmod +x genymotion-2.8.1_x64.bin
```

【提示】❶下載的檔案後面的編號不一定和這裡一樣

❷輸入 geny 之後可以嘗試使用 TAB 鍵自動補字功能，減少打
錯字的機會。

```
test@ubuntu: ~/Downloads
test@ubuntu:~/Downloads$ chmod +x genymotion-2.8.1_x64.bin
```

▲ 圖 22-1-10：設定檔案可執行

輸入執行安裝指令：

```
./genymotion-2.8.1_x64.bin -d ~/
```

這個指令預設會將 Genymotion 安裝在家目錄，如下圖所示，輸入 y 後
按下 Enter。

```
test@ubuntu:~/Downloads$ ./genymotion-2.8.1_x64.bin -d ~/
Installing for current user only. To install for all users, restart this installer as roo
t.

Installing to folder [/home/        /genymotion]. Are you sure [y/n] ?
```
**安裝在家目錄**

▲ 圖 22-1-11：執行安裝指令

利用開始按鈕，輸入 genymotion 後找到 Genymotion，點擊執行它。

▲ 圖 22-1-2：啟動 Genymotion

出現限制商業用途聲明畫面,請點選「Accept」接受按鈕。

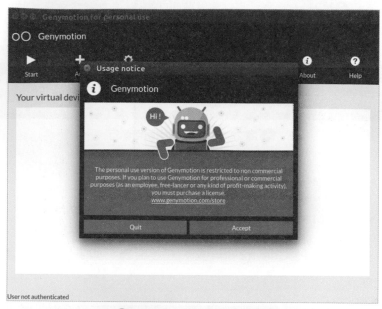

⬆ 圖 22-1-13:限制商業用途

Genymotion 發現是全新安裝,沒有任何虛擬服務設備,所以出現新增對話視窗,請點選「Yes」開始新增一個虛擬手機。

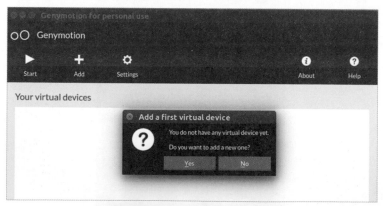

⬆ 圖 22-1-14:新增一個虛擬機

要下載一個虛擬手機 / 平版設備,一定要登入才可以下載,所以點選右下角的「Sign in」按鈕,完成登入作業。

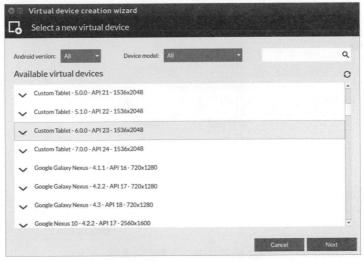

▲ 圖 22-1-15：登入

　　登入後出現許多不同的虛擬設備，有手機用、平板用，且支援各種不同的版本。找到 Custom Tablet－6.0.0-API 23 這個版本的平板，讀者當然也可以使用其它的手機或平板版本，但請注意系統版本不要太舊，下一節會說明。選好後按下「Next」按鈕。

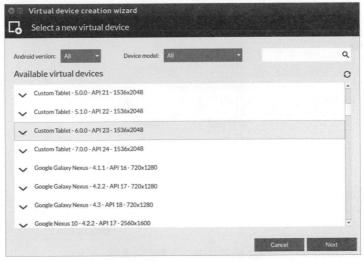

▲ 圖 22-1-16：許多不同的虛擬設備

出現預設的虛擬平板說明頁，可以瀏覽一下預設的記憶體大小、可用的
空間大小等資料。按下「Next」下載安裝。

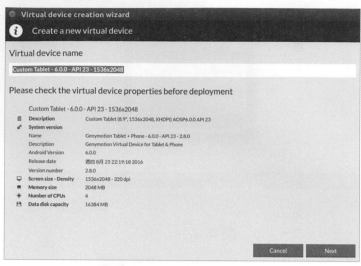

▲ 圖 22-1-17：虛擬平板說明頁

Genymotion 開始下載需要的檔案後自動安裝，執行畫面如下圖所示。

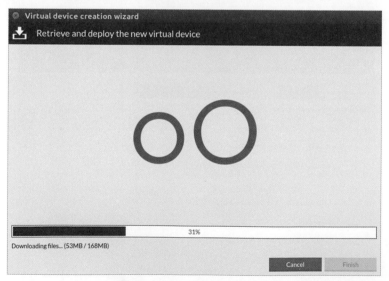

▲ 圖 22-1-18：下載安裝畫面

下載安裝完成如下圖所示，如果下次再下載安裝不同的手機 / 平板，一樣會出現在這個視窗列表中。

點選 Custom Tablet 後，點擊上方的 Start 按鈕，開始執行這個虛擬平板。

【提示】Add 按鈕就是再增加其它的手機 / 平板

▲ 圖 22-1-19：執行虛擬平板

執行的結果如下圖所示，這時可以試玩一下內建的各式 App，別忘了到平板裡的 Settings 裡去設定中文語系。

Settings → Language & input → Language，進入後改為中文繁體。

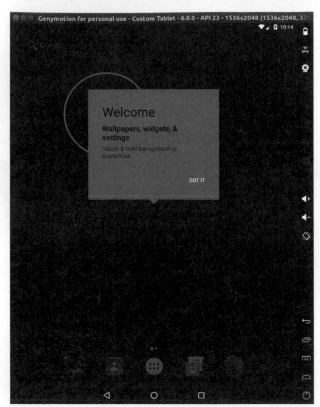

▲ 圖 22-1-20：虛擬平板

　　試玩之後，會發現少一個很重要的 Google Play 商店，沒了這個要怎麼安裝其它的應用程式呢？

　　前往 https://apkpure.com/，這個網站裡可以直接下載 Android 的安裝執行檔，點選需要的 App，下載 APK 檔案，然後直接把下載的 APK 檔案拖曳到虛擬設備視窗裡就可以自動安裝。

　　不過，不保證都可以執行！畢竟它不是「一台完整的手機 / 平板」。

▲ 圖 22-1-21：下載 APK 檔

## 22-2 Google Play 商店

由於 Google 授權的問題，Genymotion 在 2.0 版之後，它的虛擬機就不再內建提供 Google Play 商店，這使得在安裝其它 Android App 時增加不少的困難度。但網路上還是有不少的解決方案，但這些解決方案，包含底下介紹的方案，請自行參酌使用，無法保證授權、穩定度或安全等問題。

首先前往 http://opengapps.org/app，點選 DOWNLOAD 下載 OpenGApps。

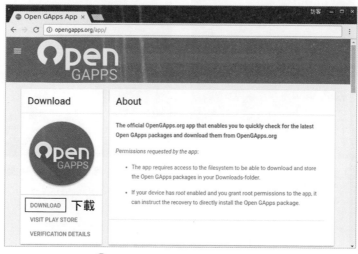

▲ 圖 22-2-1：下載 OpenGApps

打開檔案管理員，找到下載的 opengapps 這個 android app，把它拖曳到虛擬平板的視窗裡，它會自動安裝。

直接拖曳到虛擬平板上

⊘ 圖 22-2-2：安裝 OpenGApps

安裝後自動執行 OpenGApps，這個 App 的主要目的是檢測目前的系統可以使用的 Open Google Apps 的版本，相關執行的畫面如下：

⊘ 圖 22-2-3：下一步

⊘ 圖 22-2-4：接受授權

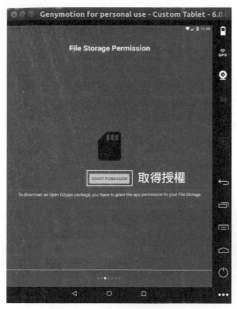

▲ 圖 22-2-5：取得檔案存取授權

▲ 圖 22-2-6：直接按下一步，跳過取得 Root 權限

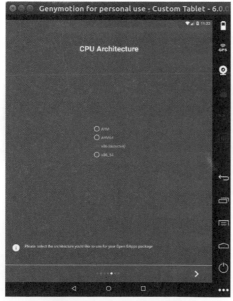

▲ 圖 22-2-7：CPU 架構

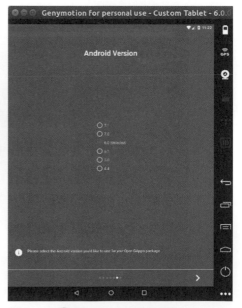

▲ 圖 22-2-8：適用版本

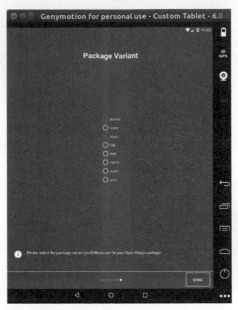

▲ 圖 22-2-9：適用套件，按下 DONE 完成

　　全部檢測完畢之後會出現如下圖的檢測結果畫面（依不同情境，所以不一定會出現相同畫面）。

　　由於沒有取得 Root 的最大權限，所以無法直接下載安裝，請記住（抄下）相關的 CPU 架構、Android 版本及適用套件。以下圖為例：

CPU：x86

版本：6.0

套件：stock

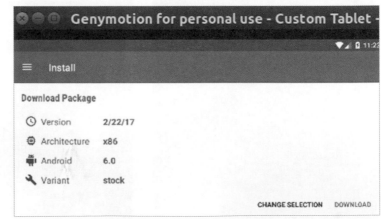

▲ 圖 22-2-10：檢測結果畫面

再次前往 http://opengapps.org/，依據剛才檢測出來的結果，點選符合的包裝套件，如下圖參考畫面所示。點選完畢，請點擊紅色的下載按鈕，就可以下載符合當下虛擬平板的安裝套件。

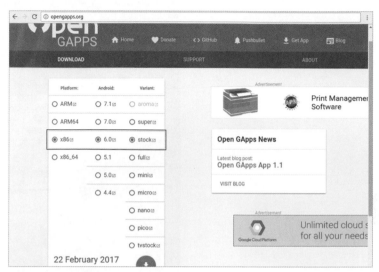

▲ 圖 22-2-11：下載 Open Google Apps

同樣地，打開檔案管理員找到剛才下載的檔案，然後將它直接拖曳到虛擬平板的視窗裡，進行自動安裝作業。

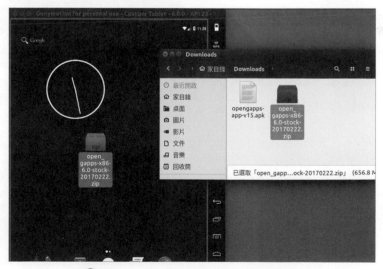

▲ 圖 22-2-12：安裝 Open Google Apps

出現警告訊息，更新系統有可能會摧毀虛擬平板，不過請放心，搞壞了重新下載新的即可。

請按下「OK」按鈕。

【提示】不一定每個版本都可以正常正確安裝，要有失敗的心理準備。

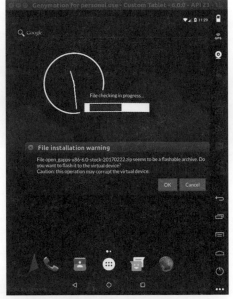

▲ 圖 22-2-13：警告

看到 successfully「成功」這個單字是最令人高興的。由於這是系統更新，所以要重新啟動虛擬平板。

先按下「OK」按鈕，然後關掉這個虛擬平板視窗，利用 Genymotion 主頁面重新啟動虛擬平板。

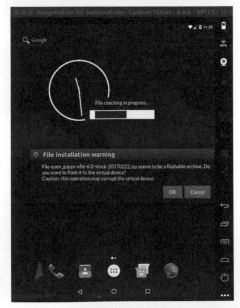

▲ 圖 22-2-14：警告

重新啟動虛擬平版，此時系統自動更新平板原有的應用程式，如果電腦
等級不夠力，這裡可能需要不少等待時間。

▲ 圖 22-2-15：重啟

更新完畢，請選擇需要的主螢幕應用程式。下圖是使用 Google 即時資訊
啟動器，並且是一律採用。

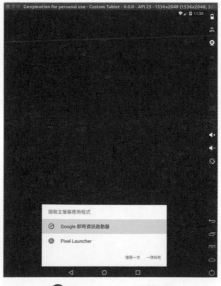

▲ 圖 22-2-16：主螢幕

重新進入新系統，點選應用程式按鈕，可以發現安裝了許多與 Google 有關的各式各樣的應用服務 App，其中也可以發現最重要的 Play 商店。

▲ 圖 22-2-17：Google 相關應用服務

點選 Play 商店之後，依據畫面輸入相關的登入信箱帳號和密碼，看看有沒有想要玩的遊戲，安裝起來玩玩看吧！

當然不只是遊戲，其它各式各樣的 App 也可以試用一下。

▲ 圖 22-2-18：Play 商店

## 結　語

經過本章的學習，相信可以在一般的 Ubuntu 電腦裡執行 Android 的應用軟體，但如前所述，虛擬手機 / 平板畢竟不是實體的設備，相容性也非百分之百，但做為展示或替代方案倒不失為另一種用途。另外，手機 / 平板的設計理念是以觸控為主，使用虛擬機配合滑鼠使用（觸控螢幕？），操作的便利性自然沒有實體設備來得方便，近來一般的 Android 手機 / 平板價格也一直下探，若須常時間使用，還是以實體設備考量為宜。

*Note*

# 23

# WordPress
# 與 Nextcloud

## 學習目標

本章介紹二種常用的伺服器服務,其一是 WordPress 內容管理系統
(Content Management System,簡稱 CMS ),另一種是雲端硬碟
服務系統 Nextcloud,透過簡單的安裝動作,可以讓個人電腦也可以
擁有 Linux 的優質伺服器服務,自用或是提供給同好一同使用皆可。

- 安裝 LAMP
- 安裝 WordPress
- WordPress 基本操作
- Nextcloud
- 結語

## 23-1 安裝 LAMP

要使用 WordPress 與 Nextcloud 等服務，必先安裝 LAMP 伺服器，所謂 LAMP 是 Linux Apache MySQL PHP 四個字的首字縮寫。Apache 是網頁伺服器，讓世界各地的電腦可以透過網路瀏覽器來瀏覽伺服器提供的網頁內容；MySQL 是資料庫伺服器，提供資料的增、刪、查、修等功能；PHP 則是網頁互動式程式語言，透過此種程式語言，讓網頁可以與 MySQL 結合，動態處理資料的增刪查修，然後把結果送到前端瀏覽器來查看。

要成為一個專業的網頁程式設計師，了解及學習 Apache MySQL 及 PHP 是必要的課程，再加上 Linux 伺服器的管理與設定，這四個主題博大精深，每個主題都可以寫一本書來介紹，早期要在一台 Linux 伺服器上裝好這些服務，就需要不少時間的學習，幸好現在可以透過非常方便的任務安裝方式 Task select，簡簡單單就可以一次將所有的伺服器服務安裝完畢。

使用下列指令安裝 tasksel：

```
sudo apt install tasksel
```

【提示】可使用 apt 來取代 apt-get

▲ 圖 23-1-1：安裝 tasksel

安裝完畢 tasksel，使用下列指令執行它：

```
sudo tasksel
```

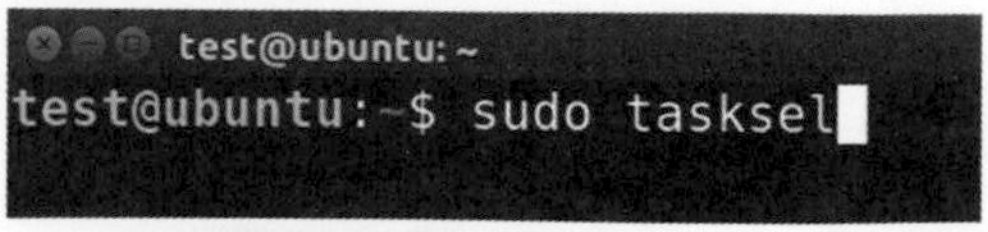

▲ 圖 23-1-2：執行 tasksel

tasksel 執行畫面如下圖所示。請注意！這是文字型視窗，也就是此時滑鼠是無用武之地，完全要使用鍵盤來操作。

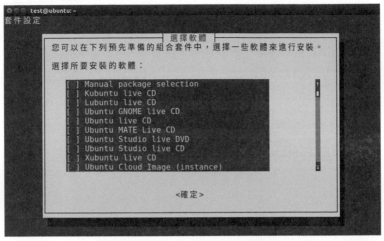

● 圖 23-1-3：tasksel 執行畫面

❶利用鍵盤的上下鍵移動。

❷找到 LAMP server 後按空白鍵選擇，此時被選擇的項目會有一個＊號。

❸按 Tab 鍵跳到確定之後，按下 Enter 開始執行。

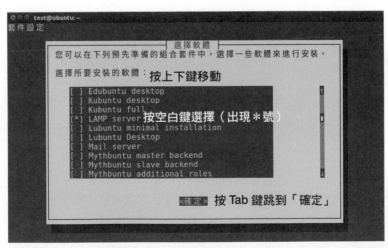

● 圖 23-1-4：選擇 LAMP server

系統開始從網路上下載需要的檔案,如下圖所示。

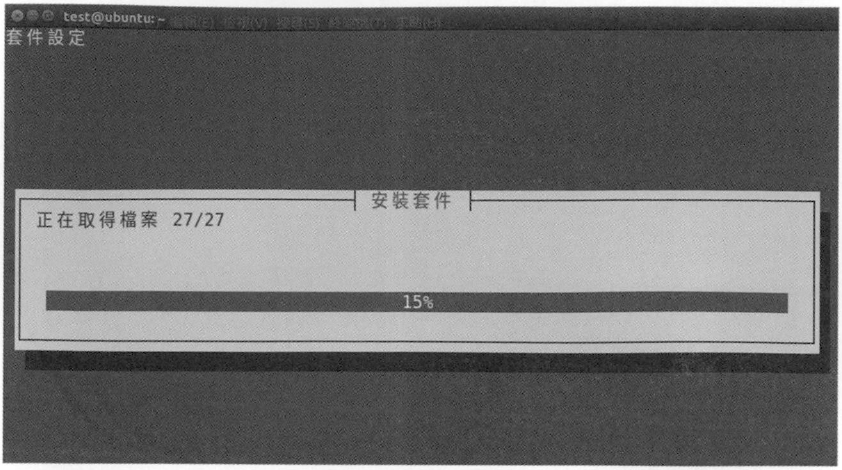

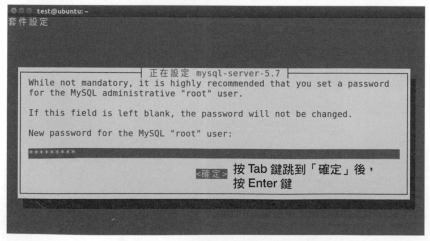

△ 圖 23-1-5:取得檔案

輸入 MySQL root 管理使用者密碼。

雖然名稱相同,但這裡的 root 使用者和 Linux 的 root 使用者不同,一個是專責管理 MySQL,一個是專責管理整台伺服器,建議不要使用同一個密碼,以增加安全性。

【提示】這裡的 root 使用者將擁有資料庫伺服器的所有權限。

△ 圖 23-1-6:設定 MySQL root 密碼

為了避免錯誤的輸入，系統要求再次輸入，二次輸入都一樣才可以成功繼續安裝。

▲ 圖 23-1-7：再次輸入 root 密碼

處理完 MySQL 的 root 密碼，系統繼續安裝及設定各項 LAMP 伺服器的服務，等全部安裝完畢之後，回到終端機畫面，此時系統已經擁有 Apache MySQL 及 PHP 的服務。

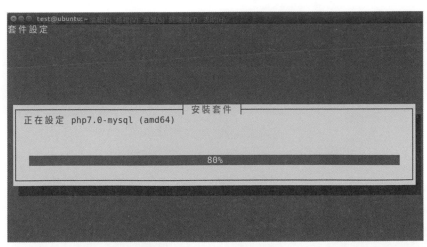

▲ 圖 23-1-8：繼續安裝設定

## 23-2 安裝 WordPress

WordPress 的安裝說難不難，說簡單也不簡單，其主要的原因在於伺服器的操作與使用，大部份都是使用 Linux 指令的方式進行操作，也就是說，如果對於相關的指令有所認識，要安裝此類的服務就輕而易舉，但是對完全不懂 Linux 指令的初學者而言，光是應付這些指令、目錄位置、使用者與權限等問題就應接不暇。為讓初學者也能較輕易的安裝這套內容管理系統，本章盡量減少指令的操作，並將相關的說明配合操作過程逐步說明！

如果要讓他人可以透過網路瀏覽器順利的連到你的伺服器上瀏覽網站，建議申請一個固定 IP 位址給該台伺服器使用。

以中華電信為例，請連接到 http://service.hinet.net/2004/adslstaticip.php 申辦，閱讀完配發服務說明就可以開始申請，中華電信會透過會員註冊的信箱，將配發的固定 IP 寄到信箱裡（或前往服務中心申辦）。但有了 IP 之後，由於每戶家用網路配線不盡相同，你必須將該台對外伺服器直接介接到中華電信的主撥接路由器上進行登入連線。

如果完全沒有此類知識與經驗，建議就近尋找好友或是臨近電腦公司前來教學與設定。不過別擔心，沒有固定 IP 依然可以進行底下的學習。

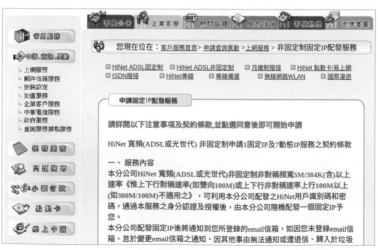

▲ 圖 23-2-1：取得固定 IP

打開終端機，利用指令新建資料庫：

❶ 輸入 `mysql -u root -p`

❷ 輸入資料庫管理員 root 密碼。（這是第一節安裝 mySQL 時的 root 密碼）

❸ 輸入 `create database wordpress character set utf8;`

❹ 輸入 `exit;`

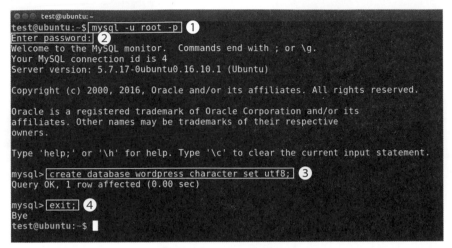

前往官網下載 WordPress，瀏覽器輸入網址 https://tw.wordpress.org/。
點選 latest-zh_TW.tar.gz 下載，如下圖所示。.tar.gz 是 Linux 常用的壓縮檔
格式。

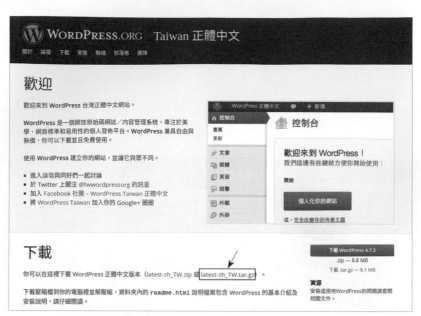

△ 圖 23-2-3：前往官網下載檔案

使用檔案管理員前往剛才下載的檔案資料夾，在空白處按滑鼠右鍵，利用右鍵功能表選擇「以終端機開啟」。

△ 圖 23-2-4：前往下載目錄資料夾

輸入以下指令，將檔案解壓縮到 /var/www/html：

```
sudo tar -zxvf wordpress-4.7.2-zh_TW.tar.gz -C /var/www/html
```

```
● ● ● test@ubuntu: ~/Downloads
test@ubuntu:~/Downloads$ sudo tar -zxvf wordpress-4.7.2-zh_TW.tar.gz -C /var/www/html
```

🔺 圖 23-2-5：解壓縮

【說明】❶ /var/www/html 這個目錄是 Apache 伺服器預設指定的網站
　　　　　目錄，放在這裡的檔案才可以被 Apache 存取
　　　　❷ 由於 /var/www/html 非一般使用者目錄，所以使用 sudo，利
　　　　　用管理者權限才可以寫入
　　　　❸ tar 是 Linux 的壓縮 / 解壓縮指令，這個指令配合不同參數
　　　　　有各式各樣的用法，值得深入學習。
　　　　❹ -4.7.2- 是目前的版本，讀者下載當下說不定有更新的版本，
　　　　　請配合修改。

為了讓 Apache 可以在 WordPress 裡增刪檔案（例如上傳圖檔），所以把
整個目錄，包含底下的目錄，全部指定給 Apache 專屬的特定使用者 www-
data。使用指令如下：

```
sudo chown -R www-data:www-data /var/www/html/wordpress
```

```
● ● ● test@ubuntu: ~
test@ubuntu:~$ sudo chown -R www-data:www-data /var/www/html/wordpress
```

🔺 圖 23-2-6：改變擁有者

打開瀏覽器，輸入網址 http://localhost/wordpress/。這裡的 localhost 就是指本機，也就是 /var/www/html 的根目錄。

如果有申請固定 IP，並且設定完畢，這裡也可以使用 http://a.b.c.d/wordpress。a.b.c.d 就是配發的固定 IP 位址，未來也可以使用這個 IP 去申請 DNS 服務（如中華電信付費個人網址），也就是個人專屬的網域名稱。

首次執行畫面如下圖所示，請點選「衝吧！」繼續安裝。

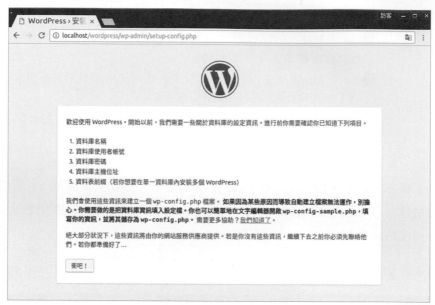

▲ 圖 23-2-7：首次執行

接續設定資料庫相關訊息：

❶ 資料庫名稱：wordpress。這個名字不是亂打的，這是之前所建立的資料庫。

❷ 使用者名稱：root。我們直接使用 MySQL 的管理者。（其實為安全起見，應該另外新增一個 wordpress 的資料庫使用者，但須另外學習 MySQL 新增使用者及取得權限的指令，會增加操作難度）

❸ 輸入 MySQL 的 root 密碼。

其它保持預設值即可，輸入結束請按下「送出」按鈕。

圖 23-2-8：設定資料庫

WordPress 已取得需要的資料，請點選「開始安裝」完成整個安裝作業。

圖 23-2-9：開始安裝

設定整個網站標題和管理者的帳號和密碼。

以下圖為例，設定這個網站管理者帳號為 admin，同樣地，為了安全，密碼不要使用懶人密碼，如 abcd、123123 等。

**圖 23-2-10：設定標題和管理者**

安裝完畢，自動導向到登入網頁，這時請輸入剛才新增的管理者帳號和密碼，正式登入 WordPress。

**圖 23-2-11：正式登入**

登入後會進入 WordPress 的後端管理頁面，在這裡可以增刪修文章、新增刪除其它使用者、更改整個前端網站風格等等，要管理好網站就要深入學習這個後端管理的功能。

點選左上角的家圖示，以下圖為例就是「我愛 Ubuntu」，可以切換到前端頁面。

前端頁面就是一般使用者進入網站時可以看到的文章、簡介等頁面。

## 23-3 WordPress 基本操作

　　安裝只是第一步,接續學習如何透過後端管理界面新增一篇文章,並且更改佈景主題。

　　瀏覽器前往 http://localhost/wordpress/,頁面往下拉,會看到登入的連結點,點擊它進入登入畫面,輸入管理者帳號和密碼之後進入後端管理頁面。

**▲ 圖 23-3-1:登入後端管理頁面**

　　控制台頁面可以輕易的新增文章及頁面,文章和頁面的差異在於,文章可以做分類和標籤,例如點選某一定義好的分類就可以查找並列出該分類所有的文章;頁面並沒有此種設計,因此它常用來寫諸如「關於本站」、「發展理念」等等較為制式固定的頁面。除此之外,文章和頁面的操作大同小異。

▲ 圖 23-3-2：控制台頁面

透過左邊功能表「文章」→「新增文章」來新增一篇文章。

▲ 圖 23-3-3：新增文章

文章線上編輯畫面如下圖，頁面編輯也提供了簡單的文字編輯功能，如靠左、置中、插入圖片、超連結等等。

文章編輯完畢可以點擊右邊「發表」按鈕將文章發表出去，在沒有發表之前，文章是無法被其它人看到的。

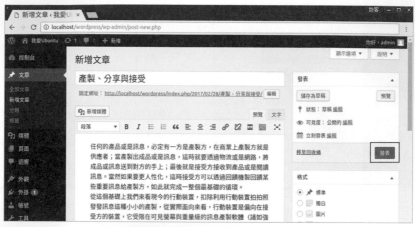

▲ 圖 23-3-4：文章編輯畫面

點選左邊「全部文章」可以看到曾編寫過的文章，在這裡可以勾選刪除、進行分類和標籤的動作，當然也可以再次編輯！

如果有提供訪客留言，也可以瀏覽和編輯！

▲ 圖 23-3-5：全部文章編輯頁面

如下圖，點選後會回到前端頁面，也就是一般訪客來到網站時會看到的內容。

▲ 圖 23-3-6：回到前端頁面

一般訪客到訪時看到的範例頁面如下圖所示。

【提示】上方的功能表只有管理者才有。

▲ 圖 23-3-7：前端頁面

點擊左上角「我愛 Ubuntu」回到後端控制台頁面。

如下圖所示,點選「外觀」→「佈景主題」或是直接點選「完全改變你的佈景主題」都可以進入到佈景主題選擇頁面。

▲ 圖 23-3-8:變更佈景主題

預設的佈景主題不夠多?沒關係,點擊「安裝佈景主題」可以下載安裝更多美觀華麗的佈景主題。

▲ 圖 23-3-9:安裝佈景主題

找到自己喜歡的佈景主題之後，滑鼠移到該主題上，會出現安裝的按鈕，點擊安裝按鈕就會自動下載。

△ 圖 23-3-10：安裝佈景主題

安裝完畢點選「啟用」按鈕即可啟用剛才安裝好的佈景主題。

△ 圖 23-3-11：啟用新佈景主題

回到佈景主題頁面，此時可以到前端檢視新佈景主題頁面。

△ 圖 23-3-12：檢視新佈景主題頁面

套用新佈景主題後之畫面如下圖所示。

△ 圖 23-3-13：套用新佈景主題

要讓新的佈景主題更加美觀，例如加入圖片等，這時可以到後端佈景主題頁面裡，點擊「自訂」按鈕進入細部編輯頁面。

▲ 圖 23-3-14：自訂佈景主題

佈景主題可以修改的部份相當的多，如下圖所示，字型、顏色、版型、功能選單等都可以依自己喜好修改。點選「網站識別」進入細部編輯頁面。

▲ 圖 23-3-15：佈景主題細部編輯

網站識別編輯如下圖所示。在這裡可以更改標題、標語以及加入網站的
圖片等,更多的細節設定就留待讀者自行嘗試。

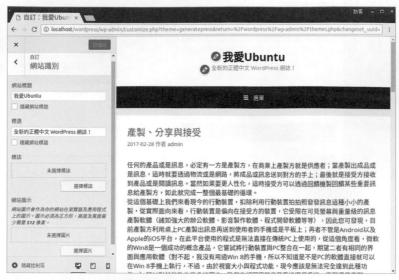

🔼 圖 23-3-16:網站識別編輯

經過本節的基礎操作,相信讀者對於 WordPresss 會有一定程度的操作
了解,但它並非僅止於此,各式自訂的佈景主題、豐富的外掛(第三方套
件)讓 WordPress 可以擁有更多強大的功能等,這些深入課題值得繼續深
入學習。

## 23-4 Nextcloud

雲端硬碟是現今熱門的雲端服務,透過它可以即時的上傳下載需要的檔
案,也可以透過前端程式同步雲端硬碟的檔案,是目前工商業務與網路學
習的環境中相當重要的網路服務之一。雖然目前有不少的免費服務,但大
都有容量的限制,如果可以自行打造一台雲端硬碟伺服器,應該是相當吸
引人的。Nextcloud 就是此種優質且免費的開源軟體。

Nextcloud 是 ownCloud 的分支,會採用 Nextcloud 的原因之一,它

的前端行動裝置同步軟體是免費的（僅有 Android 是免費，其它蘋果和微軟是收費的，未來亦有可能一律收費），而 ownCloud 須要付費，另外 Nextcloud 全部開源，而 ownCloud 在商業版有部份是閉源（不開放原始碼），除此之外，這二套雲端硬碟大同小異。

目前在 Google Play 商店裡的 Nextcloud 前端同步應用 App 是免費提供，不確定未來是否會改為收費。

△ 圖 23-4-1：免費的 Android 前端同步 App

要安裝 Nextcloud，先把它需要的相關 PHP 模組套件及資料庫先打造起來，打開終端機輸入底下的指令，安裝 PHP 模組：

```
sudo apt install php-zip php-xml php-curl php-mbstring php-gd

sudo apt install php-intl php-json php-mcrypt php-imagick
```

安裝好 PHP 模組之後，重新啟動 Apache 讓新安裝的 PHP 模組生效。

```
sudo service apache2 restart
```

預先建立 Nextcloud 使用的資料庫，繼續使用終端機，進入 MySQL 指令環境，輸入下列 Linux 指令：

```
mysql -u root -p
```

輸入 root 密碼之後，進入 MySQL 指令環境之後，輸入下列指令建立提供給 Nextcloud 使用的資料庫，建立的資料庫名稱為 nextcloud，當然也可以使用不同的名稱。

```
create database nextcloud character set utf8;
```

建之完畢輸入 exit; 離開 MySQL 指令環境。接下來就準備前往官方網站，下載安裝的檔案進行安裝。

使用瀏覽器前往 Nextcloud 官方網站（https://nextcloud.com），如下圖所示，點選「Get Nextcloud」前往下載頁面。

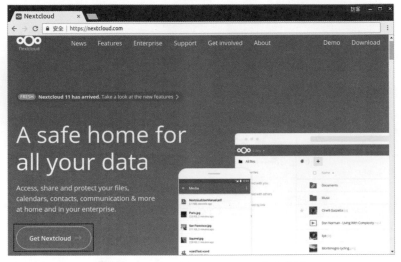

▲ 圖 23-4-2：前往 Nextcloud 官方網站

如下圖所示，頁面最左邊是取得伺服器安裝檔案，請點選「Download」。

【提示】中間的 Sync your data 是桌面和行動裝置與伺服器同步的應用軟體。

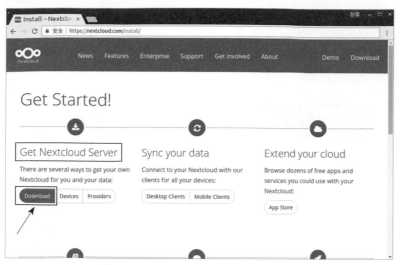

▲ 圖 23-4-3：Get Nextcloud Server

點選「Download Nextcloud」就可以下載伺服器安裝檔案。

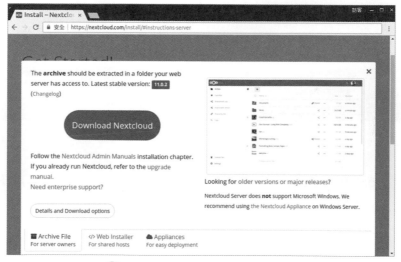

▲ 圖 23-4-4：Download Nextcloud

使用檔案管理員前往剛才下載的資料夾裡找到下載的安裝檔案，用滑鼠右鍵功能表，點選「以終端機開啟」。

【提示】版本號碼不一定和下圖一致。

▲ 圖 23-4-5：以終端機開啟

使用下列指令將檔案解壓縮至網站根目錄：

```
sudo unzip nextcloud-11.0.2.zip -d /var/www/html
```

▲ 圖 23-4-6：解壓縮

如同 WordPress 安裝時一樣，將整個目錄都改成 Apache 的專屬使用者，輸入底下指令：

```
sudo chown -R www-data:www-data /var/www/html/nextcloud
```

▲ 圖 23-4-7：改變擁有者

使用瀏覽器前往 http://localhost/nextcloud/，依頁面指示，如下圖，輸
入相關資料：

❶ 建立一個管理者帳號，請輸入管理者名稱及自訂密碼。

❷ 輸入資料庫使用者 root。

❸ 輸入 root 的密碼。

❹ 輸入剛才建立的資料庫名稱 nextcloud。

　　輸入完畢，按下「完成設定」。

▲ 圖 23-4-8：設定 Nextcloud

設定完成之後直接進入 Nextcloud 頁面，這時可以下載安裝同步應用程式，不安裝也沒關係，可以直接使用網頁方式上傳和下載檔案。

▲ 圖 23-4-9：首次進入 Nextcloud 頁面

安裝完成的 Nextcloud 頁面如下圖所示。可以利用這個頁面進行檔案的上傳和下載，建立分享連結，提供給他人使用。全中文化的操作頁面，相信應該可以很快上手。

▲ 圖 23-4-10：Nextcloud 頁面

Nextcloud 雖然安裝好了，也可以使用了，但它不僅止於此，預設的安全機制有待加強，如果是多人要使用的雲端硬碟，記憶體的快取與資料庫的

調校都要考量，但這些課題屬於深入的伺服器管理（也就是要和一堆文字設定檔打交道）。

最後補充二點：

1. 如果要安裝 Ubuntu 前端的同步軟體，可以使用底下的指令（有三行）

```
sudo add-apt-repository ppa:nextcloud-devs/client

sudo apt-get update

sudo apt install nextcloud-client
```

2. 要增加上傳的檔案大小（預設是 2M）就要修改 php.ini 的設定

```
sudo nano /etc/php/7.0/apache2/php.ini
```

找到底下的內容，請自行修改可以上傳的檔案大小。

```
upload_max_filesize = 2M

post_max_size = 8M
```

修改完畢，使用底下的指令重啟 Apache2

```
sudo service apache2 restart
```

最後前往 Nextcloud 的管理→其它設定裡去設定上傳限制大小。

## 結 語

本章盡量減少終端機的使用，主要是期望能在較無痛的學習下，也能自行打造內容管理系統 WordPress 以及雲端硬碟系統 Nextcloud，但要真正管理好一台伺服器，必須先從 Linux 各式的指令集下手，了解網路架構，進而學習各伺服器的設定與調校，面對各式各樣不同的網路環境與使用情境，它不僅僅是技術，更是一門管理的藝術，透過本章的初體驗，希望未來也可以成就一個伺服器管理大師。

# Docker 初體驗

## 學習目標

Docker 是近年來架構伺服器的另一利器,透過它可以輕易的將伺服器服務堆疊起來,本章將以實例介紹 Docker 的基本操作,包含取得 Image、建置 Container,並且利用這些基本概念打造 Wordpress 內容管理伺服器。

- Docker 的 Image 與 Container
- 利用 Docker Image 打造 WordPress
- 結語

## 24-1 Docker 的 Image 與 Container

　　還記得本書第一章就介紹的 VirtualBox 嗎？它是一套建置虛擬機器的軟體，相信你已經可以利用它來產生一台虛擬機。在新增一台虛擬機時，其中有一個動作是新增一台虛擬硬碟，如果忘記的話可以回顧第一章。事實上這顆虛擬硬碟從主機端來看，它就僅僅是一個大容量的檔案，這一個檔案我們也稱它為 Image，也就是所謂的映像檔。

　　由於它是一個檔案，所以它就可以輕易的拷貝複製。假設在虛擬機器裡花了大把時間建置了許多的應用軟體，設定各項的使用環境，如果把這個製作好的 Image 映像檔儲存備份起來，把它拷貝到另一台機器上，這時在新增虛擬機時，直接使用這個映像檔，當虛擬機建置完成，這台虛擬機就擁有之前所建置的應用軟體及環境，不用再重新打造一次，可以節省大量的安裝時間，例如假設安裝一台 Ubuntu 要十分鐘，直接使用安裝好的虛擬機只要十秒鐘，因為只是點選使用該製作好的映像檔而已。

　　建立虛擬機器時可直接使用之前製作好的虛擬硬碟映像檔，節省重新安裝及建置環境的時間。

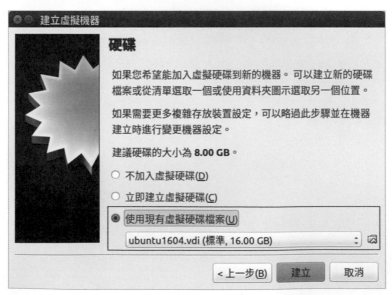

▲ 圖 24-1-01：直接使用現有的虛擬硬碟

Docker 的概念和虛擬機類似，利用它也可以打造出虛擬機，但是它和 VirtualBox 這種虛擬機有個相當不同的用法，它不用設定記憶體大小、不用設定硬碟、光碟等等，從某個角度來說，Docker 並不是製作出一台標準的機器，Docker 的虛擬是直接建構在主機上，它就像是主機上的一個常駐的應用服務，也正因此，所以它可以很容易的使用與抽換。要使用它就必須先安裝 Docker 服務。

前往 https://www.docker.com/

❶ 點選 Get Docker。

❷ 如果是 Windows 平台，可以點選下載適用 Windows 的 Docker 應用服務。

❸ 點選 Ubuntu，閱讀安裝 Docker 的終端機指令。

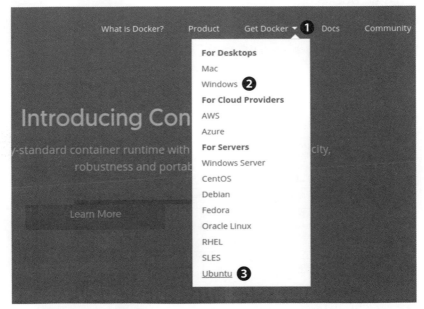

▲ 圖 24-1-02：前往 Docker 官方網站

Docker 有二種版本，CE 是指社群版 EE 是指企業版，社群版免費提供給大家使用。

▲ 圖 24-1-03：取得社群版

　　Ubuntu 的安裝不是下載安裝檔案，而是以軟體庫的方式，使用指令方式安裝。

　　打開終端機，依據官方網頁說明方式輸入指令。

❶ 設定相關必要套件及軟體庫。

❷ 安裝社群版 docker-ce。

❸ 測試。

　　【備註】如果怕打錯字，可以利用複製並在終端機貼上的方式進行。

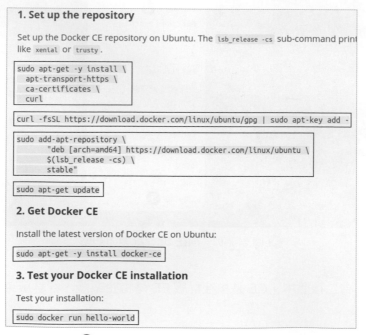

**1. Set up the repository**

Set up the Docker CE repository on Ubuntu. The `lsb_release -cs` sub-command print
like `xenial` or `trusty`.

```
sudo apt-get -y install \
  apt-transport-https \
  ca-certificates \
  curl
```

```
curl -fsSL https://download.docker.com/linux/ubuntu/gpg | sudo apt-key add -
```

```
sudo add-apt-repository \
       "deb [arch=amd64] https://download.docker.com/linux/ubuntu \
       $(lsb_release -cs) \
       stable"
```

```
sudo apt-get update
```

**2. Get Docker CE**

Install the latest version of Docker CE on Ubuntu:

```
sudo apt-get -y install docker-ce
```

**3. Test your Docker CE installation**

Test your installation:

```
sudo docker run hello-world
```

▲ 圖 24-1-04：官方安裝 Docker 指令

在最後一個步驟：

```
sudo docker run hello-world
```

從執行結果可以發現：

❶ Unable to find image... 表示，電腦裡找不到 hello-world 這個 image。

❷ Pulling from... 表示從 Docker 的 image 資料庫裡取得（下拉）hello-world 這個 image

❸ 執行結果

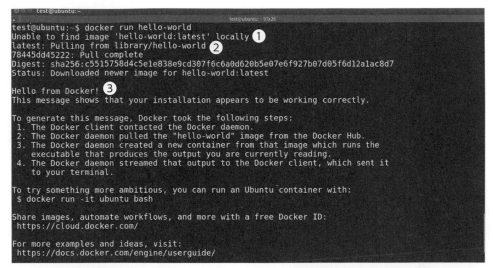

▲ 圖 24-1-05：測試 hello-world

如同虛擬機一樣，Docker 須要 Image 才可以運作，當然可以從無到有，自己打造一個 Image，但是 Docker 最大的好處就是可以直接取得網路上各路好手打造好的 Image，下載就可以直接使用，是不是很方便！這也就是 Docker 近年來火紅的原因，就如同自由軟體一樣，透過分享機制，我們可以站在前人的肩膀上繼續前進。

所以當輸入完指令 sudo docker run hello-world 之後，電腦先檢查目前硬碟裡有沒有這個 image，如果有的話就直接執行，沒有的話就到 Docker image 大水庫裡去找，找到後自動下載並執行。如上圖所示。

```
test@ubuntu:~$ sudo docker images
REPOSITORY          TAG          IMAGE ID        CREATED         SIZE
hello-world         latest       48b5124b2768    2 months ago    1.84 kB
test@ubuntu:~$ sudo docker ps -a
CONTAINER ID    IMAGE          COMMAND        CREATED         STATUS                  PORTS
                NAMES
daa8f7f2f63d    hello-world    "/hello"       34 minutes ago  Exited (0) 34 minutes ago
                inspiring_jennings
test@ubuntu:~$
```

🔺 圖 24-1-06：觀察 image 和 container

　　如上圖輸入 `sudo docker images` 以及 `sudo docker ps -a` 指令，docker images 可以列出目前電腦裡所擁有的 image，在這裡可以看到剛才下載的 hello-world。

　　在這裡要提到的是 container 的概念，初學者常會把 image 和 container 搞混！你可以想像 image 是做餅乾的造型，而 container 是做出來的餅乾，所以同一個 image 可以做出許多一模一樣的餅乾，不妨再執行一次 `sudo docker run hello-world`，然後再看看 `docker ps -a`，這時可以發現它出現了二個 container。如果要刪除 image，可以利用底下的指令：

```
sudo docker rmi hello-world
```

　　rmi 後面接的就是 image 名稱。要刪除 container，可以利用底下的指令：

```
sudo docker rm daa8f7f2f63d
```

　　rm 後面接的是 container id 或是 container name，如上例，它的 container name 是 inspiring_jennings。未來當更深入學習之後，可以在利用 image 建立 container 時給予一個名稱，這樣可以用有意義的名稱來取代這個奇奇怪怪的 id 了。

　　image 是共享的，所以可以自由下載取得，當深入學習之後也可以自行打造 image 然後分享給他人使用。這個共享的網站如下圖。

　　前往官網：https://store.docker.com/

❶ 點選 Explore。

❷ 點選 Community，可以發現高達 56 萬多的 images，且持續增加中。

❸因為太多 image 了，可以利用左上方的查詢框，輸入關鍵字查找，例如
輸入 ubuntu 就可以找到不少的 image。

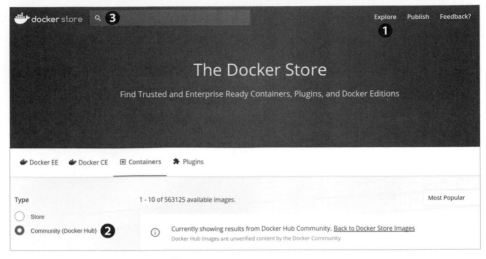

▲ 圖 24-1-07：Docker Store

## 24-2 利用 Docker Image 打造 WordPress

在建置之前來回想一下，要打造一個 WordPress 內容管理網站，扣
除 Ubuntu 平台之外，還需要 MySQL 伺服器、Apache 網頁伺服器（含
PHP）以及 WordPress。一般來說，Docker 並不會提供一個包山包海的
image，因為太多東西包成一個 image，除了檔案會變得十分龐大之外，也
缺少彈性。因此常需要幾個 Docker image 共同合作，就以 WordPress 來
說，可能需要 MySQL image、Apache image 以及 WordPress image 等三
個，為了方便描述不同的 image 一起合作，並且容易進行維護作業，通常
會使用 docker compose，透過新增 docker-compose.yml 這個預設的標註
式語言描述檔，讓維護及執行工作變得簡易。

首先讓系統管理者同時擁有 docker 群組，未來在指令的運用上，可以不
用一再的使用 sudo，方便 docker 的操作。輸入下列指令：

```
$ sudo usermod -aG docker $(whoami)
```

執行完畢，請一定要將電腦登出再登入，讓剛才新增的群組生效。

接下來利用底下的二行指令安裝 docker compose。

```
$ sudo apt-get -y install python-pip
```

```
$ sudo pip install docker-compose
```

為了管理方便，建立一個 wp 資料夾，處理 WordPress docker-compose.yml 檔案

```
$ mkdir wp
```

進入 wp 資料夾裡。

```
$ cd wp
```

利用文字編輯器，編輯 docker-compose.yml 檔案。

```
$ nano docker-compose.yml
```

這時會出現一個文字編輯視窗，先放著它。請打開瀏覽器前往官方網站（https://store.docker.com），在查詢框裡輸入 wordpress，找到官方釋出的版本，如下圖所示。

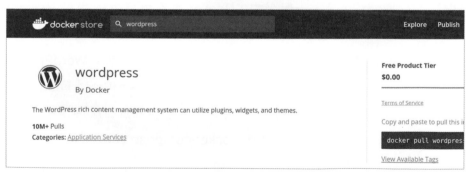

▲ 圖 24-2-01：前往 docker 查找 wordpress

網頁下拉，找到 docker-compose.yml 檔案內容，把下圖框選處的內容複製起來。

```
... via docker-compose

Example docker-compose.yml for wordpress :

version: '2'

services:

  wordpress:
    image: wordpress
    ports:
      - 8080:80
    environment:
      WORDPRESS_DB_PASSWORD: example

  mysql:
    image: mariadb
    environment:
      MYSQL_ROOT_PASSWORD: example

Run docker-compose up , wait for it to initialize completely,
```

▲ 圖 24-2-02：docker-compose.yml 檔

將網頁複製下來的內容，貼到 nano 文字編輯器上，結果如下圖。檢視無誤之後，按下 F3 鍵後按下 Enter，將內容儲存起來。最後按下 F2 鍵離開文字編輯器。

【提醒】密碼預設是 example，可以自行修改為強度更強的密碼。

▲ 圖 24-2-03：nano 文字編輯器

終端機輸入 `docker-compose up`，這時系統檢查目前電腦裡的 image，沒有的話就會開始下載，下載完畢之後自動進行相關的設定，請耐心等候。

特別注意，此視窗如果關閉，WordPress 也會中斷服務。如果要讓 WordPress 如同標準伺服器一樣常駐服務，請使用底下指令：

```
docker-compose up -d
```

後面加上 -d 表示在背景執行。

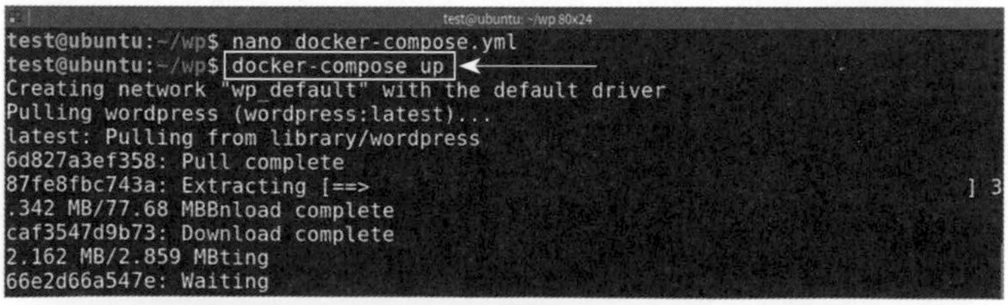

▲ 圖 24-2-04：啟動 docker-compose

打開瀏覽器，輸入 localhost:8080，出現如下圖畫面，下拉選擇繁體中文後按繼續按鈕。

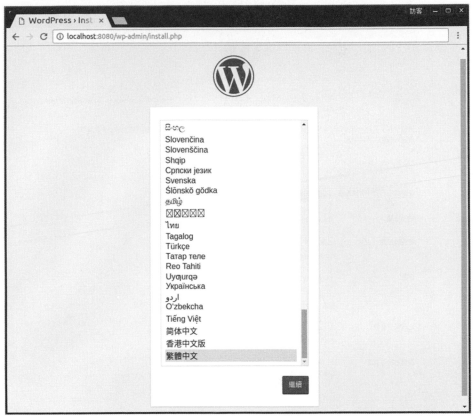

▲ 圖 24-2-05：首次設定

如同前一章一樣，輸入網站標題等各項必須資料後，按下「安裝 WordPress」按鈕。

▲ 圖 24-2-06：輸入各項基本資料

不廢吹灰之力，WordPress 安裝完畢。

**圖 24-2-07：安裝完畢**

現在可以再去回顧這個 docker-compose.yml 檔案內容，它使用了二個 image，一個是 image: wordpress，另一個是 image: mariadb。（MariaDB 是 MySQL 的分支，由開源社區維護，因 MySQL 授權及更新問題，近年來漸漸取代 MySQL）

其中 ports: - 8080:80 是實體主機的 8080 port 指向到虛擬器的 80 port，這是常用的網頁伺服器的入口，也可以使用 ports: - 80:80，這樣可以直接使用 localhost，而不用像前面的例子，後面還要加上 8080。

學習到此，讀者覺得使用前一章的標準伺服器安裝方法好，還是使用 Docker 的安裝方法好呢？

## 結　語

　　本章只是 Docker 初體驗，其實它還有許多深入的用法，以本章而言，WordPress 的網站根目錄是 /var/www/html，那如何將虛擬器的某個目錄與實體主機的某個目錄共用呢，共用的好處就是可以直接增加或變動網頁的內容！再者，如何進入到虛擬器裡去增加更多的服務，例如再增加更多的 PHP 模組，或是更動 Apache 伺服器的設定值等等，又或者如何以目前的 image 為基礎，再增加更多的功能後，打造另一個 image，並且上傳到網站上與更多人分享！以上這些深入課題，就需要更多的時間與伺服器管理能力了。

APPENDIX

# A

製作開機隨身碟

目前隨身碟的容量越來越大，價格也持續下探，16G 容量價格不到 200 元，說不定在閱讀本書時，32G 的價格下降到 200 元以下也說不定！同時 SSD 固態硬碟的容量也越來越大，價格亦如同隨身碟一樣持續下降，如果電腦購買時預裝的是微軟作業系統，想要在不更動原有作業系統及原有的硬碟分割情境下，將 Ubuntu 安裝在隨身碟上也是非常不錯的選擇，當然如果要快速的存取，固態硬碟就是首選項了。現在要製作一個隨身作業系統是非常簡單的一件事。

如果是使用 Ubuntu 系統，直接使用內建的製作開機碟應用程式是最直覺的方式。

使用開始按鈕，查找 usb 就可以找到製作開機碟應用程式，點擊執行它。執行前請先插入隨身碟，讓它執行時可以找到。

▲ 圖 A-1-1：使用內建的製作開機碟

製作開機碟執行畫面如左圖所示。基本上並沒有什麼特別要操作的事項，它可以找到執行前插入的隨身碟，按下「其他」按鈕開啟檔案管理員，找到下載的 Ubuntu ISO 檔後，點擊「製作開機碟」就可以順利完成。

做好開機碟之後，電腦關機，把隨身碟預先插入電腦，然後按下電源開機，進入 BIOS 選項讓隨身碟做為開機碟，就可以使用剛才製作的隨身碟作業系統。

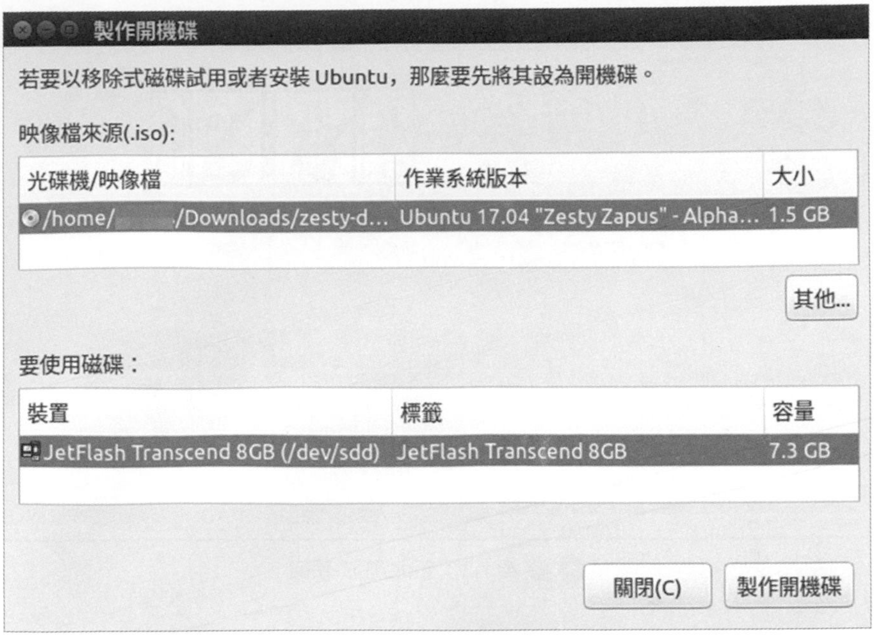

圖 A-1-2：製作開機碟畫面

　要注意的是，這種隨身碟作業系統並非正式安裝的作業系統，也就是許多安裝及設定，沒有特別處理，關機後就會消失，但拿它來救援電腦或是安裝新電腦是非常方便的，如果想要一個預裝好許多應用程式的作業系統，開機後不用安裝就可以擁有各式各樣的應用軟體，建議可以到新北市E 學園網址（http://opensource.ntpc.edu.tw/）下載打包好的 ISO 檔。

　在檔案下載裡有許多打包好的不同版本的作業系統，選擇 edu2016-Ubuntu 下載 ISO 檔，然後用它來製作開機隨身碟。開機後會發現已預裝許許多多常用的應用軟體。

　【提示】在你下載時，說不定是 2017、2018 版本了。

▲ 圖 A-1-3：新北市 E 學園

　　如果只有 Windows 作業系統，這時就要先下載 rufus.exe，利用它來將 ISO 檔寫入隨身碟中，請前往官方網站 https://rufus.akeo.ie/downloads/ 下載，下載之後雙擊安裝。

▲ 圖 A-1-4：下載 rufus.exe

執行畫面如右圖所示。

點選光碟機圖示，使用檔案總管找到下載的 ISO 檔。（也可以使用新北市 E 學園所下載的光碟映像檔）

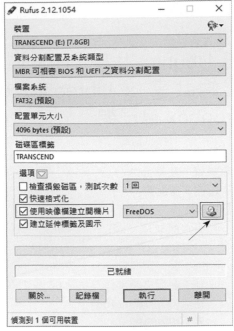

▲ 圖 A-1-5：選擇 ISO 檔

選擇好之後的畫面如右圖所示。

檢視一下隨身碟裝置、ISO 映像等，沒問題就可以按下執行按鈕，稍待一會就製好一個可以開機的隨身碟。

如果喜歡它，建議利用它來安裝一個全新的 Ubuntu 作業系統，放棄封閉，擁抱自由的作業系統吧！

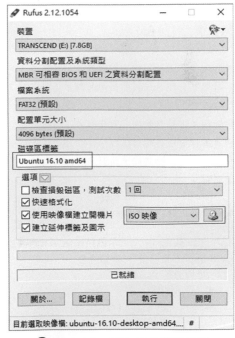

▲ 圖 A-1-6：加入 ISO 檔後畫面

# 與 Ubuntu 共舞｜中文環境調校 x 雲端共享 x Libreoffic x 架站 x dropbox 自己架

作　　　者：吳紹裳
企劃編輯：莊吳行世
文字編輯：王雅雯
設計裝幀：張寶莉
發 行 人：廖文良

發 行 所：碁峰資訊股份有限公司
地　　址：台北市南港區三重路 66 號 7 樓之 6
電　　話：(02)2788-2408
傳　　真：(02)8192-4433
網　　站：www.gotop.com.tw
書　　號：ACA023300
版　　次：2017 年 07 月初版
建議售價：NT$480

國家圖書館出版品預行編目資料

與 Ubuntu 共舞：中文環境調校 x 雲端共享 x Libreoffice x 架站 x dropbox 自己架 / 吳紹裳著. -- 初版. -- 臺北市：碁峰資訊, 2017.07
　　面；　　公分
　　ISBN 978-986-476-447-1(平裝)
　　1.作業系統
312.54　　　　　　　　　　　　　　106008878

**讀者服務**

● 感謝您購買碁峰圖書，如果您對本書的內容或表達上有不清楚的地方或其他建議，請至碁峰網站：「聯絡我們」\「圖書問題」留下您所購買之書籍及問題。(請註明購買書籍之書號及書名，以及問題頁數，以便能儘快為您處理）
http://www.gotop.com.tw

● 售後服務僅限書籍本身內容，若是軟、硬體問題，請您直接與軟體廠商聯絡。

● 若於購買書籍後發現有破損、缺頁、裝訂錯誤之問題，請直接將書寄回更換，並註明您的姓名、連絡電話及地址，將有專人與您連絡補寄商品。

● 歡迎至碁峰購物網
http://shopping.gotop.com.tw
選購所需產品。